结晶学与宝石矿物学

JIEJINGXUE YU BAOSHI KUANGWUXUE

叶 松 李居佳 曹姝旻
杨晓泓 韦玉芳 编著

内容简介

本书是结晶学与宝石矿物学两门课程的综合教材。第一篇，结晶学基础，以形象直观的表述方式阐述晶体的基本性质、晶体对称、单形和聚形、晶体定向等基本理论和基本知识，并简要介绍了实际晶体的形态、晶面花纹、晶体的规则连生、晶体生长以及晶体化学的基本知识。第二篇，宝石矿物学基础，讲解了宝石及宝石矿物学的基本概念、宝石矿物的化学成分、形态、物理性质以及宝石矿物的化学成分和物理性质的关系，并简要介绍了宝石矿物的成因以及宝石矿物包裹体的基本知识。第三篇，宝石矿物各论，以矿物的化学成分和晶体结构为依据，以晶体化学分类体系为基础，并结合《中华人民共和国国家标准－珠宝玉石鉴定》(GB/T 16553—2010)，对宝石矿物进行分类、归纳、分析和对比，着重介绍了七十多种宝石矿物、天然玉石、天然有机宝石的化学组成、晶体结构、形态、物理性质、鉴定特征、产状和产地等基本知识，并配有大量的宝石矿物晶体和宝石成品的彩色图片。

本书的特点是力求科学知识精准，文字叙述简练，以丰富的插图形象直观地表达科学知识的内容。

本书适用于高等职业院校珠宝类专业。也可供本科院校和中职学校珠宝类专业选用，还可作为珠宝职业培训和珠宝鉴定人员的参考书。

图书在版编目(CIP)数据

结晶学与宝石矿物学/叶松，李居佳，曹姝旻等编著．—武汉：中国地质大学出版社，2015.1（2021.9重印）

ISBN 978-7-5625-3493-8

Ⅰ.①结…

Ⅱ.①叶…②李…③曹…

Ⅲ.①晶体学-高等职业教育-教材②宝石-矿物学-高等职业教育-教材

Ⅳ.①O7②P578

中国版本图书馆CIP数据核字(2014)第175262号

结晶学与宝石矿物学 叶 松 李居佳 曹姝旻 杨晓泓 韦玉芳 **编著**

责任编辑：马 严 张 琰 选题策划：张 琰 责任校对：周 旭

出版发行：中国地质大学出版社（武汉市洪山区鲁磨路388号） 邮编：430074

电 话：(027)67883511 传 真：(027)67883580 E-mail:cbb@cug.edu.cn

经 销：全国新华书店 Http://www.cugp.cug.edu.cn

开本：787毫米×960毫米 1/16 字数：466千字 印张：23.75

版次：2015年1月第1版 印次：2021年9月第5次印刷

印刷：武汉中远印务有限公司 印数：6 501—8 500册

ISBN 978-7-5625-3493-8 定价：68.00元

21世纪高等教育珠宝首饰类专业规划教材

编　委　会

前 言

近年来我国珠宝职业教育蓬勃发展，各职业技术院校珠宝专业也如雨后春笋般涌现。结晶学和宝石矿物学是珠宝专业重要的专业基础课程之一，学生只有在学好结晶学和宝石矿物学的基础上，才能更好地掌握后续宝石学专业课程的内容。结晶学是一门空间概念多、抽象思维强的专业基础课，其特点是空间性、抽象性、逻辑性和共性。宝石矿物学则是一门对各种宝石矿物进行分类、归纳、分析和对比的专业基础课，其特点是经验性、感性、具体性和个性。学生在学习这两门课程时尤以结晶学较难理解、掌握，因此有 本通俗易懂，适合职业技术院校珠宝专业的结晶学教材就显得尤为重要。本教材根据编者多年在职业院校从事结晶学和宝石矿物学的教学经验，结合高职教育的培养目标，结晶学以形象直观的表述方式阐述晶体基本性质、晶体对称、单形和聚形、晶体定向等基本理论和基本知识；宝石矿物学则以矿物的化学成分和晶体结构为依据的晶体化学分类体系为基础，并结合《中华人民共和国国家标准——珠宝玉石鉴定》(GB/T 16553—2010)，对宝石矿物进行分类、归纳、分析和对比，并配有大量的宝石矿物晶体和宝石成品图片。本教材可供高等职业院校珠宝专业使用，也可作为本科相关专业和珠宝职业培训的参考书。

本教材由叶松、李居佳、曹姝旻、杨晓泓、韦玉芳编著，叶松任主编，其中第一篇结晶学基础由叶松、杨晓泓执笔，第二篇宝石矿物学基础由曹姝旻执笔，第三篇宝石矿物各论由李居佳、韦玉芳执笔，全书由叶松统稿。书稿完成后由中国地质大学(武汉)地球科学学院赵珊茸教授和中国地质大学(武汉)珠宝学院陈美华教授进行了详细审核，并提出了许多宝贵的意见，使本教材的质量得到了进一步的提高；陈美华教授还提供了部分宝石矿物晶体照片；本教材的出版得到中国地质大学出版社的大力支持，选题策划张琰、责任编辑马严和责任校对周旭也为本教材的出版付出了辛勤的劳动，在此一并表示感谢！教材中部分资料、图片和照片引自网络，在此对原作者也表示感谢！

编 者

2014 年 11 月

目　　录

第一篇　结晶学基础

第二篇　宝石矿物学基础

第三篇 宝石矿物各论

结晶学基础

第一章 结晶学概述

第一节 结晶学

结晶学是以晶体为研究对象，主要研究晶体的对称规律。研究的是晶体的共同规律，不涉及到具体的晶体种类。

自然界中的绝大多数矿物都是晶体，要了解这些结晶的矿物，就必须了解和掌握结晶学特别是几何结晶学的基本知识。

结晶学的特点是：空间性、抽象性、逻辑性和共性。

矿物学家最早是为了研究矿物学而去研究结晶学的，但是随着生产实践的发展，人们从研究自然矿物晶体到研究在实验室制造晶体，作为有特殊用途的人造晶体大量从实验室中产生，结晶学逐渐从矿物学中分离形成了一门独立的学科，但是结晶学在矿物学中的地位并没有削弱，依然是矿物学很重要的组成部分。

结晶学始于17世纪中叶人类的矿业活动，其发展史大致可以分为以下几个阶段：

17—18世纪，以研究晶体形态为主，也初步推测研究晶体内部结构的几何规律；

19世纪末—20世纪初，X-射线的发现及其对晶体结构的测量，进入晶体内部结构研究阶段；

20世纪70年代以来，透射电镜研究晶体内部超微结构细节；

20世纪80年代，发现准晶体，开辟了晶体对称理论新领域。

第二节　结晶学主要研究内容

1. 几何结晶学

研究晶体外形的几何规律，是结晶学的古典部分，也是基础部分。几何结晶学的基本规律在矿物学中得到了广泛的应用。

2. 晶体生长学

研究晶体发生、成长的机理和晶体的人工合成，是材料科学的一个重要研究内容。随着现代科学技术对特殊晶体材料的迫切需要，晶体生长的理论和实验研究在迅速发展。

3. 晶体结构学

研究晶体内部结构的几何规律、结构形式和构造缺陷。

4. 晶体化学

研究晶体的化学成分和晶体结构的关系，并进而探讨成分、构造与其性能和生成条件的关系。成分和结构体现着晶体的内在本质，因此，矿物的晶体化学式是矿物学研究的重要基础。

5. 晶体物理学

研究晶体的物理性质及其产生机理。近代固体物理和矿物物理的研究丰富了它的研究内容，使其得到了迅速的发展。

第二章　晶体及其基本性质

第一节　晶体的基本概念

自然界到目前为止已经发现了 3 000 多种矿物，绝大多数是晶体。在古代人们称水晶为晶体，因为水晶有规则的几何多面体外形——比较平整的面、直的棱和尖的棱角[图 2－1(a)]。后来在采矿过程中不断发现了更多的和水晶一样具有规则外形的天然矿物，如金刚石、黄铁矿、电气石等[图 2－1(b)，(c)，(d)]，由此对晶体的定义进一步发展，人们认为凡具有几何多面体外形的自然物质均为晶体。

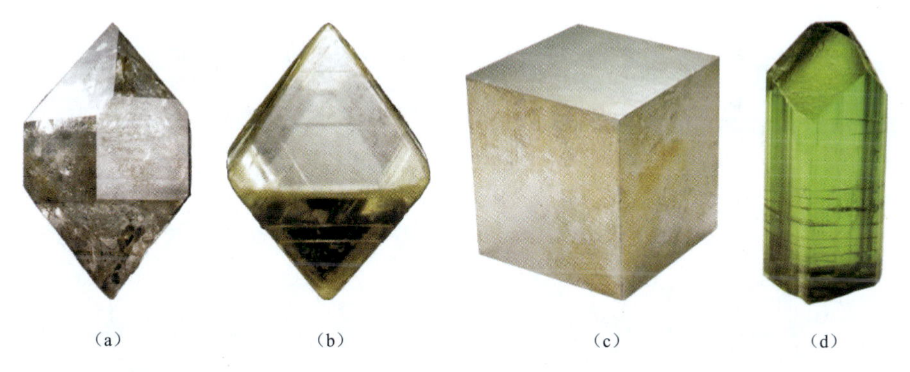

图 2－1　石英(水晶)(a)、金刚石(b)、黄铁矿(c)和电气石(d)的晶体

随着生产的发展，科学的不断进步，人们对自然界观察的逐步深入，认识到只把晶体概念定义为规则的几何多面体形态是不准确的。有的晶体形成规则形态，也可以形成不规则的粒状。例如石英：生长于晶洞中的石英多长成规则的多面体形态，即水晶；但也可以呈极不规则形态的颗粒生长于岩石中，像花岗岩中的石英受到生长空间的限制而形成不规则粒状。显然，这种形态上的差异是由生长时的空间条件不同造成的。现代科学实验也证明，把不规则的纯净石英颗粒放入 SiO_2 溶液中，在一定的温度和压力条件下则可形成规则的石英多面体。

由此可见，自然多面体形态并非晶体最根本的特征，而是晶体的某种内在本质在一定条件下的外在表现。

什么是晶体的本质呢？有关晶体本质的探讨持续了好几个世纪，直到1912年德国结晶学家劳埃用晶体做光栅使X射线衍射成功，才真正弄清楚了晶体的本质。原来，在一切晶体中，组成它们的物质质点（原子、离子、离子团或分子等）在空间都是作有规律排列的，这种规律主要表现为质点的周期重复，这种质点在三维空间周期性地重复排列称格子构造。因此，我们可以对晶体作出如下定义：

晶体是内部质点（原子、离子或分子）在三维空间周期性重复排列（格子构造）构成的固体物质，或者说晶体是具有格子构造的固体。

数以千计的不同种类晶体，尽管各种晶体的结构各不相同，但都具有格子构造，这是一切晶体的共同属性。

与上述情况相反，有些状似固态的物质，如玻璃、琥珀等，它们的内部质点不作规则排列，即不具格子构造，称为非晶质或非晶质体。图2-2是晶体与玻璃（二者化学成分都是SiO_2）的结构示意图，由图可见，晶体内部结构中的质点是有规律排列的，具有格子构造；非晶体的内部结构是无规律的，不具格子构造。

晶体和非晶体在一定的条件下是可以相互转化的。

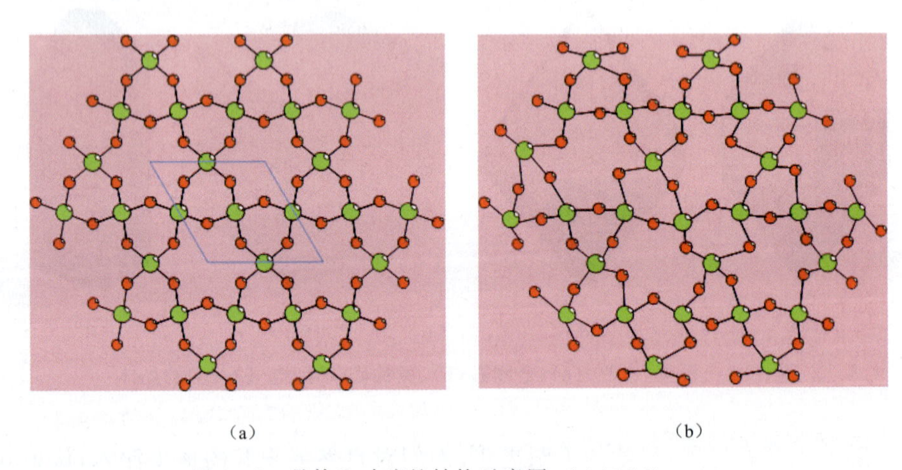

(a)　　(b)

图2-2　晶体和玻璃的结构示意图（引自潘兆橹，1993）

(a)晶体；(b)玻璃

脱玻化作用（结晶化作用）：非晶体自发地转变为质点规则排列的晶体的作用称之为脱玻化作用。自然界，高温岩浆迅速冷却凝固而成的火山玻璃，是非晶体。在漫长的地质年代，火山玻璃内部质点不断地扩散、调整、排列逐渐有序，而形成一些矿物晶体。

玻璃化作用(非晶化作用):晶体内部质点规则排列遭到破坏而向非晶体转变的作用称之为玻璃化作用。自然界中含放射性元素的结晶矿物,由于受到放射性元素蜕变时发出的 α 射线作用,晶体遭到破坏,而转变为非晶质的矿物(仍可保持原结晶矿物多面体外形的假象)。

第二节　空间格子

晶体内部结构的最基本特征是质点在三维空间作有规律的周期重复,表示晶体内部结构中质点重复规律的几何图形,就是空间格子。

一、导出空间格子的方法

要从晶体结构中导出空间格子,必须找出晶体结构中的相当点,再将相当点按照一定的规律连接起来就形成了空间格子。相当点必须满足两个条件:

(1)点的内容(或种类)相同。

(2)点的周围环境相同。

如图 2-3 所示,每种颜色点的种类相同,点周围的环境也相同,因此,每种颜色的点都可以看做晶体结构中的相当点。

下面我们以石盐 NaCl 为例,说明空间格子如何导出。

先看一维图案(图 2-4)。

A—NaCl 中沿 Y 轴 Na^{+} 和 Cl^{-} 排列的情况。

B—以 Na^{+} 为相当点,它满足相当点的两个条件,将这些相当点抽取出来沿直线排列。

C—抽象为直线点阵。

二维图案(图 2-5)。

(a)—NaCl 中 XY 平面 Na^{+} 和 Cl^{-} 排列的情况。

(b)—以 Na^{+} 或 Cl^{-} 作为相当点,并将其从晶体结构中抽取出来,将它们在平面上按一定规则排列。

(c)—抽象为平面点阵。

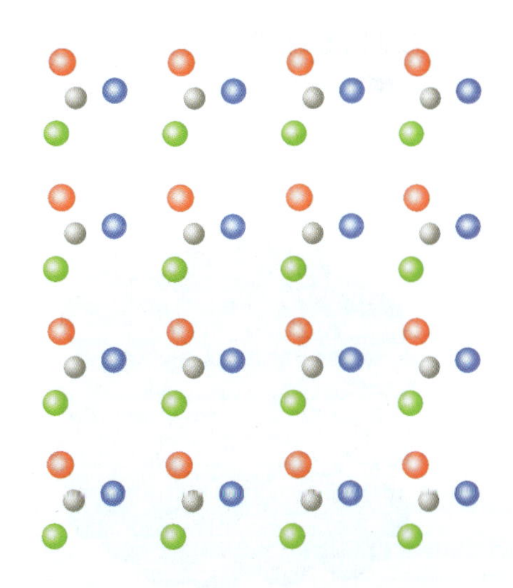

图 2-3　晶体结构中的相当点

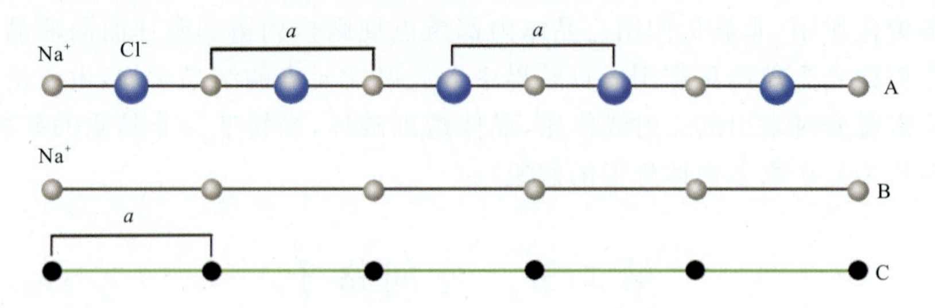

图 2-4　相当点一维导出图案

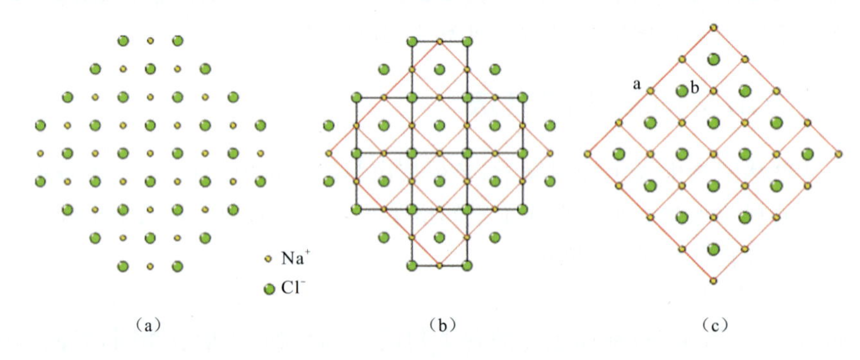

图 2-5　相当点二维导出图案

三维图案(图 2-6)：

(a)—NaCl 中 Na^+ 和 Cl^- 在三维空间的排列情况。

(b)—以 Na^+ 或 Cl^- 作为相当点，并将其从晶体结构中抽取出来，抽象为空

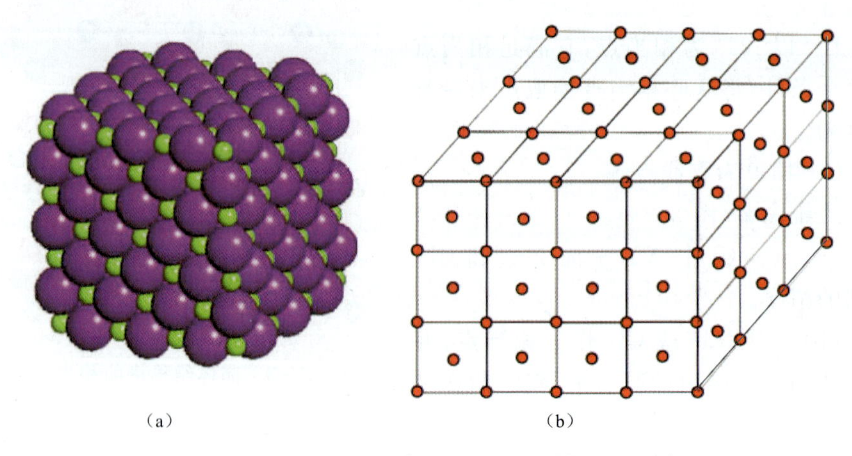

图 2-6　相当点三维导出图案

间点阵，即形成了空间格子。

任何复杂的晶体结构，只要找出相当点，抽象出空间格子，复杂晶体结构的重复规律就变得一目了然。

空间格子与具体的晶体结构是什么关系？可以认为具体的晶体结构是由多套空间格子组成的。

具体的晶体结构是多种原子、离子组成的，使得其重复规律不容易看出来，而空间格子就是使其重复规律突出表现出来。空间格子仅仅是一个体现晶体结构中的周期重复规律的几何图形，比具体晶体结构要简单得多（图 2－7）。

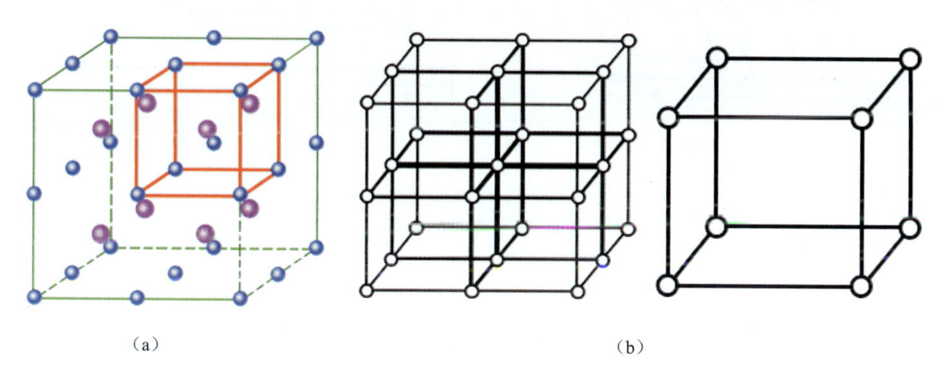

图 2－7　晶体结构和空间格子关系

(a)晶体结构；(b)空间格子

二、空间格子的几何要素

1. 结点

是空间格子中的点，代表晶体结构中的相当点。在实际的晶体结构中结点可以为相同的离子、原子或分子所占据，但实际晶体中的同种质点却并不一定只占据在同一套结点上。在空间格子中，就结点本身而言，它们并不代表任何质点，它们只有几何意义，为几何点（图 2－8）。

2. 行列

结点在直线上的排列即构成行列。空间格子中任意二结点联结起来的直线就是一条行列（图 2－9 中的 AB）。行列中相邻结点间的距离称为该行列的结点间距（图 2－9 中的 a）。在同一行列中结点间距是相等的（图 2－9 中的 $AC=$

CB)，在平行的行列上结点间距也是相等的(图 2-9 中的 $AD=BE$)；不同方向的行列，其结点间距一般是不等的，某些方向的行列上结点分布较密，而另一些则较稀。

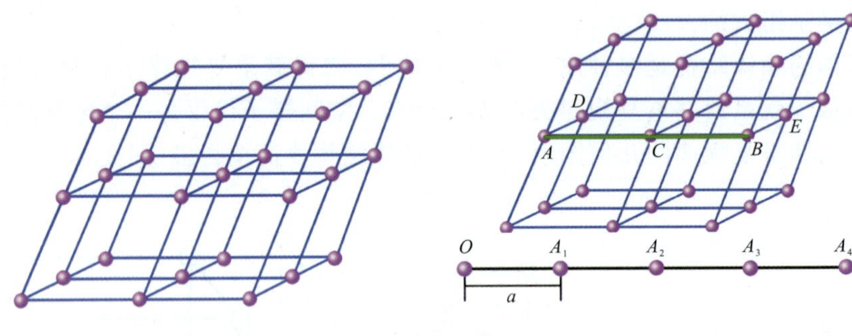

图 2-8　结点示意图　　　　图 2-9　行列与结点间距示意图

3. 面网

结点在平面上的分布即构成面网(图 2-10 中的 ABCD 即为一个面网)。空间格子中不在同一行列上的任意 3 个结点就可联结成一个面网，换句话说，也就是任意两个相交的行列就可决定一个面网。面网上单位面积内结点的密度称为面网密度。相互平行的面网，面网密度必相同，且任意两相邻面网间的垂直距离——面网间距(图 2-11 中的 AB)也必定相等；互不平行的面网，面网密度及面网间距一般不同。面网密度大的面网其面网间距也大，反之，面网密度小，面网间距也小，如图 2-12 所示，其中 AA'，BB'，CC'，DD' 的面网密度依次减小，它们的面网间距 d_1，d_2，d_3，d_4 也依次减小。

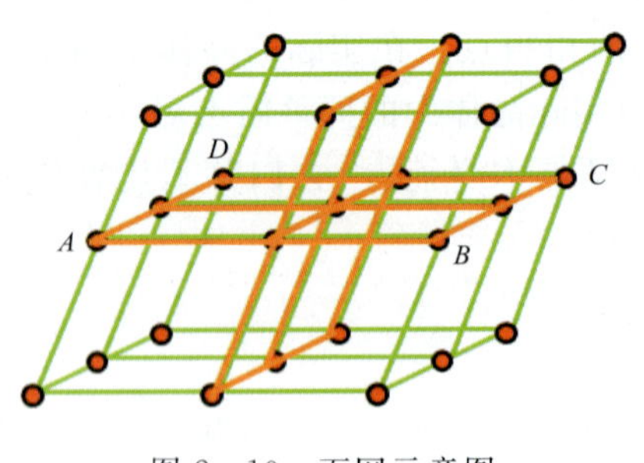

图 2-10　面网示意图

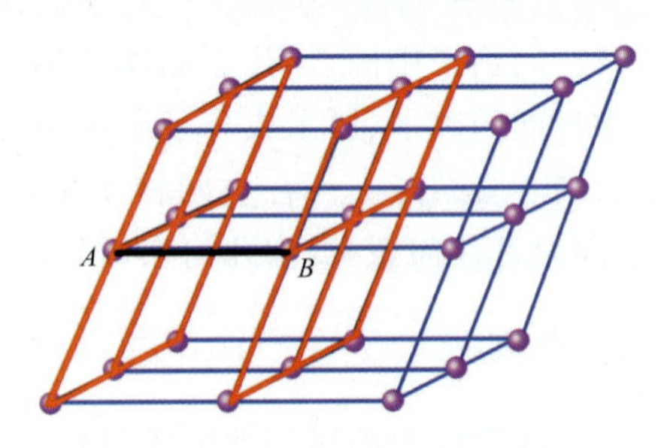

图 2-11　面网间距示意图

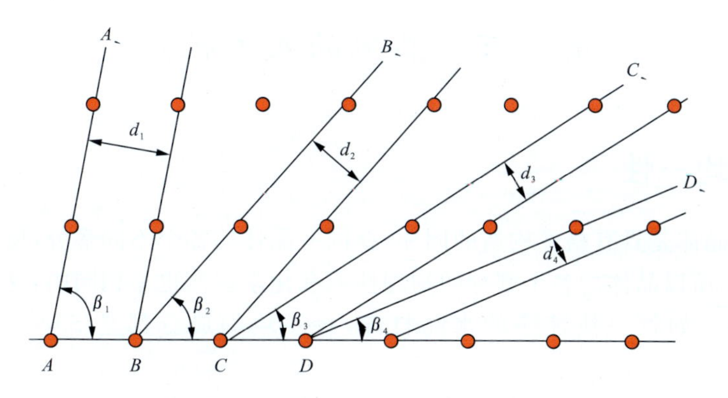

图 2-12　面网密度与面网间距关系示意图(引自罗谷风等，1985)

4. 平行六面体

空间格子的最小重复单位或结点在三维空间形成的最小单位，即平行六面体。它由六个两两平行而且相等的面组成。实际晶体结构中这样划分出来的最小单位称为晶胞。空间格子可视为由平行六面体在三维空间平行、毫无间隙地重复堆砌而成的。同样整个晶体结构可以视为晶胞在三维空间平行、毫无间隙地重复堆砌。晶胞的形状和大小则取决于它的三条彼此相交的棱的长度(图 2-13 中的 a、b、c)和它们之间的夹角(图 2-13 中的 α、β、γ)。

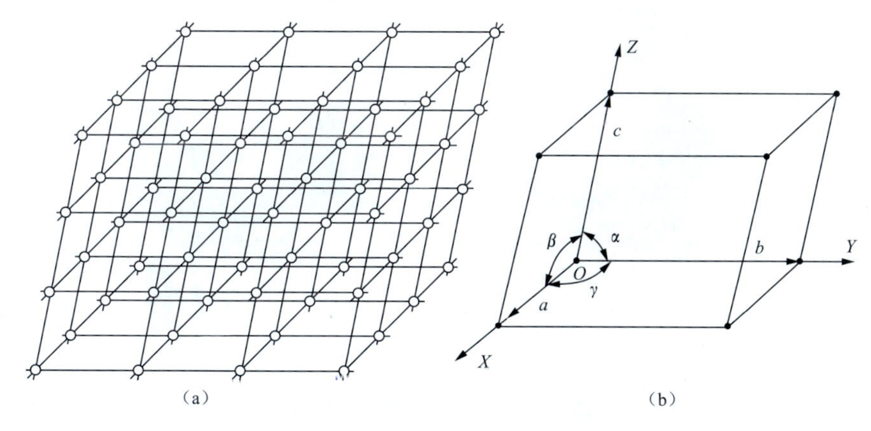

图 2-13　平行六面体示意图

(a)空间格子；(b)平行六面体

第三节　晶体的基本性质

一、均一性

由于晶体是具有格子构造的固体，在同一晶体的各个不同部分，质点的分布是一样的，所以晶体的各个部分的物理性质和化学性质也是相同的，这就是晶体的均一性。如将一块纯净的水晶打碎，每一块的成分都是SiO_2、密度都是$2.65g/cm^3$。

必须注意的是：非晶质体也具均一性，如玻璃的不同部分折射率、膨胀系数、热导率等都是相同的。但是由于非晶质体的质点排列不具格子构造，所以其均一性是统计的、平均近似的均一，称为统计均一性；而晶体的均一性是由其格子构造决定的，称为结晶均一性。液体和气体也具有统计均一性。

二、自限性

晶体在适当条件下可以自发地形成几何多面体外形的性质，这种性质叫自限性，如图2-14所示。

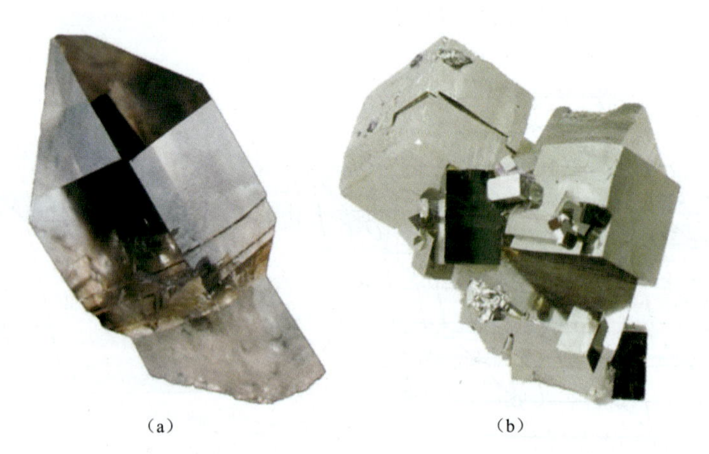

(a)　　(b)

图2-14　晶体自限性示意图

(a)水晶的柱状晶体；(b)黄铁矿的立方体晶体

晶体为平的晶面所包围，晶面相交成直的晶棱，晶棱会聚成尖的角顶。晶体的多面体形态是其内部格子构造在外形上的直接反映。晶面、晶棱和角顶分别与格子构造中的面网、行列和结点相对应，它们之间的关系如图 2-15 所示。

晶面：晶体表面上自发长成的平面。

晶棱：晶面的交棱。

角顶：晶棱会聚的点。

三、异向性(各向异性)

在同一格子构造中，在不同方向上质点排列一般是不一样的，因此，晶体的性质随方向的不同而有所差异，这就是晶体的异向性。如蓝晶石的硬度随方向不同有显著差别，平行晶体延长方向(图 2-16 中的 AA 方向)硬度小于小刀，垂直晶体延长方向(图 2-16 中的 BB 方向)硬度大于小刀，因此蓝晶石又名二硬石。又如云母、方解石等矿物晶体具有完好的解理，受力后可沿晶体的一定方向裂开成光滑的平面，而沿其他方向则不能裂开成光滑的平面。在矿物晶体的力学、光学、热学、电学等性质中，都有明显的异向性的体现。此外，如晶体的多面体形态，也是其异向性的一种表现，无异向性的外形应该是球形。非晶质体一般表现为等向性，其性质一般不随方向而改变。

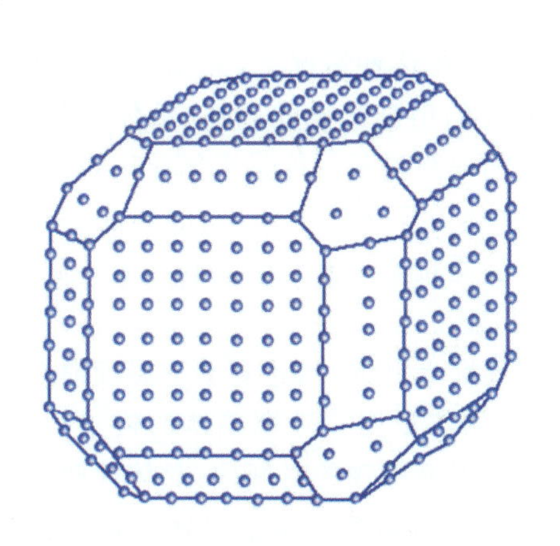

图 2-15　晶面、晶棱、角顶与面网、行列、结点的关系示意图
(引自潘兆橹等，1993)

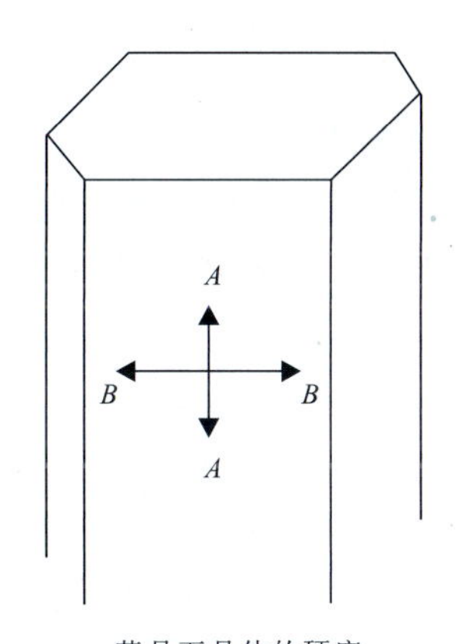

图 2-16　蓝晶石晶体硬度的异向性
(引自潘兆橹等，1993)

四、对称性

晶体具异向性，但这并不排斥晶体在某些特定的方向上具有相同的性质。

晶体的相同部分(如外形上的相同晶面、晶棱或角顶,内部结构中的相同面网、行列或质点等)能够在不同的方向或位置上有规律地重复出现,这就是晶体的对称性。晶体的格子构造本身就是质点重复规律的体现,对称性是晶体极其重要的性质,是晶体分类的基础,我们将在第三章中详加讨论。

五、最小内能性

在相同的热力学条件下,晶体与其同种物质的气体、液体和非晶质体相比较,其内能最小,这就是晶体的最小内能性。所谓内能,包括质点的动能与势能。例如,冰是一种晶体,它的内能比水和水蒸气小,当水的温度逐渐下降,在常压下降至摄氏零度时,水就开始结冰,由液体状态转变为固体状态,此时温度就停止下降了,当水转化为冰后,温度还可以下降。温度下降的停顿是因为水分子由无规则状态转变为有规律排列的结晶格子时,伴随有能量的析出。因此,在一定温度和压力下,晶体与成分相同但处于其他状态的物体比较,具有最小内能。

动能与物体所处的热力学条件有关,温度越高,质点的热运动越强,动能也就越大,因此它不能直接用来比较物体间内能的大小。可用来比较内能大小的只有势能,势能取决于质点间的距离与排列。

晶体是具有格子构造的固体,其内部质点是有规律地排列的,这种规律的排列是质点间的引力与斥力达到平衡的结果。在这种情况下,无论是质点间的距离增大还是缩小,都将导致质点的相对势能的增加。非晶质体、液体、气体由于它们内部质点的排列不是有规律的,质点间的距离不可能是平衡距离,因此它们的势能也较晶体为大。也就是说在相同的热力学条件下,它们的内能都较晶体为大。实验证明:当物体由气态、液态、非晶质状态过渡到结晶状态时,都有热能的析出;相反,晶格的破坏也必然伴随着吸热效应。

当晶体加热时,起初温度是随着时间逐渐上升的,当达到某一温度时晶体开始溶解,同时温度的上升停顿了,此时所加的热量用于破坏晶体的格子构造,直到晶体完全溶解,温度才开始继续上升。在温度停顿的时间内,晶体吸收了一定的热量而使自己转变为液体,这些热量称为溶解潜热。由于晶体的格子构造中各个部分的质点是按同一方式排列的,破坏晶体各个部分需要同样的温度,因此,晶体具有一定的熔点[图 2-17(a)]。

非晶质体则与之不同,由于它们不具有格子构造,所以没有一定的熔点。例如,将玻璃加热时,它首先变软,逐渐变为黏稠的熔体。在这一过程中没有温度的停顿,其加热曲线为一光滑的曲线[图 2-17(b)]。

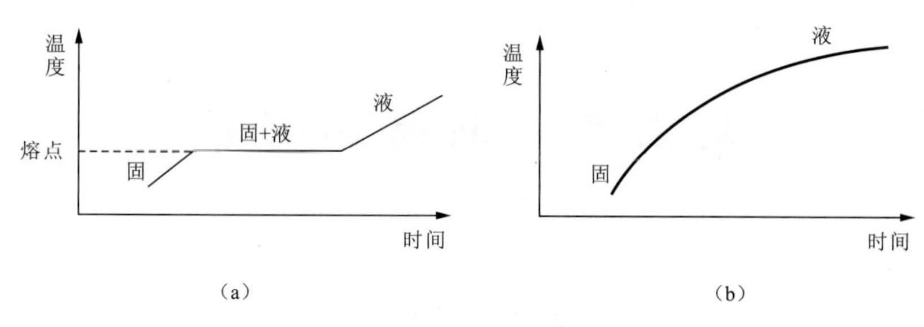

图 2－17　晶体与非晶质体的加热曲线示意图
(a)晶体的加热曲线;(b)非晶质体的加热曲线

六、稳定性

在相同的热力学条件下,晶体比具有相同化学成分的非晶体稳定,非晶质体有自发转变为晶体的必然趋势,而晶体决不会自发地转变为非晶质体,这就是晶体的稳定性。晶体的稳定性是晶体具有最小内能性的必然结果。

第三章　晶体的对称

第一节　对称的概念

对称的现象在自然界和日常生活中极为常见，如植物、动物、某些建筑物、生活用具、器皿等都常呈对称的图形（图 3－1）。

图 3－1　物体对称示意图

物体或图形对称必须满足两个基本条件：① 具有两个或两个以上相同的部分；② 这些相同的部分通过一定的操作（如旋转、反映、反伸）可以发生重复。如图 3－1 中的物体左右两个相等的部分，都可以通过垂直平分它们的镜面的反映而彼此重合。

对称就是物体相同部分有规律的重复。

第二节　晶体对称的特点

晶体是具有对称性的，晶体外形的对称表现为相同的晶面、晶棱和角顶作有规律的重复。晶体的对称和其他物体不同。动植物的对称是长期演化的结果，对称有利于它们的生存。建筑物、工艺品和用具的对称是人为的，是为了使其美观和适用。而晶体的对称是取决于它内在的格子构造，因此，它具有如下特点：

（1）由于晶体内部都具有格子构造，而格子构造本身就是质点在三维空间周期重复的体现，因此，从这种意义上来说，所有晶体都是对称的。

（2）晶体的对称受格子构造规律的限制，也就是说只有符合格子构造规律的对称才能在晶体上体现。因此，晶体的对称是有限的，它遵循“晶体对称定律”（见对称轴一节）。

（3）晶体的对称取决于其内在的本质——格子构造，因此，晶体的对称不仅体现在外形上，同时也体现在物理性质（如光学、力学、热学、电学性质等）上，也就是说晶体的对称不仅包含着几何意义，也包含着物理意义。

晶体的对称性是晶体最重要的特征，晶体的对称性是对种类繁多的晶体进行分类的依据。

第三节　对称要素和对称操作

使物体或图形的相同部分重复出现的操作称为对称操作。在进行对称操作时，总要借助于一些假想的几何要素（点、线、面），如绕直线进行“旋转”操作，对一个平面进行“反映”操作，对一个点进行“反伸”操作。在进行对称操作时所应用的辅助几何要素称为对称要素。

晶体外形可能存在的对称要素和相应的对称操作如下。

一、对称中心（C）

对称中心是晶体内部一个假想的点，通过这一点的直线两端等距离的地方有晶体上相等的部分。所对应的对称操作为反伸。

对称中心用符号 C 表示。

图 3－2 是一个具有对称中心的图形，C 点为对称中心。在通过 C 点所作的直线上，距 C 等距离的两端可以找到对应点，如 A 和 A_1，B 和 B_1；也可以看成由 A 经过 C 反伸到 A_1，由 B 经过 C 反伸到 B_1。

一个具有对称中心的图形，其相对应的面、棱、角都体现为反向平行。如图3－3所示，C为对称中心，$\triangle ABC$与$\triangle A'B'C'$为反向平行。因此，要确定晶体或晶体模型有无对称中心时，可将晶体模型放在桌子上，看晶体上面是否有一个晶面与下面的晶面（与桌面接触的晶面）平行而且相等。把晶体转动，重复这样的观察，如果晶体上所有的晶面都可以找到与其平行而且相等的晶面，说明晶体有对称中心，否则就没有对称中心。

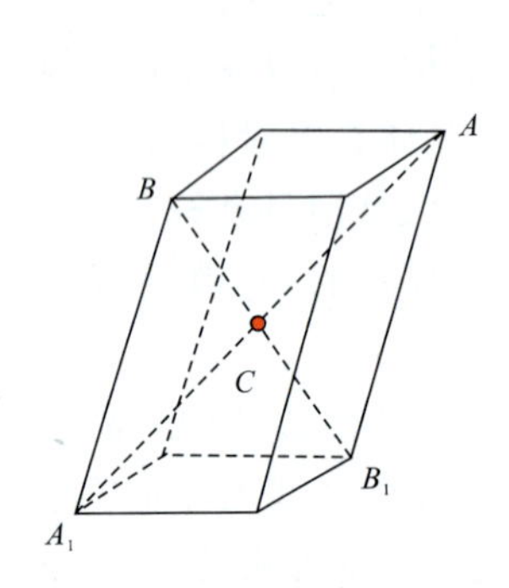

图3－2　具有对称中心的图形

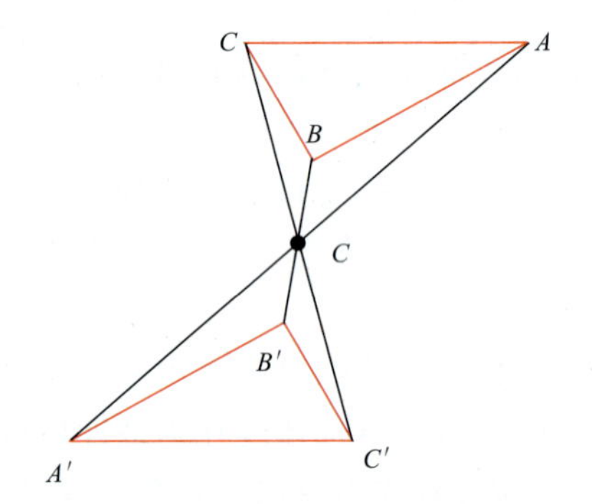

图3－3　由对称中心联系起来的两个反向平行的图形

不是所有晶体都有对称中心，晶体外形上若有对称中心，只可能有一个。

二、对称面（P）

对称面是一个假想的平面，它把晶体平分为互为镜像的两个相等部分。其对称操作是对一个平面的反映。“反映操作”可与“反伸操作”对比，两者不同之处仅在于反伸凭借一个点，反映凭借一个面。

图3－4(a)中P_1和P_2都是对称面（垂直纸面），因为它们都可以把图形$ABDE$分成两个互为镜像的相等部分。图3－4(b)中的AD却不是图形$ABDE$的对称面，因为它虽然把图形$ABDE$平分为$\triangle AED$和$\triangle ABD$两个相等部分，但这两个相等部分不是互为镜像关系，$\triangle AED$的镜像是$\triangle AE_1D$。

在晶体上对称面的出露位置：

(1)垂直平分晶面（图3－5中1、2、3对称面）。

(2)垂直平分晶棱（图3－5中1、2、3对称面）。

(3)包含晶棱并平分晶面的夹角（图3－5中4、5、6、7、8、9对称面）。

在一个晶体上，可以没有对称面，也可以有一个或若干个对称面，但最多可达9个，如立方体有9个对称面（图3－5），记作9P。

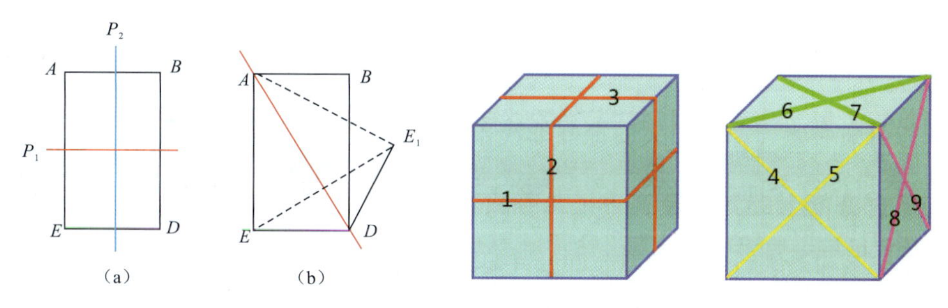

图 3-4　对称面和非对称面对比　　图 3-5　晶体上对称面的出露位置

三、对称轴(L^n)

对称轴是通过晶体中心的一条假想直线，晶体围绕它旋转一定角度后，晶体的相等部分重复出现。旋转一周重复的次数称为轴次 n，重复时所旋转的最小角度称基转角 α，两者之间的关系为 $n=360^\circ/\alpha$。

对称轴以 L 表示，轴次 n 写在它的右上角，写作 L^n。

晶体外形上可能出现的对称轴如表 3-1 所列。

表 3-1　晶体外形上各种对称轴的符号及作图符号

名称	符号	基转角	作图符号
一次对称轴	L^1	360°	
二次对称轴	L^2	180°	⬬
三次对称轴	L^3	120°	▲
四次对称轴	L^4	90°	◆
六次对称轴	L^6	60°	⬢

轴次 $n>2$ 的对称轴，称高次轴，轴次 $n\leqslant 2$ 的称低次轴。

图 3-6 为分别具有 L^2，L^3，L^4，L^6 的单锥体及其断面，从图中可以看出，这些锥体绕轴旋转一定基转角后，相同的角顶、晶面和晶棱均重复出现。如具 L^4 的四方单锥，绕 L^4 旋转 90°后，锥体上相等部分就重复出现，绕 L^4 旋转 360°，相等部分就出现 4 次。

晶体中对称轴可能出露的位置：

(1)晶面的中心：两相对晶面中心的连线[图 3-7(a)]。

(2)晶棱的中点：两相对晶棱中点的连线[图 3-7(b)]。

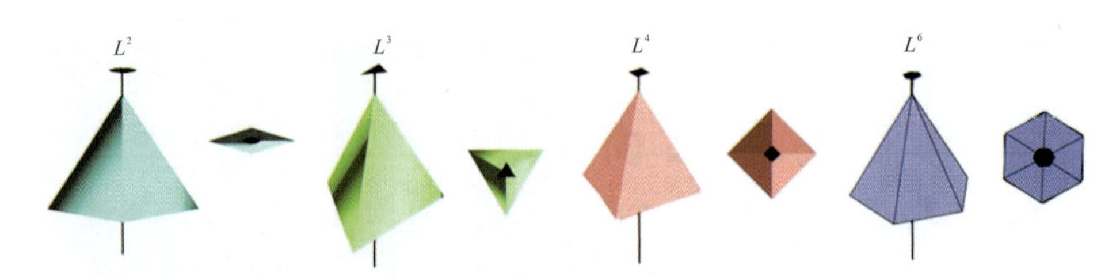

图 3-6　晶体中的对称轴 L^2，L^3，L^4，L^6

(3)角顶上：两相对角顶的连线[图 3-7(c)]；或者一个角顶和与之相对的一个晶面中心的连线[图 3-7(d)]。

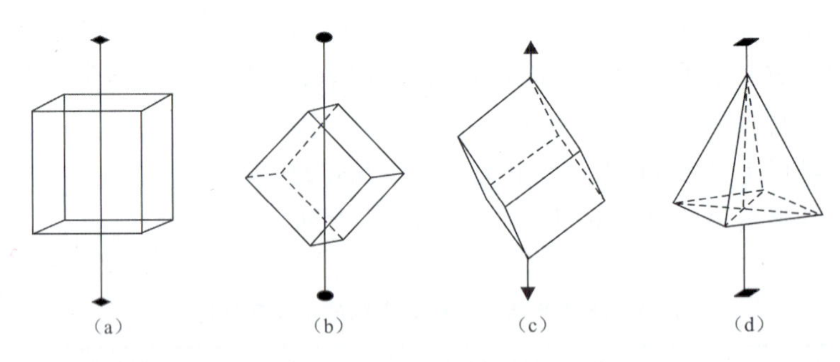

图 3-7　对称轴在晶体上的出露位置

由于晶体是具有格子构造的固体物质，这种质点格子状的分布特点决定了晶体的对称轴只有 L^1，L^2，L^3，L^4，L^6 这五种，不可能存在五次轴及高于六次的对称轴。这就是晶体对称定律。

晶体对称定律可以这样理解：在晶体结构中，垂直对称轴一定有面网存在，在垂直对称轴的面网上，结点分布所形成的网孔一定要符合对称轴的对称规律。围绕 L^2，L^3，L^4，L^6 所形成的多边形网孔[图 3-8(a)，(b)，(c)，(e)]，可以毫无间隙地布满整个平面，从能量上看是稳定的；且这些多边形网孔也符合面网上结点所围成的网孔(即形成平行四边形状)。但围绕 L^5 所形成的正五边形网孔以及围绕高于六次轴所形成的正多边形网孔(如正八边形等)[图 3-8(d)，(f)]都不能毫无间隙地布满整个平面，从能量上看是不稳定的；且这些多边形网孔大多数不符合面网上结点所围成的网孔。所以，在晶体中不可能存在五次及高于六次的对称轴。

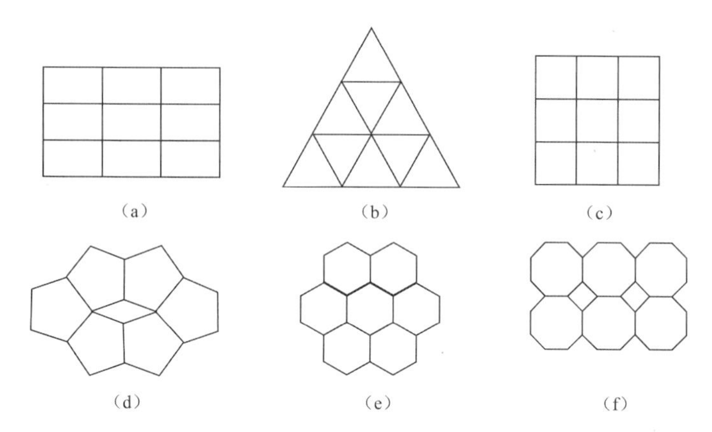

图 3-8　垂直对称轴所形成的多边形网孔
(引自潘兆橹等,1993)

四、旋转反伸轴

旋转反伸轴是晶体中的一根假想直线,晶体围绕此直线旋转一定角度后,再对此直线上的一个点进行反伸,可使晶体上相等的部分重复。其对称操作是围绕一根直线的旋转和对此直线上一个点的反伸。

旋转反伸轴以符号 L_i^n 表示,i 是反伸之意,n 为轴次,n 可为 1、2、3、4、6。现以 L_i^4 为例来加以说明。图 3-9 所画的结晶多面体为四方四面体,当其绕 L_i^4 旋转 90°后,角顶 A、B、E、D 到达 A'、B'、E'、D'的位置,再对 L_i^4 上的一点 C 进行反伸,使 A'、B'、E'、D'分别与旋转前的 D、E、B、A 相重合,整个图形重复为旋转前的形象。为了便于理解,也可以就一个晶面来分析,如晶面 ABD 绕 L_i^4 旋转 90°到达 $A'B'D'$ 位置,再经 L_i^4 上的一点 C 的反伸,与旋转前的一个晶面 DEA 重合,其他晶面依此类推,整个晶体重复为原来的形象,旋转 360°重复 4 次。

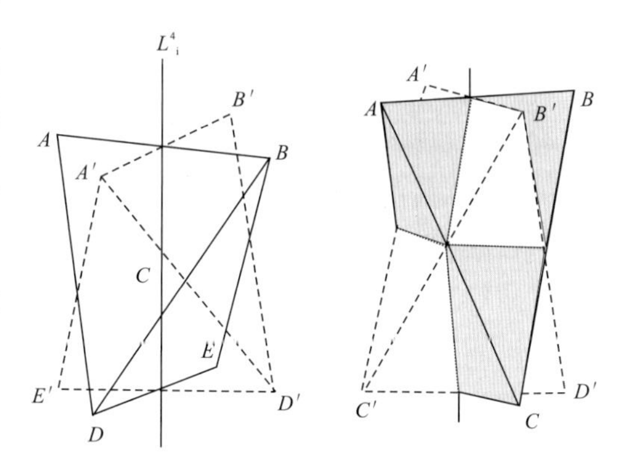

图 3-9　具有 L_i^4 的四方四面体
(引自潘兆橹等,1993)

L_i^1,L_i^2,L_i^3,L_i^4,L_i^6 旋转反伸轴的作用如图 3-10 所示。除 L_i^4 外,其余各种旋转反伸轴都可以用其他简单的对称要素或它们的组合来代替，其间关系如下（图 3－10）：

$$L_i^1 = C, L_i^2 = P, L_i^3 = L^3 + C, L_i^6 = L^3 + P_{\perp}$$

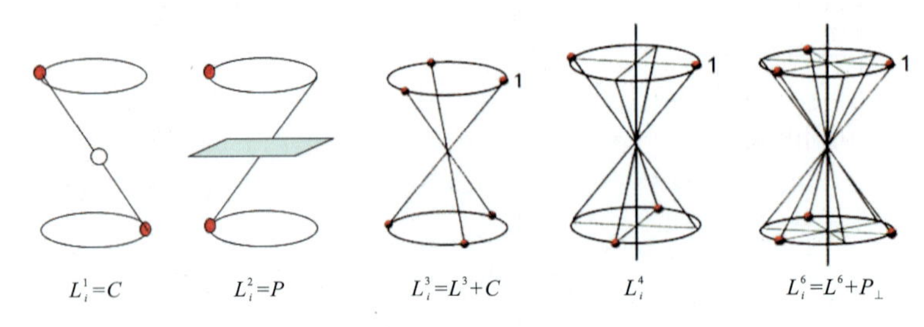

图 3－10　各种旋转反伸轴图解

（引自潘兆橹等，1993）

第四节　对称要素组合

在结晶多面体中，可以只有一个对称要素单独存在，也可以有若干个对称要素组合在一起。

对称要素的组合服从以下定理。

定理一：如果有一个二次轴 L^2 垂直 n 次轴 L^n，则必有 n 个 L^2 垂直 L^n。即：$L^n + L^2_{\perp} \rightarrow L^n nL^2$

例如：$L^2 + L^2_{\perp} \rightarrow L^2 2L^2$，$L^3 + L^2_{\perp} \rightarrow L^3 3L^2$，$L^4 + L^2_{\perp} \rightarrow L^4 4L^2$，$L^6 + L^2_{\perp} \rightarrow L^6 6L^2$（图 3－11）

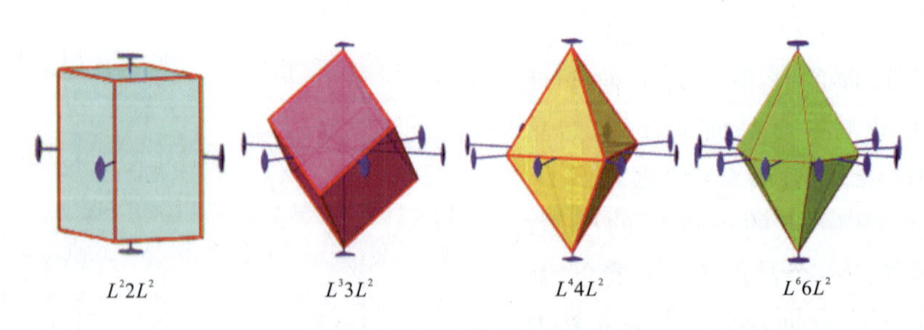

图 3－11　定理一图解

定理二：如果有一个对称面 P 垂直偶次对称轴 $L^{n(偶)}$，则在其交点存在对称中心。即：$L^{n(偶)} + P_{\perp} \rightarrow L^n PC$

例如：$L^2 + P_{\perp} \rightarrow L^2 PC$，$L^4 + P_{\perp} \rightarrow L^4 PC$，$L^6 + P_{\perp} \rightarrow L^6 PC$（图 3－12）。

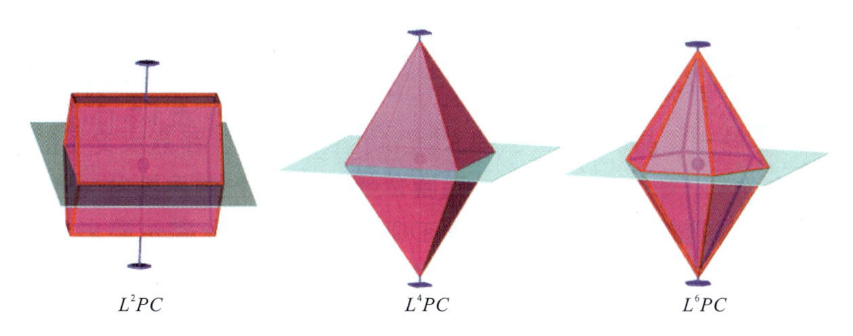

图 3－12　定理二图解

定理三：如果有一个对称面 P 包含 L^n，则必有 n 个对称面包含 L^n。即：$L^n+P_{/\!/}\rightarrow L^nnP$

例如：$L^2+P_{/\!/}\rightarrow L^22P$，$L^3+P_{/\!/}\rightarrow L^33P$，$L^4+P_{/\!/}\rightarrow L^44P$，$L^6+P_{/\!/}\rightarrow L^66P$（图 3－13）。

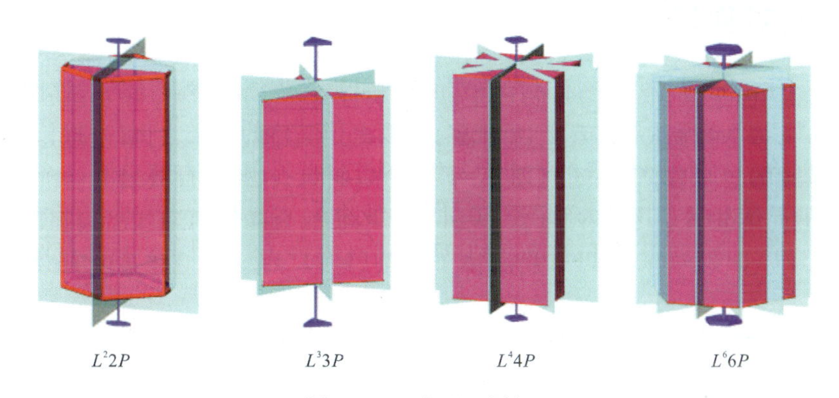

图 3－13　定理三图解

定理四：如果有一个二次轴 L^2 垂直于 L_i^n（或者有一个对称面 P 包含 L_i^n），当 n 为奇数时则必有 n 个 L^2 垂直 L_i^n 和 n 个 P 包含 L_i^n。即：$L_i^n+L_\perp^2\rightarrow L_i^nnL^2nP$；当 n 为偶数时则必有 $n/2$ 个 L^2 垂直 L_i^n 和 $n/2$ 个 P 包含 L_i^n，即：$L_i^n+L_\perp^2\rightarrow L_i^n\ \frac{n}{2}L^2\ \frac{n}{2}P$。

例如：$L_i^3+L_\perp^2\rightarrow L_i^33L^23P$，$L_i^4+L_\perp^2\rightarrow L_i^42L^22P$，$L_i^6+L_\perp^2\rightarrow L_i^63L^23P$（图 3－14）

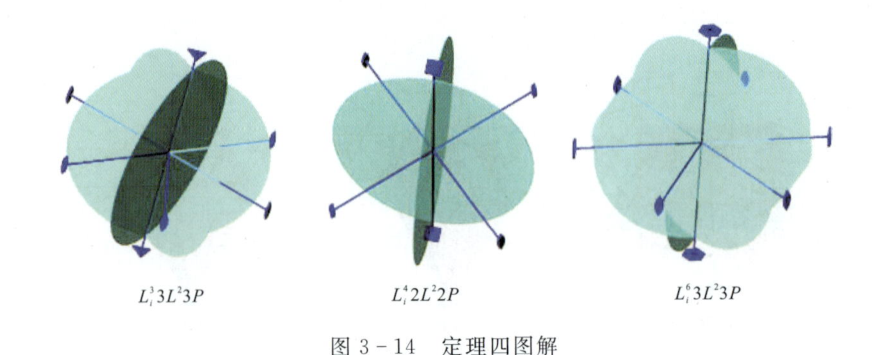

$L_i^3 3L^2 3P$　　$L_i^4 2L^2 2P$　　$L_i^6 3L^2 3P$

图 3-14　定理四图解

第五节　晶体的分类

根据晶体对称特点，可以对晶体进行合理的科学分类。

一、对称型

一个结晶多面体中全部对称要素的总和，称为该结晶多面体的对称型。

晶体上出现哪些对称要素，出现多少，取决于晶体的种类。例如：斜长石和蓝晶石都只有一个对称中心(C)(图 3-15)，所以斜长石、蓝晶石等只有一个对称中心(C)的晶体都属 C 这一对称型。又如：石膏、正长石晶体，它们的全部对称要素均为 L^2PC(图 3-16)，所以石膏、正长石等均属于 L^2PC 这一对称型的晶体。

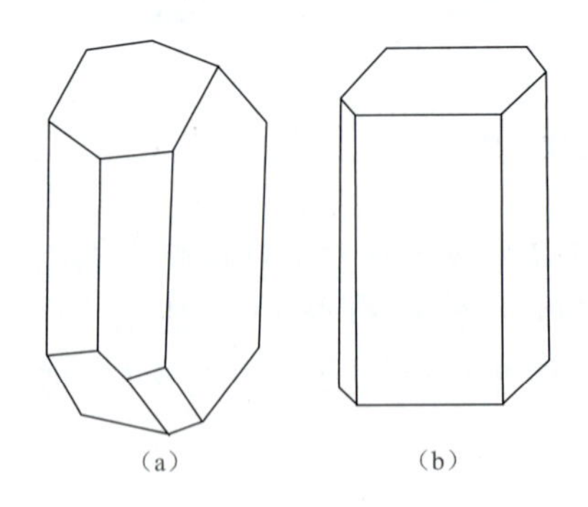

(a)　(b)

图 3-15　只有对称中心(C)的斜长石(a)和蓝晶石(b)晶体(引自戈定夷等，1989)

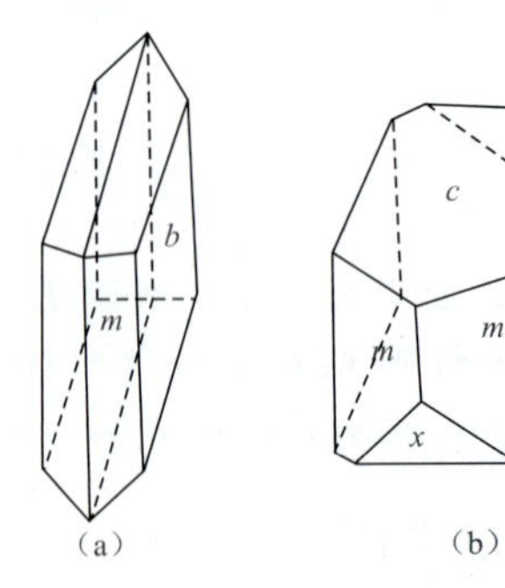

(a)　(b)

图 3-16　具 L^2PC 对称型的石膏(a)和正长石(b)晶体(引自戈定夷等，1989)

根据晶体中可能出现的对称要素种类以及对称要素间组合的规律，从数学上可以推导得出：在一切晶体中，总共只能有 32 种不同的对称要素组合方式，即 32 种对称型。无论是天然产出的晶体，还是人工制造的晶体，其对称要素组合都包括在这 32 个对称型之中，无一例外（表 3－2）。

对称型举例如图 3－17 所示。从中可以看出不同的晶体具有不同的对称型；不同的晶体也可具有相同的对称型，例如立方体和菱形十二面体均具有 $3L^4 4L^3 6L^2 9PC$ 对称型，四方四面体和复四方偏三角面体均具有 $L_i^4 2L^2 2P$ 对称型。

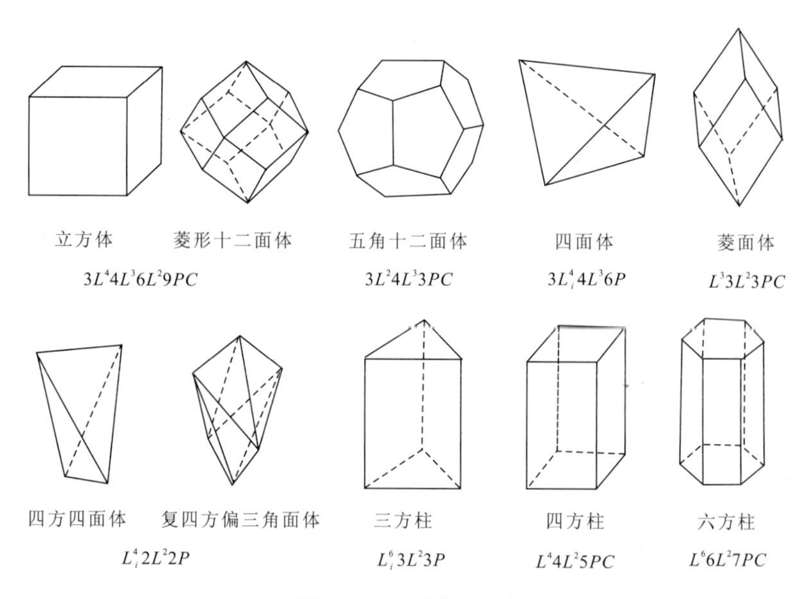

图 3－17　对称型举例

二、晶族、晶系及晶类的划分

根据晶体对称的特点可以对晶体进行合理的科学分类。分类依据及分类体系见表 3－2。

首先，根据是否有高次轴以及有一个或多个高次轴，把 32 个对称型归纳为低级、中级和高级 3 个晶族。

在各晶族中，再根据对称特点划分晶系。晶系共有七个：属于低级晶族的三斜晶系（无对称面和对称轴）、单斜晶系（二次轴和对称面各不多于一个）和斜方晶系（二次轴或对称面多于一个）；属于中级晶族的四方晶系（有一个四次轴）、三方晶系（有一个三次轴）和六方晶系（有一个六次轴）；属于高级晶族的等轴晶系（有四个三次轴）。

表 3-2　三十二种对称型及晶体的分类表

晶族	晶系	对称特点	对称型种类	晶类名称	对称型的国际符号*
低级晶族(无高次轴)	三斜晶系	无 L^2，无 P	1. L^1	单面晶类	1
			2. $\underline{C}$①	平行双面晶类	$\bar{1}$
	单斜晶系	L^2 或 P 不多于 1 个	3. L^2	轴双面晶类	2
			4. P	反映双面晶类	m
			5. $\underline{L^2PC}$	斜方柱晶类	2/m
	斜方晶系	L^2 或 P 多于 1 个	6. $3L^2$	斜方四面体晶类	222
			7. L^22P	斜方单锥晶类	mm(mm2)
			8. $\underline{3L^23PC}$	斜方双锥晶类	$\mathrm{mmm}(\frac{2}{m}\frac{2}{m}\frac{2}{m})$
中级晶族(只有一个高次轴)	四方晶系	有一个 L^4 或 L_i^4	9. L^4	四方单锥晶类	4
			10. L^44L^2	四方偏方面体晶类	42(422)
			11. L^4PC	四方双锥晶类	4/m
			12. L^44P	复四方单锥晶类	4mm
			13. $\underline{L^44L^25PC}$	复四方双锥晶类	$4/\mathrm{mmm}(\frac{4}{m}\frac{2}{m}\frac{2}{m})$
			14. L_i^4	四方四面体晶类	$\bar{4}$
			15. $L_i^42L^22P$	复四方偏三角面体晶类	$\bar{4}2\mathrm{m}$
	三方晶系	有一个 L^3 或 L_i^3	16. L^3	三方单锥晶类	3
			17. $\underline{L^33L^2}$	三方偏方面体晶类	32
			18. L^33P	复三方单锥晶类	3m
			19. $L^3C= L_i^3$	菱面体晶类	$\bar{3}$
			20. $\underline{L^33L^23PC}=\underline{L_i^33L^23P}$	复三方偏三角面体晶类	$\bar{3}\mathrm{m}(\bar{3}\frac{2}{m})$
	六方晶系	有一个 L^6 或 L_i^6	21. L^6	六方单锥晶类	6
			22. L^66L^2	六方偏方面体晶类	62(622)
			23. L^6PC	六方双锥晶类	6/m
			24. L^66P	复六方单锥晶类	6mm
			25. $\underline{L^66L^27PC}$	复六方双锥晶类	$6/\mathrm{mmm}(\frac{6}{m}\frac{2}{m}\frac{2}{m})$
			26. $L_i^6=L^3P$	三方双锥晶类	$\bar{6}$
			27. $L_i^63L^23P=L^33L^24P$	复三方双锥晶类	$\bar{6}2\mathrm{m}$
高级晶族(有数个高次轴)	等轴晶系	有 4 个 L^3	28. $3L^24L^3$	五角三四面体晶类	23
			29. $\underline{3L^24L^33PC}$	偏方复十二面体晶类	$\mathrm{m}3(\frac{2}{m}\bar{3})$
			30. $\underline{3L_i^44L^36P}$	六四面体晶类	$\bar{4}3\mathrm{m}$
			31. $3L^44L^36L^2$	五角三八面体晶类	43(432)
			32. $\underline{3L^44L^36L^29PC}$	六八面体晶类	$\mathrm{m}3\mathrm{m}(\frac{4}{m}\bar{3}\frac{2}{m})$

注：①有下划线者为常见的重要对称型。

* 国际符号在本教材没有讲解，可参看《结晶学及矿物学》(潘兆橹等，1993)。

晶体的分类有着重要的实际意义。绝大多数矿物都是晶体。高、中、低三晶族的矿物不仅在形态上各有特点，而且物理性质上也截然不同。七个晶系的矿物在形态和物理性质上也有明显的差异。掌握各晶族、晶系的对称特点，是对矿物进行鉴定和研究必须具备的基础知识。

第六节 十四种空间格子

在第一章中我们已经提出，晶体结构的最基本的特征是质点在三维空间的周期重复，空间格子是表示这种重复规律的几何图形。我们还初步讨论了空间格子的几何要素：结点、行列、面网和平行六面体。

晶体的对称具有表里一致性。晶体外形上的对称，是内部构造对称在晶体形态上的反映。晶体按其对称特点可划分为 3 个晶族，7 个晶系，32 个对称型。那么表示晶体内部构造对称规律的几何图形——空间格子有多少种呢？

空间格子的最小重复单位是平行六面体，要弄清楚有多少种空间格子，实质上就是要弄清有多少种平行六面体。

一、平行六面体的选择

对于每一种晶体而言，其结点（相当点）的分布是客观存在的，但平行六面体的选择是人为的。如图 3-18 所示：同一种结构中其平行六面体的选择可有多种方法。因此，选择平行六面体必须遵循一定的原则才能统一。

平行六面体的选择原则如下。

（1）所选取的平行六面体应能反映结点分布整体所固有的对称性。

（2）在上述前提下，所选取的平行六面体中棱与棱之间的直角关系力求最多。

（3）在满足以上两个条件的基础上，所选取的平行六面体的体积力求最小。

根据以上原则，分析图 3-18 所示的情况，点的分布具有四方对称的特点，显然按第 1 种方法来选取平行六面体才符合上述原则。第 2、3 种方法有直角关系且符合四方对称，但体积太大；第 4 种方法虽有直角关系但不符合四方对称；第 5、6 种方法不符合四方对称且无直角关系。在实际晶体结构中，这种被选取的重复单位（平行六面体）称为晶胞，整个晶体结构就是晶胞

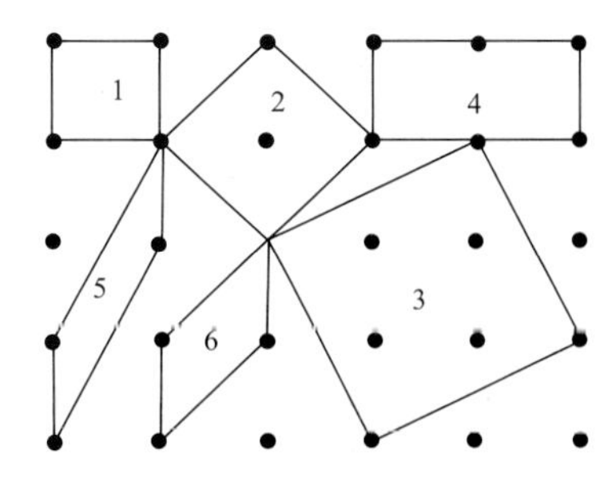

图 3-18 平行六面体的选择

在三维空间平行地、毫无间隙地重复堆砌而成(图 3－19)。

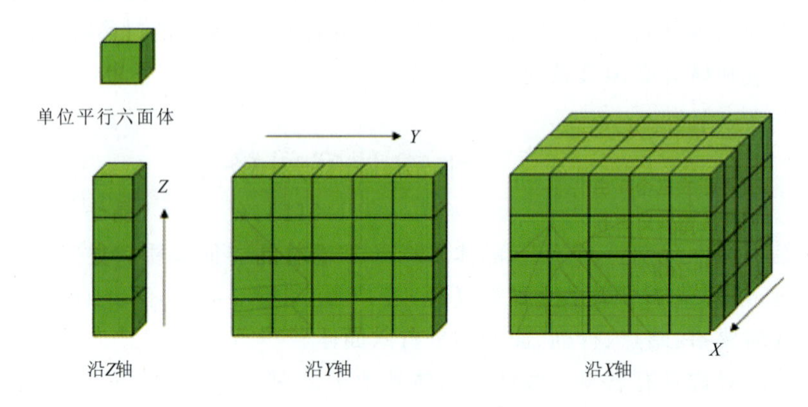

图 3－19　平行六面体构成晶体结构图示

二、各晶系平行六面体的形状和大小

在第二章我们已经知道,平行六面体的形状和大小是由晶胞参数(a、b、c、α、β、γ)决定的,见图 3－20。每种晶体都有自己特定的晶胞参数。

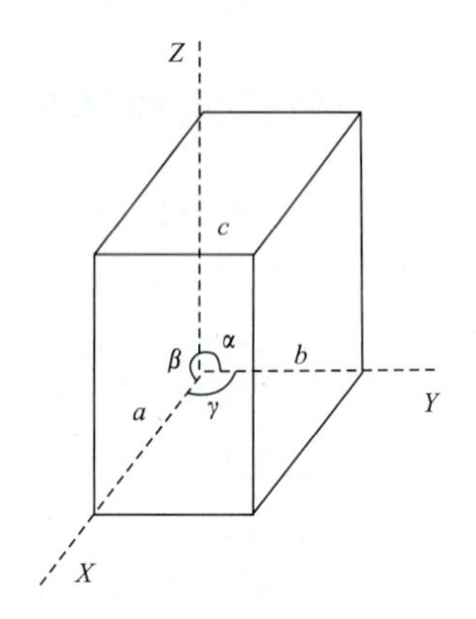

图 3－20　决定平行六面体形状和大小的参数

根据晶体的对称特点我们不能确定晶胞参数,只能确定晶体常数特点(a、b、c、α、β、γ 之间的相对关系)。各晶系对称性不同,因而平行六面体形状也不同(图 3－21),晶体常数特点各异。现将 7 个晶系的晶体常数特点列于表 3－3 中。

三、平行六面体中结点的分布

在按选择原则选出的平行六面体中,根据结点的分布情况,格子又可分为 4 种类型(图 3－22)。

1. 原始格子(P)

结点分布于平行六面体的 8 个角顶上[图 3－22(a)]。

表 3-3　七个晶系晶体常数特点

晶系	晶体常数特点	图示
等轴晶系	$a=b=c$　$\alpha=\beta=\gamma=90°$	图 3-21(a)
四方晶系	$a=b\neq c$　$\alpha=\beta=\gamma=90°$	图 3-21(b)
六方及三方晶系	$a=b\neq c$　$\alpha=\beta=90°,\gamma=120°$(采用六角坐标系,四轴定向)	图 3-21(c)
三方晶系	$a=b=c$　$\alpha=\beta=\gamma\neq 90°$(采用菱面体坐标系,三轴定向)	图 3-21(d)
斜方晶系	$a\neq b\neq c$　$\alpha=\beta=\gamma=90°$	图 3-21(e)
单斜晶系	$a\neq b\neq c$　$\alpha=\gamma=90°,\beta>90°$	图 3-21(f)
三斜晶系	$a\neq b\neq c$　$\alpha\neq\beta\neq\gamma\neq 90°$	图 3-21(g)

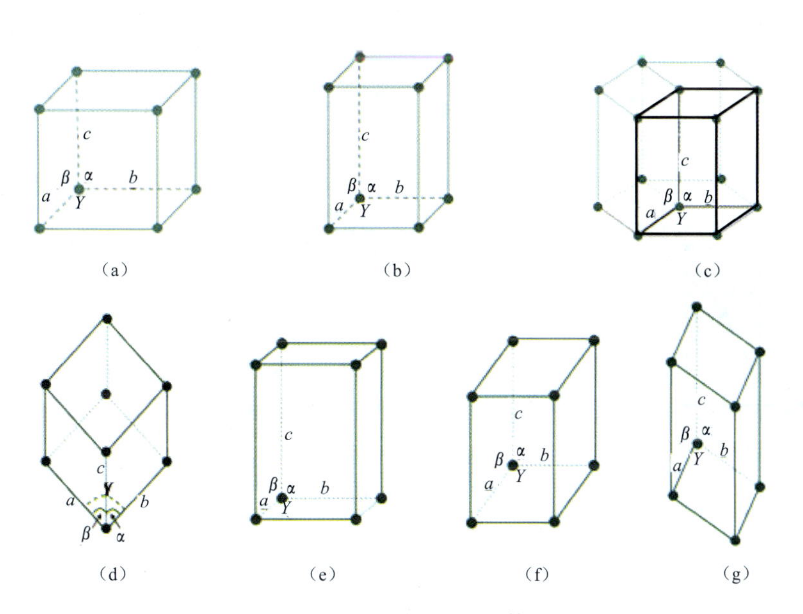

图 3-21　七个晶系平行六面体的形状

(a)立方格子;(b)四方格子;(c)六方格子;(d)三方菱面体格子;(e)斜方格子;(f)单斜格子;(g)三斜格子

2. 底心格子

结点分布于平行六面体的角顶及一对面的中心。其中又可细分为:①C心格子(C),结点分布于平行六面体的角顶和平行(001)一对面的中心[图 3－22(b)];②A 心格子(A),结点分布于平行六面体的角顶和平行(100)一对面的中心[图 3－22(b)];③B 心格子(B),结点分布于平行六面体的角顶和平行(010)一对面的中心[图 3－22(b)]。

3. 体心格子(I)

结点分布于平行六面体的角顶和体中心[图 3－22(c)]。

4. 面心格子(F)

结点分布于平行六面体的角顶和面中心[图 3－22(d)]。

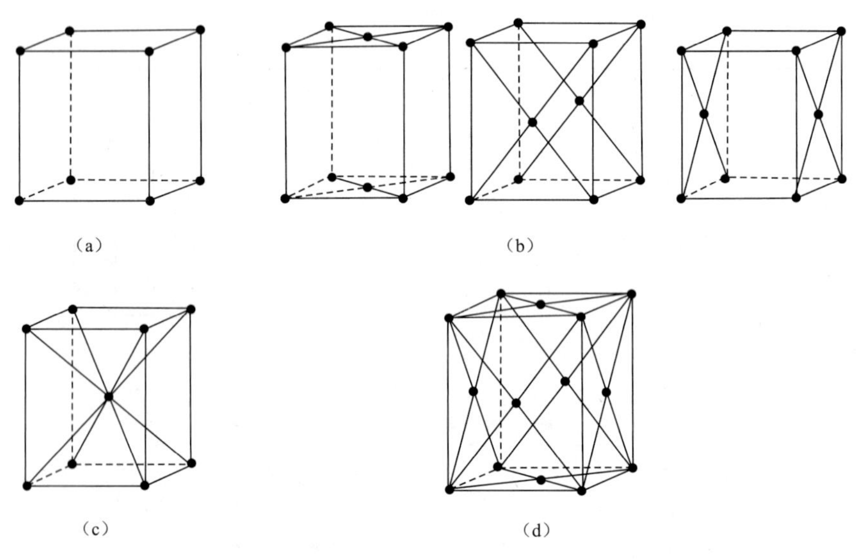

图 3－22　4 种格子类型

(a)原始格子 P;(b)底心格子;(c)体心格子 I;(d)面心格子 F

四、十四种空间格子(布拉维格子)

前述我们知道平行六面体有 7 种形状,格子又有四种类型,那么空间格子不是应该有 28 种吗? 其实,空间格子只有 14 种,它最初是由布拉维推导出来的,所以称为十四种布拉维格子(表 3－4)。

表 3-4　十四种布拉维格子

	原始格子	底心格子	体心格子	面心格子
三斜晶系		$C=P$	$I=P$	$F=P$
单斜晶系			$I=C$	$F=C$
斜方晶系				
四方晶系		$C=P$		$F=I$
三方晶系		与本晶系对称不符	$I=P$	$F=P$
六方晶系		不符合六方对称	$I=P$	$F=P$
等轴晶系		与本晶系对称不符		

资料来源:引自潘兆橹等,1993。

空间格子之所以只有 14 种，是因为某些格子类型彼此重复，还有一些不符合某晶系的对称特点而不能在该晶系中存在。如图 3 - 23 中：①三斜面心格子（虚线）可以转变成体积更小的三斜原始格子（实线）；②四方底心格子（虚线）可转变为体积更小的四方原始格子（实线）；③三方菱面体面心格子（虚线）可转变为体积更小的三方菱面体原始格子（实线）。而在等轴晶系中，若在立方格子中的一对面的中心安置结点，则完全不符合等轴晶系具有 $4L^3$ 的对称特点，故不可能存在立方底心格子。

因此，当去掉一些重复的、不可能存在的空间格子后，在晶体结构中只可能出现十四种空间格子，即十四种布拉维格子。

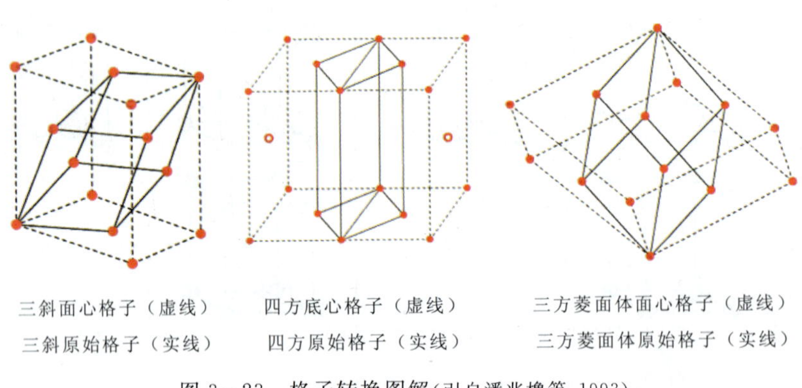

图 3 - 23　格子转换图解（引自潘兆橹等，1993）

第四章　单形和聚形

上一章我们研究了晶体的对称，晶体的对称只说明了晶体上相等部分——晶面、晶棱、角顶重复的规律性，并没涉及晶体的具体形态。属于同一对称型的晶体，可以具有完全不同的形态。如图 4－1 所示的立方体、八面体和菱形十二面体所属对称型都是 $3L^4 4L^3 6L^2 9PC$，但形态迥异。

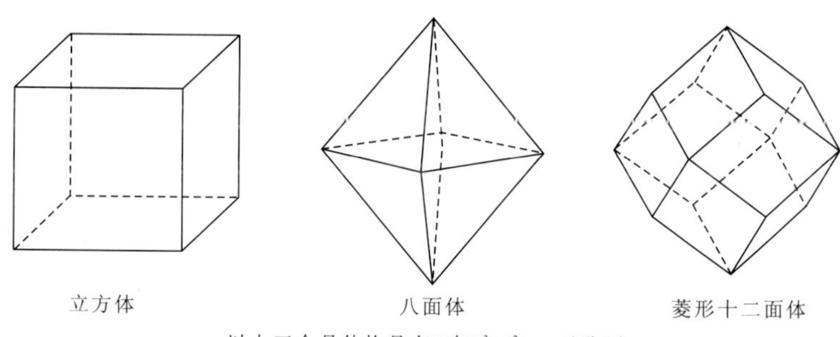

图 4－1　对称型和晶体形态关系

晶体形态可以分为两种类型。属于第一类者，由同种晶面（即性质相同的晶面，在理想情况下，这些晶面应当是同形等大的）所组成[图 4－2(a)]，称为单形；另一类型由两种以上的晶面所组成，称为聚形[图 4－2(b)]。单形是构成聚形的基础。

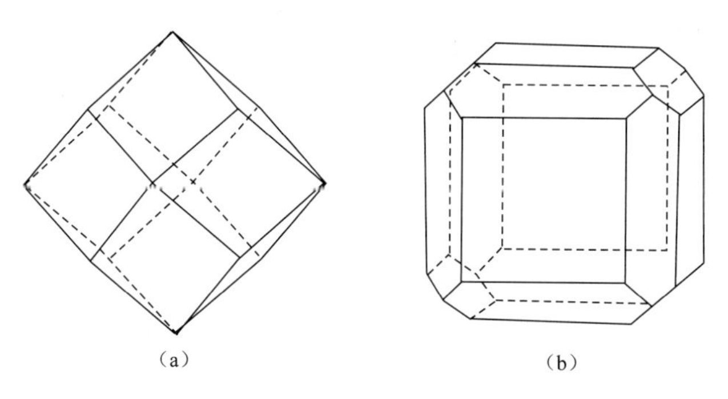

图 4－2　单形(a)和聚形(b)

第一节　单形

一、单形的概念

是由对称要素联系起来的一组晶面的总合。也就是说，单形是一个晶体上能够由该晶体的所有对称要素操作而使它们相互重复的一组晶面。因此，同一单形的所有晶面彼此都是相等的，这具体表现在它们具有相同的性质，以及在理想发育的情况下晶面应当同形等大。

根据单形的概念，我们可以得出如下两条结论。

(1)以单形中任意一个晶面作为原始晶面，通过对称型中全部对称要素的操作，一定会导出该单形的全部晶面。

(2)在同一对称型中，由于晶面与对称要素之间的位置不同，可以导出不同的单形，如图 4－1 中的 3 种单形都属于同一对称型($3L^4 4L^3 6L^2 9PC$)，但这些单形的晶面与对称要素的关系不同，立方体的晶面垂直四次轴，八面体的晶面垂直三次轴，菱形十二面体的晶面垂直二次轴。

二、单形的推导

由于不同对称型可以导出不同单形，在同一对称型中原始晶面与对称要素的相对位置不同，也可以导出不同的单形。下面以斜方晶系中的对称型 $L^2 2P$ 为例说明单形的推导(图 4－3)。

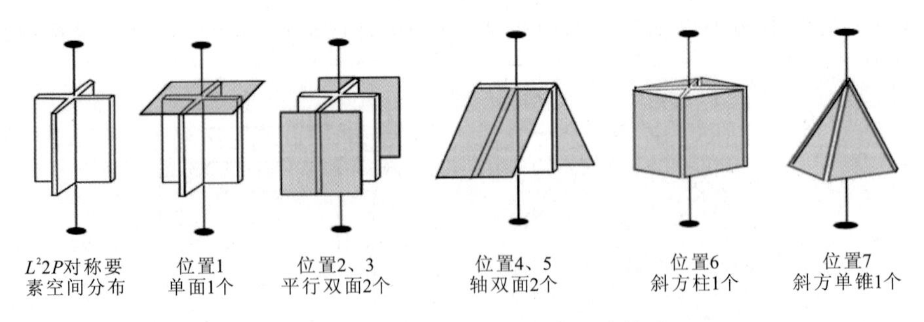

图 4－3　对称型 $L^2 2P$ 导出的 7 种单形

位置 1：原始晶面垂直于 L^2 和 $2P$，通过 L^2 和 $2P$ 作用不能产生新面，这一晶面就构成一个单形——单面。

位置2、3：原始晶面平行L^2和其中一个P，而垂直另一个P，通过L^2和$2P$的作用产生另一个平行于原始晶面的新面，这两个晶面共同构成——平行双面。

位置4、5：原始晶面与L^2及一个P斜交，与另一P垂直，通过L^2和$2P$的作用产生另一个和原始晶面相交的新面，这两个晶面共同构成——轴双面。

位置6：原始晶面与L^2平行，与$2P$斜交，通过对称型$L^2 2P$中所有对称要素的作用，可以得到另外3个晶面，这3个晶面和原始晶面共同构成——斜方柱。

位置7：原始晶面与L^2及$2P$都斜交，通过对称型$L^2 2P$中所有对称要素的作用，可以得到另外3个晶面，这3个晶面和原始晶面共同构成——斜方单锥。

在这7种单形中，位置2、3和位置4、5的两个平行双面和轴双面性质完全相同，仅仅是方位不同，因此它们可归为一种单形，所以对称型$L^2 2P$最终导出5种单形。

第二节　结晶单形和几何单形

每一种对称型中单形晶面与对称要素之间的相对位置最多只可能有7种。因此，一个对称型最多能导出7种单形。对于对称性较低的对称型来说，其中的对称要素也较少，晶面与这些对称要素之间可能的相对位置数也会相应减少，所以，对称性较低的对称型所具有的单形类型就相应要少些。按照上述的方法，对32种对称型逐一进行推导，最终将导出结晶学上146种不同的单形，称为结晶单形，依照对称特点将它们分别列入表4－1～表4－7中。

表4－1　三斜晶系的单形

单形符号＼对称型	L^1	C
$\{hkl\}$	1. 单面(1)	2. 平行双面(2)
$\{0kl\}$	单面(1)	平行双面(2)
$\{h0l\}$	单面(1)	平行双面(2)
$\{hk0\}$	单面(1)	平行双面(2)
$\{100\}$	单面(1)	平行双面(2)
$\{010\}$	单面(1)	平行双面(2)
$\{001\}$	单面(1)	平行双面(2)

注：表中单形名称前面的序号为146种结晶单形的编号，后面括号内数字为单形的晶面数。

资料来源：引自潘兆橹等，1993。

表 4-2　单斜晶系的单形

单形符号 \ 对称型	L^2	P	L^2PC
$\{hkl\}$	3. 轴双面(2)	6. 反映双面(2)	9. 斜方柱(4)
$\{0kl\}$	轴双面(2)	反映双面(2)	斜方柱(4)
$\{h0l\}$	4. 平行双面(2)	7. 单面(1)	10.平行双面(2)
$\{hk0\}$	轴双面(2)	反映双面(2)	斜方柱(4)
$\{100\}$	平行双面(2)	单面(1)	平行双面(2)
$\{010\}$	5. 单面(1)	8. 平行双面(2)	11.平行双面(2)
$\{001\}$	平行双面(2)	单面(1)	平行双面(2)

注:表中单形名称前面的序号为 146 种结晶单形的编号,后面括号内数字为单形的晶面数。
资料来源:引自潘兆橹等,1993。

表 4-3　斜方晶系的单形

单形符号 \ 对称型	$3L^2$	L^22P	$3L^23PC$
$\{hkl\}$	12. 斜方四面体(4)	15. 斜方单锥(4)	20. 斜方双锥(8)
$\{0kl\}$	13. 斜方柱(4)	16. 反映双面(2)	21. 斜方柱(4)
$\{h0l\}$	斜方柱(4)	反映双面(2)	斜方柱(4)
$\{hk0\}$	斜方柱(4)	17. 斜方柱(4)	斜方柱(4)
$\{100\}$	14. 平行双面(2)	18. 平行双面(2)	22. 平行双面(2)
$\{010\}$	平行双面(2)	平行双面(2)	平行双面(2)
$\{001\}$	平行双面(2)	19. 单面(1)	平行双面(2)

注:表中单形名称前面的序号为 146 种结晶单形的编号,后面括号内数字为单形的晶面数。
资料来源:引自潘兆橹等,1993。

表 4-4　四方晶系的单形

对称型 / 单形符号	L^4	L^44L^2	L^4PC	L^44P	L^44L^25PC	L_i^4	$L_i^42L^22P$
$\{hkl\}$	23. 四方单锥(4)	26. 四方偏方面体(8)	31. 四方双锥(8)	34. 复四方单锥(8)	39. 复四方双锥(16)	44. 四方四面体(4)	47. 复四方偏三角面体(8)
$\{hhl\}$	四方单锥(4)	27. 四方双锥(8)	四方双锥(8)	35. 四方单锥(4)	40. 四方双锥(8)	四方四面体(4)	48. 四方四面体(4)
$\{h0l\}$	四方单锥(4)	四方双锥(8)	四方双锥(8)	四方单锥(4)	四方双锥(8)	四方四面体(4)	49. 四方双锥(8)
$\{hk0\}$	24. 四方柱(4)	28. 复四方柱(8)	32. 四方柱(4)	36. 复四方柱(8)	41. 复四方柱(8)	45. 四方柱(4)	50 复四方柱(8)
$\{110\}$	四方柱(4)	29. 四方柱(4)	四方柱(4)	37. 四方柱(4)	42. 四方柱(4)	四方柱(4)	51. 四方柱(4)
$\{100\}$	四方柱(4)	四方柱(4)	四方柱(4)	四方柱(4)	四方柱(4)	四方柱(4)	52. 四方柱(4)
$\{001\}$	25. 单面(1)	30. 平行双面(2)	33. 平行双面(2)	38. 单面(1)	43. 平行双面(2)	46. 平行双面(2)	53. 平行双面(2)

注：表中单形名称前面的序号为 146 种结晶单形的编号，后面括号内数字为单形的晶面数。

资料来源：引自潘兆橹等，1993。

表 4-5　三方晶系的单形

对称型 / 单形符号	L^3	L^33L^2	L^33P	L^3C	L^33L^23PC
$\{hk\bar{i}l\}$	54. 三方单锥(3)	57. 三方偏方面体(6)	64. 复三方单锥(6)	71 菱面体(6)	74. 复三方偏三角面体(12)
$\{h0\bar{h}l\}$	三方单锥(3)	58. 菱面体(6)	65. 三方单锥(3)	菱面体(6)	75. 菱面体(6)
$\{hh\bar{2}\bar{h}l\}$	三方单锥(3)	59. 三方双锥(6)	66. 六方单锥(6)	菱面体(6)	76. 六方双锥(12)
$\{hk\bar{i}0\}$	55. 三方柱(3)	60. 复三方柱(6)	67. 复三方柱(6)	72 六方柱(6)	77. 复六方柱(12)
$\{10\bar{1}0\}$	三方柱(3)	61. 六方柱(6)	68. 三方柱(3)	六方柱(6)	78. 六方柱(6)
$\{11\bar{2}0\}$	三方柱(3)	62. 三方柱(3)	69. 六方柱(6)	六方柱(6)	79. 六方柱(6)
$\{0001\}$	56. 单面(1)	63. 平行双面(2)	70. 单面(1)	73 平行双面(2)	80. 平行双面(2)

注：表中单形名称前面的序号为 146 种结晶单形的编号，后面括号内数字为单形的晶面数。

资料来源：引自潘兆橹等，1993。

表 4-6　六方晶系的单形

单形符号 \ 对称型	L^6	L^6L^2	L^6PC	L^66P	L^66L^27PC	L_i^6	$L_i^63L^23P$
$\{hk\bar{i}l\}$	81. 六方单锥(6)	84. 六方偏方面体(12)	89. 六方双锥(12)	92. 复六方单锥(12)	97. 复六方双锥(24)	102. 三方双锥(6)	105. 复三方双锥(12)
$\{h0\bar{h}l\}$	六方单锥(6)	85. 六方双锥(12)	六方双锥(12)	93. 六方单锥(6)	98. 六方双锥(12)	三方双锥(6)	106. 六方双锥(12)
$\{hh\overline{2h}l\}$	六方单锥(6)	六方双锥(12)	六方双锥(12)	六方单锥(6)	六方双锥(12)	三方双锥(6)	107. 三方双锥(6)
$\{hk\bar{i}0\}$	82. 六方柱(6)	86. 复六方柱(12)	90. 六方柱(6)	94. 复六方柱(12)	99. 复六方柱(12)	103. 三方柱(3)	108. 复三方柱(6)
$\{10\bar{1}0\}$	六方柱(6)	87. 六方柱(6)	六方柱(6)	95. 六方柱(6)	100. 六方柱(6)	三方柱(3)	109. 六方柱(6)
$\{11\bar{2}0\}$	六方柱(6)	六方柱(6)	六方柱(6)	六方柱(6)	六方柱(6)	三方柱(3)	110. 三方柱(3)
$\{0001\}$	83. 单面(1)	88. 平行双面(2)	91. 平行双面(2)	96. 单　面(1)	101. 平行双面(2)	104. 平行双面(2)	111. 平行双面(2)

注:表中单形名称前面的序号为 146 种结晶单形的编号,后面括号内数字为单形的晶面数。

资料来源:引自潘兆橹等,1993。

表 4-7　等轴晶系的单形

单形符号 \ 对称型	$3L^24L^3$	$3L^24L^33PC$	$3L_i^44L^36P$	$3L^44L^36L^2$	$3L^44L^36L^29PC$
$\{hkl\}$	112. 五角三四面体(12)	119. 偏方复十二面体(24)	126. 六四面体(24)	133. 五角三八面体(24)	140. 六八面体(48)
$\{hhl\}$	113. 四角三四面体(12)	120. 三角三八面体(24)	127. 四角三四面体(12)	134. 三角三八面体(24)	141. 三角三八面体(24)
$\{hkk\}$	114. 三角三四面体(12)	121. 四角三八面体(24)	128. 三角三四面体(12)	135. 四角三八面体(24)	142. 四角三八面体(24)
$\{111\}$	115. 四面体(4)	122. 八面体(8)	129. 四面体(4)	136. 八面体(8)	143. 八面体(8)
$\{hk0\}$	116. 五角十二面体(12)	123. 五角十二面体(12)	130. 四六面体(24)	137. 四六面体(24)	144. 四六面体(24)
$\{110\}$	117. 菱形十二面体(12)	124. 菱形十二面体(12)	131. 菱形十二面体(12)	138. 菱形十二面体(12)	145. 菱形十二面体(12)
$\{100\}$	118. 立方体(6)	125. 立方体(6)	132. 立方体(6)	139. 立方体(6)	146. 立方体(6)

注:表中单形名称前面的序号为 146 种结晶单形的编号,后面括号内数字为单形的晶面数。

资料来源:引自潘兆橹等,1993。

在上述146种结晶单形中，有些具有完全相同的几何形态，但他们属于不同的对称型，即不同的对称型推导出的单形也可以具有相同的几何形态。如果不考虑单形所属的对称型(即不考虑单形的对称性)只考虑单形的形状，则146种结晶单形可以归纳为47种几何单形。如图4－4所示，5个立方体结晶单形属于一个几何单形。

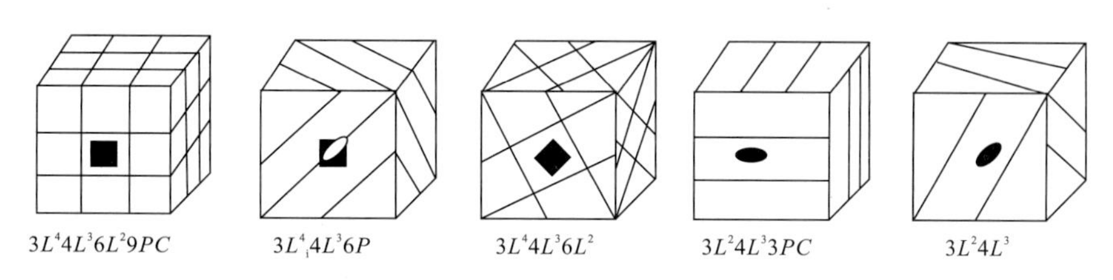

图4－4　五个立方体结晶单形，晶面上的花纹表示各立方体的对称性

(引自赵珊茸等，2011)

47种几何单形(图4－5)中，低级晶族共有7种；中级晶族除垂直高次轴可出现低级晶族中的单面和平行双面两个单形外，尚可出现25种；高级晶族的单形共有15种。

第三节　四十七种几何单形

对于47种几何单形，可根据它们的形态特点进行如下分类。现将它们按低、中、高级晶族分别描述如下。

一、中、低级晶族的单形

1. 面类

面类包括单面、平行双面和双面。平行双面是由一对相互平行的晶面组成。双面是由两个相交的晶面组成，此二晶面若由二次轴 L^2 相联系时称轴双面，若由对称面 P 相联系时称反映双面。

2. 柱类

柱类包括斜方柱、三方柱、复三方柱、四方柱、复四方柱、六方柱、复六方柱。

Ⅰ低级晶族的单形（7种）

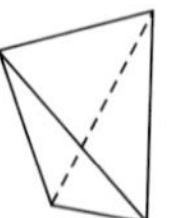
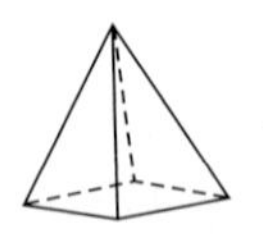
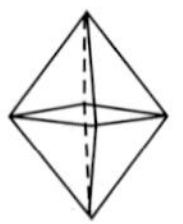

1.单面　2. 平行双面　3. 反映双面及轴双面　4. 斜方柱　5. 斜方四面体　6. 斜方单锥　7. 斜方双锥

Ⅱ中级晶族的单形（25种）

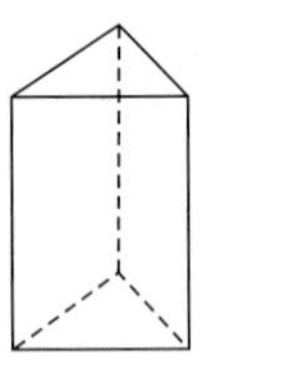
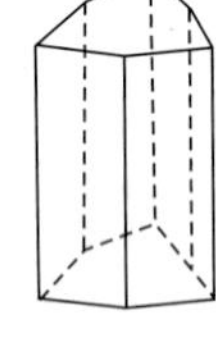
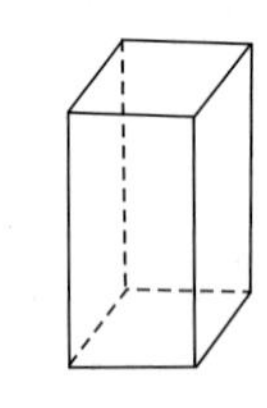
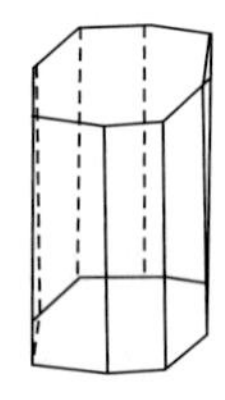
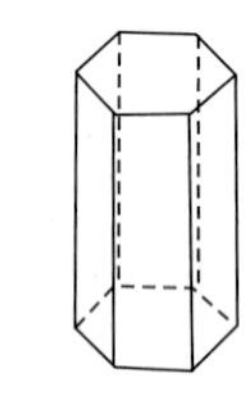
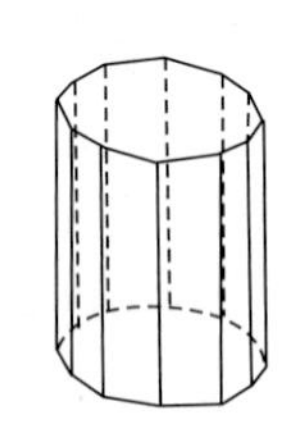

8.三方柱　9. 复三方柱　10. 四方柱　11. 复四方柱　12. 六方柱　13. 复六方柱

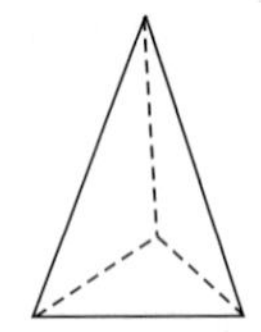
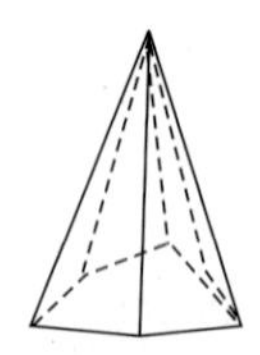
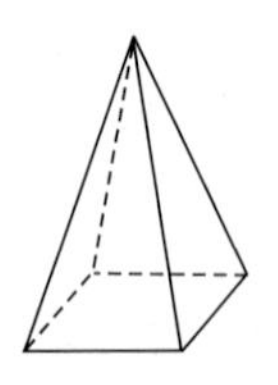
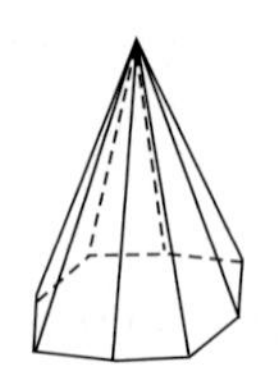
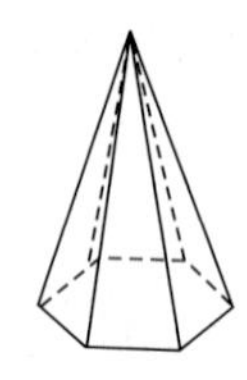
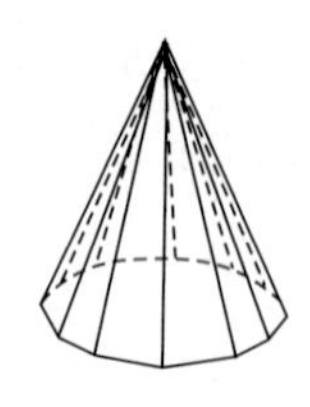

14.三方单锥　15. 复三方单锥　16. 四方单锥　17. 复四方单锥　18. 六方单锥　19. 复六方单锥

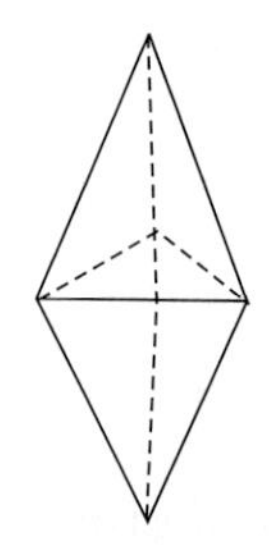
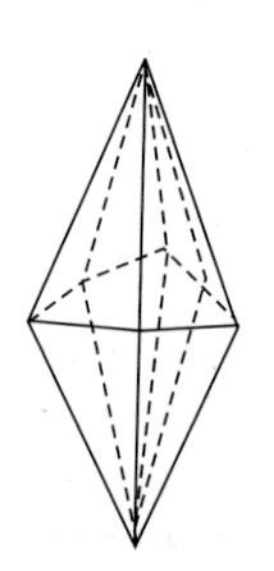
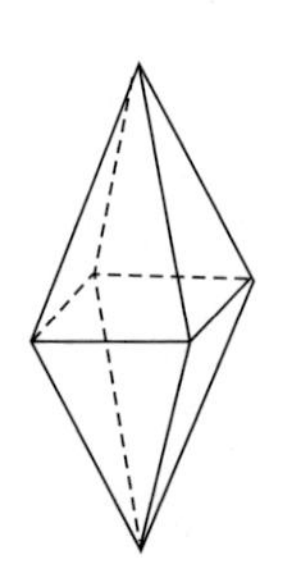
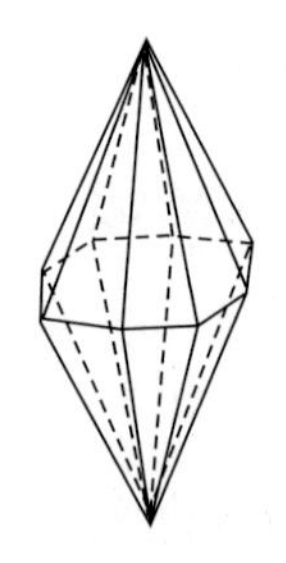
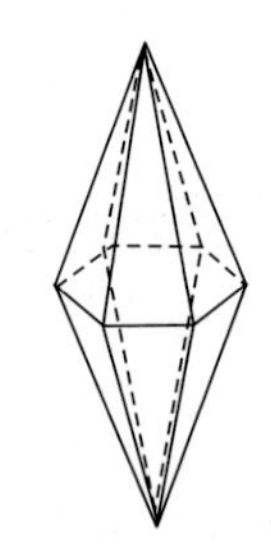
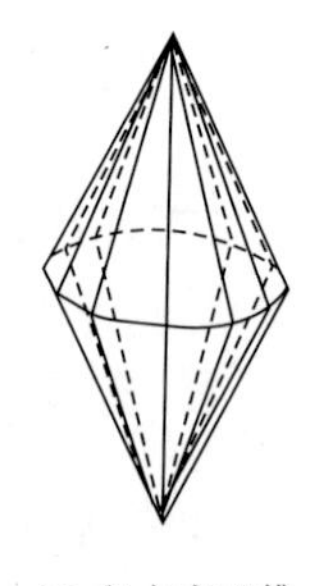

20.三方双锥　21. 复三方双锥　22. 四方双锥　23. 复四方双锥　24. 六方双锥　25. 复六方双锥

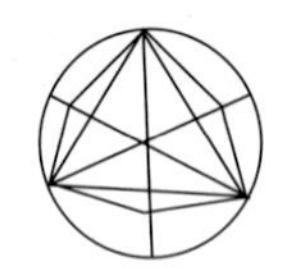

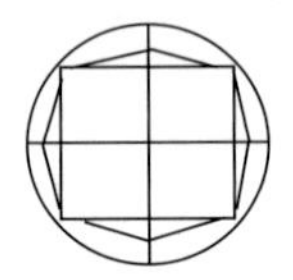
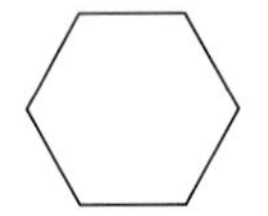
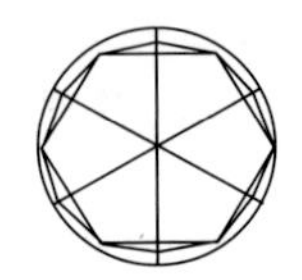

各种柱、锥的横切面

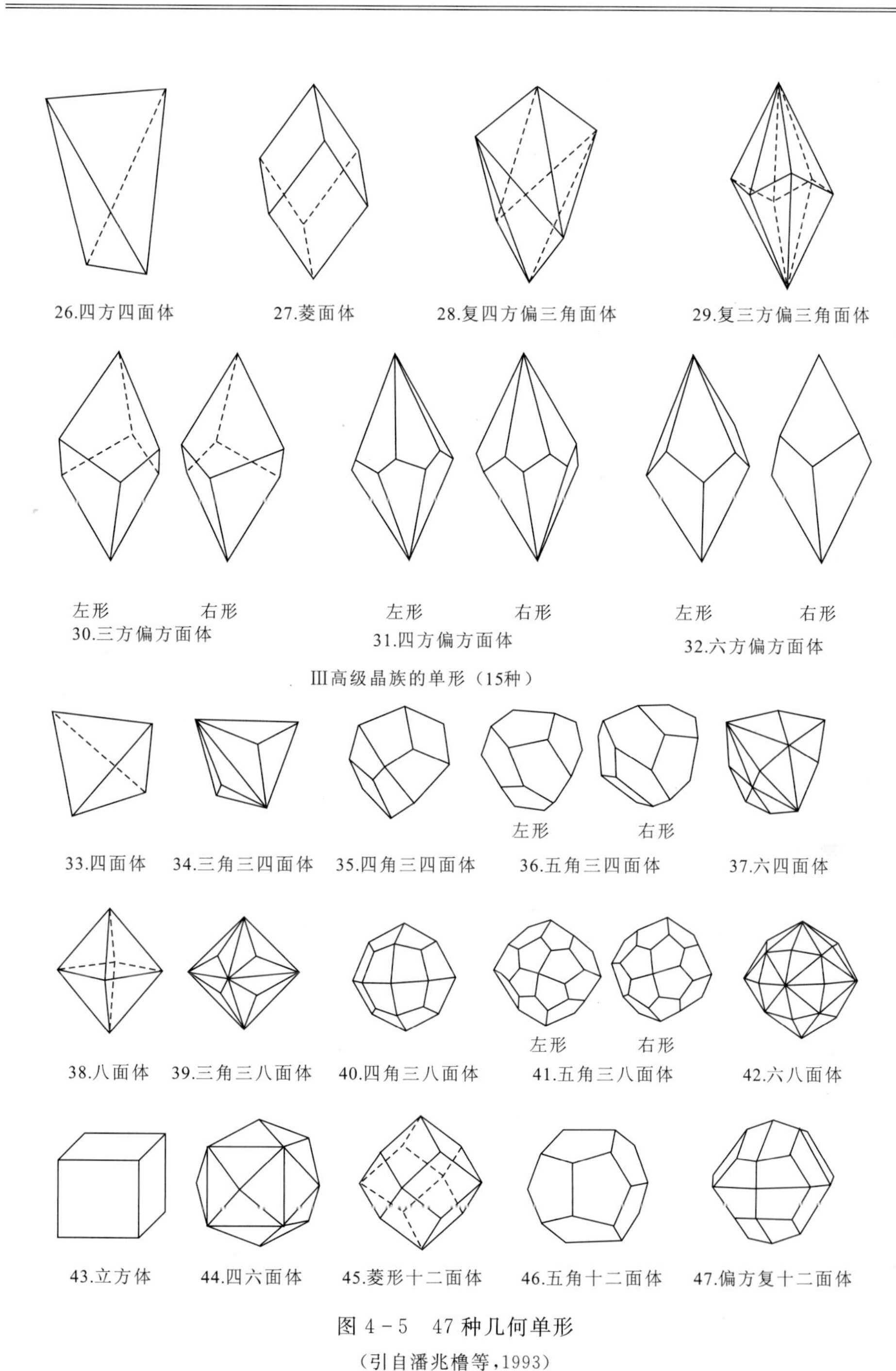

图 4-5　47 种几何单形

（引自潘兆橹等，1993）

3. 单锥类

单锥类包括斜方单锥、三方单锥、复三方单锥、四方单锥、复四方单锥、六方单锥、复六方单锥。

4. 双锥类

双锥类包括斜方双锥、三方双锥、复三方双锥、四方双锥、复四方双锥、六方双锥、复六方双锥。

上述柱类、单锥类、双锥类的横切面特点如图 4－5 所示，要特别注意复三方、复四方、复六方柱、锥的横切面特点。

5. 面体类

面体类包括斜方四面体、四方四面体、菱面体、复三方偏三角面体、复四方偏三角面体，这些单形的特点是：上部的面与下部的面错开分布，且上部（或下部）晶面恰好在下部（或上部）两晶面正中间，没有水平方向的对称面（这一点与双锥类不同），除斜方四面体外，都有包含高次轴的直立对称面。

6. 偏方面体类

偏方面体类包括三方偏方面体、四方偏方面体、六方偏方面体，这些单形的特点与面体类有些相似，区别在于：偏方面体类的单形其上部晶面与下部晶面错开的角度左右不等，这就导致偏方面体类没有包含高次轴的直立对称面，也导致了偏方面体类有左、右形之分，如图 4－5 所示。

二、高级晶族的单形

对于高级晶族的单形，为了便于描述和记忆，我们将其分为 3 组。

1. 四面体组

四面体：由 4 个等边三角形晶面组成。晶面与 L^3 垂直，晶棱的中点出露 L_i^4。

三角三四面体：犹如四面体的每一个晶面突起分为 3 个等腰三角形晶面而成。

四角三四面体：犹如四面体的每一个晶面突起分为 3 个四角形晶面而成，四角形的 4 条边两两相等。

五角三四面体：犹如四面体的每一个晶面突起分为 3 个偏五角形晶面而成。

六四面体：犹如四面体的每一个晶面突起分为 6 个不等边三角形晶面而成。

2. 八面体组

八面体：由 8 个等边三角形晶面所组成，晶面垂直 L^3。

与四面体组的情况类似，设想八面体的每一个晶面突起平分为 3 个晶面，则根据晶面的形状分别可形成三角三八面体、四角三八面体、五角三八面体。而设想八面体的一个晶面突起平分为 6 个不等边三角形则可以形成六八面体。

3. 立方体组

立方体：由两两相互平行的 6 个正四边形组成，相邻晶面间均以直角相交。

四六面体：设想立方体的每个晶面突起平分为 4 个等腰三角形晶面，则这样的 24 个晶面组成了四六面体。

五角十二面体：设想立方体每个晶面突起平分为 2 个具 4 个等边的五角形晶面，则这样的 12 个晶面组成五角十二面体。

偏方复十二面体：设想五角十二面体的每个晶面再突起平分为 2 个具两个等长邻边的偏四方形晶面，则这样的 24 个晶面组成偏方复十二面体。

菱形十二面体：由 12 个菱形晶面组成，晶面两两平行，相邻晶面间的交角为 90°、120°。

47 种单形在自然界产出的晶体上出现的几率不是相同的，有的经常出现，有的则很少见到，最为常见的单形不过 25 种左右（表 4－8）。熟记常见单形的形态特征，对以下各章的学习及矿物晶体的鉴定都是十分重要的。要掌握一个单形的特征，应注意它的晶面数目、形状、相互关系和横切面形状，尤其应注意单形的晶面与对称要素的相对位置。如等轴晶系的立方体单形为 6 个正方形晶面组成，且相邻晶面互相垂直；三方晶系的菱面体单形为 6 个菱形晶面组成，上方 3 个晶面与下方 3 个晶面错开 60°的角度交错排列；四方晶系的四方柱单形为 4 个矩形晶面组成，4 个晶面彼此垂直且均平行于 L^4，横切面为正方形。此外，还应注意相似单形的区别。如八面体、四方双锥和斜方双锥均由 8 个晶面组成，但八面体的晶面与 L^3 垂直，为正三角形；四方双锥上下 4 个晶面都交于 L^4，为等腰三角形；而斜方双锥上下 4 个晶面都交于 L^2，晶面为不等边三角形。

表 4-8　各晶系的主要单形

晶族	形态特征	晶系	单形名称	单形形状	晶面数目	单形特点
高级晶族	一般为三向等长，晶体呈粒状	等轴晶系	四面体		4	由 4 个等边三角形晶面组成，晶面与 L^3 垂直，且与 $3L_i^4$ 相交，截距相等
			立方体	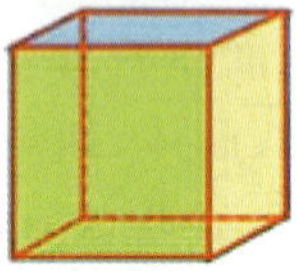	6	由 6 个正方形晶面组成，相邻晶面彼此垂直，每一晶面均与一 L^4（或 L^2 及 L_i^4）垂直，与其他 L^4（或 L^2 及 L_i^4）平行
			八面体	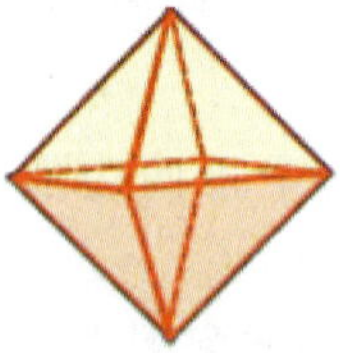	8	由 8 个等边三角形晶面组成，每一晶面均与 L^3 垂直，且与 $3L^4$、L_i^4 或 L^2 相交，截距相等
			菱形十二面体		12	由 12 个菱形晶面组成，每一晶面与一 L^4（或 L^2 及 L_i^4）平行，与其他 L^4（或 L^2 及 L_i^4）相交，截距相等
			五角十二面体		12	由 12 个五边形晶面组成，晶面与一 L^2 平行，与另两 L^2 相交，但截距不等
			三角三八面体		24	八面体的每一个晶面突起平分为 3 个晶面，每个晶面为等腰三角形，与 $3L^4$（或 $3L^2$、$3L_i^4$）相交，但与其中两个相交的截距相等，与另一个相交的截距较短
			四角三八面体		24	八面体的每一个晶面突起平分为 3 个晶面，每个晶面为四边形，与 $3L^4$（或 $3L^2$、$3L_i^4$）相交，但与其中两个相交的截距相等，与另一个相交的截距较短

续表 4－8

晶族	形态特征	晶系	单形名称	单形形状	晶面数目	单形特点
中级晶族	一般为一向伸长，晶体呈柱状、锥状	三方、六方晶系	平行双面		2	两个晶面相互平行，必垂直高次轴 L^3、L^6 或 L_i^6
			三方柱		3	3 个晶面相交之棱互相平行，并平行于高次轴 L^3、L_i^6，横截面为正三角形
			复三方柱		6	由三方柱的每个晶面突起分为两个晶面组成，6 个晶面相交之棱互相平行，并平行于高次轴 L^3、L_i^6，横截面为六边形
			六方柱		6	6 个晶面相交之棱互相平行，并平行于高次轴 L^3、L^6、L_i^6，横截面为正六边形
			三方单锥		3	由 3 个等腰三角形晶面组成，3 个晶面的交棱相交于一点，成单锥状，横截面为正三角形
			三方双锥		6	由 6 个等腰三角形晶面组成，呈锥状，上方 3 个晶面与下方 3 个晶面各交于一点，L^3 经过此两点

续表 4-8

晶族	形态特征	晶系	单形名称	单形形状	晶面数目	单形特点
中级晶族	一般为一向伸长，晶体呈柱状、锥状	三方、六方晶系	六方双锥		12	由 12 个等腰三角形晶面组成，呈锥状，上方 6 个晶面与下方 6 个晶面各交于一点，L^6、L_i^6 或 L^3 经过此两点
			三方偏方面体	左形　右形	6	上下部各有 3 个晶面，共由 6 个晶面组成，上部晶面与下部晶面错开的角度左右不等
			菱面体		6	由 6 个菱形晶面组成，上方 3 个晶面和下方 3 个晶面各交于一点。L^3 通过此两点，晶面上下交错 60°
			复三方偏三角面体		12	可看做由菱面体一个晶面分成两个晶面，上方 6 个晶面与下方 6 个晶面各交于一点，L^3 通过此两点，上下晶面交错排列
	一般为一向伸长，晶体呈柱状、锥状	四方晶系	平行双面		2	两个晶面相互平行，必垂直高次轴 L^4 或 L_i^4
			四方柱		4	晶面两两平行，晶面交棱互相平行，且平行于 L^4 或 L_i^4，横切面为正方形

续表 4 - 8

晶族	形态特征	晶系	单形名称	单形形状	晶面数目	单形特点
中级晶族	一般为一向伸长，晶体呈柱状、锥状	四方晶系	复四方柱		8	由四方柱的每个晶面突起分为两个晶面组成，8 个晶面相交之棱互相平行，并平行于高次轴 L^4 或 L_i^4，横截面为八边形
			四方单锥		4	由 4 个等腰三角形晶面组成，4 个晶面的交棱相交于一点，成单锥状，横截面为正方形
			四方双锥		8	由 8 个等腰三角形晶面组成，呈双锥状，上方 4 个晶面与下方 4 个晶面各交于一点，L^4 或 L_i^4 通过此两点
			复四方双锥		16	由四方双锥的每个晶面突起分为两个晶面组成，呈双锥状，上方 8 个晶面与下方 8 个晶面各交于一点，L^4 通过此两点
低级晶族	呈扁柱状、板状、片状	斜方、单斜、三斜晶系	平行双面		2	两个晶面相互平行
			斜方柱		4	晶面两两平行，相交棱互相平行，横切面为菱形
			斜方双锥		8	由 8 个不等边三角形晶面组成，呈双锥状，横切面为菱形，上方 4 个晶面与下方 4 个晶面各交于一点，L^2 通过此点

第四节　单形的分类

一、特殊形和一般形

根据单形晶面与对称型中对称要素的相对位置可以将单形划分成一般形和特殊形。凡是单形晶面处在特殊位置，即晶面垂直或平行于任何对称要素，或者与相同的对称要素以等角度相交，这种单形即特殊形；反之，单形晶面处于一般位置，即不与任何对称要素垂直或平行（等轴晶系中的一般形有时可平行于三次轴的情况除外），也可与相同的对称要素以等角度相交，这种单形称为一般形。

二、左形和右形

形态完全相同、在空间的取向上正好彼此相反的两个形体，它们互为镜像，但是不能借助于旋转或反伸操作使之重合，此二同形反向体构成了左右对映形，其中一个为左形，另一个为右形。如图 4-6 所示为三方偏方面体的左形和右形。

左形　　右形

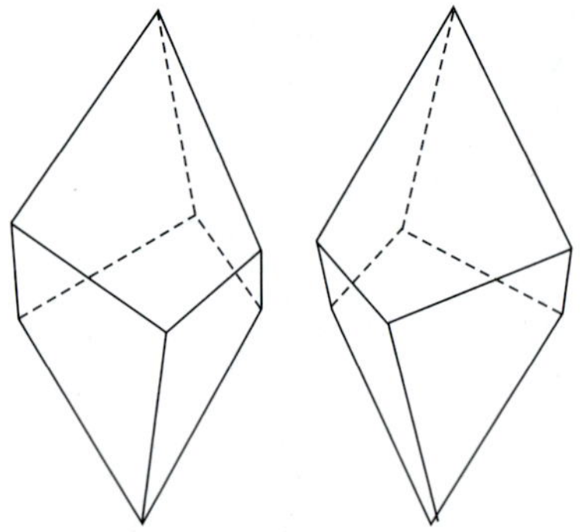

图 4-6　三方偏方面体的左形和右形

三、正形和负形

取向不同的两个相同单形，如果相互间能借助旋转操作而彼此重合，则两者互为正负形。如图 4-7 分别表示了四面体和五角十二面体的正形和负形，其正形和负形之间为旋转 90°的关系。

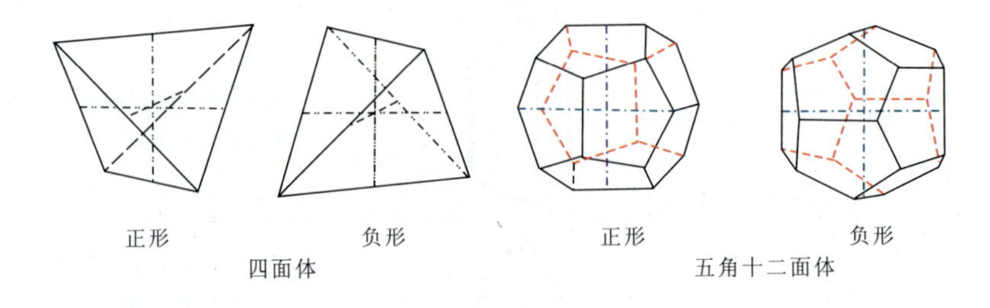

图 4-7　四面体和五角十二面体的正形和负形

（引自潘兆橹等，1993）

四、开形和闭形

凡是单形的晶面不能封闭一定空间者称开形，如平行双面、各种柱类等。凡是其晶面能封闭一定空间者称为闭形，例如各种双锥以及等轴晶系的全部单形等。开形和闭形的划分也只是针对几何单形而言。

第五节　聚形

一、聚形的概念

由两个或两个以上的单形聚合而成的晶形称为聚形。在理想晶体上，聚形一定有两种以上形状、大小不同的晶面。在实际晶体中，聚形一定有两种以上性质不同的晶面。图 4－8 分别显示了理想晶体中的四方柱与四方双锥，立方体与菱形十二面体的聚合情形；图 4－9 显示了实际晶体的聚合情形。

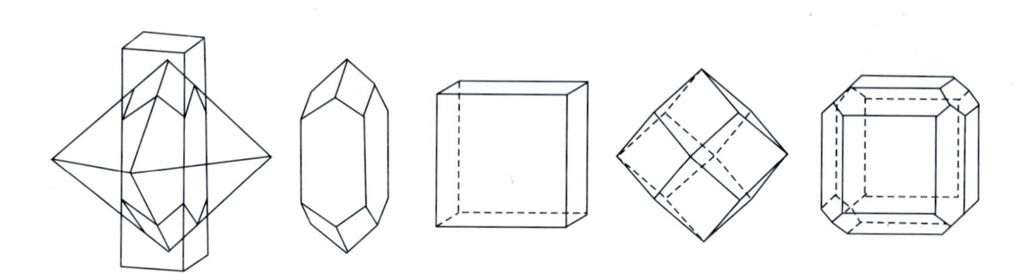

四方柱与四方双锥的聚形　　立方体和菱形十二面体及其聚形

图 4－8　理想晶体的聚形

黄玉　石英　萤石　微斜长石

图 4－9　实际晶体的聚形

自然界产出的矿物晶体绝大部分是聚形，所以研究聚形具有重要的实际意义。然而，聚形又是由单形聚合而成的，为了更好地研究聚形，必须熟练地掌握单形(特别是常见单形)的特征，尤其要掌握单形的晶面与对称要素的关系这一重要特征。因为单形相聚后，由于晶面彼此切割而改变了单形晶面原来的形状，但单形的各晶面与对称型中对称要素的相对位置却不会改变。

二、单形相聚的原则

1. 单形相聚的条件(根本原则)

单形相聚的根本原则是要符合对称规律。只有属于同一对称型的单形才能相聚，即只有属于同一对称型的单形才能在同一晶体上出现。

2. 必须注意的问题

(1)只有同一晶系的几何单形才能在晶体上同时出现。例如：立方体与四方双锥，四方柱与八面体不能相聚。

(2)少数几何单形可以在不同晶系的晶体上出现，如单面、平行双面可以出现在低级晶族和中级晶族的晶系中。

三、聚形分析步骤

研究聚形，不是给聚形定名，而是分析某一聚形是由哪些单形组成。聚形分析的步骤如下。

(1)确定晶体的对称型和晶系。

(2)确定单形数目：根据模型中非同形等大的晶面种数确定。

(3)逐一确定单形名称。

(4)检查核对：查表 4－1～表 4－7 判别。

注意：在聚形中单形的晶面形状可能发生变化，但同一单形各晶面的相对位置(与对称要素的关系)不会因组成聚形而变化。

下面以橄榄石晶体形态为例(图 4－10)，说明聚形分析的过程：

(1)晶体所属的对称型为斜方晶系 $3L^2 3PC$。据此由表 4－3 可查出该对称型中可能出现的单形有：斜方双锥、斜方柱、平行双面。

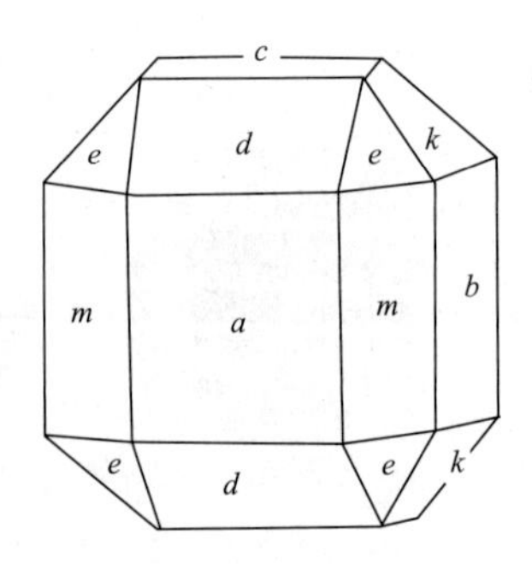

图 4－10　橄榄石晶体

(转引自赵珊茸等，2011)

(2)晶体上有 a,b,c,d,e,m,k 7 种不同晶面,因而可知它有相应的 7 种单形。

(3)进行晶体定向,选 3 个 L^2 分别作为 X、Y、Z 轴,则可定出上述 7 种单形的形号。从表 4－3 中查出属 $3L^2 3PC$ 对称型、具有上述形号的单形名称:a. 平行双面{100};b. 平行双面{010};c. 平行双面{001};d. 斜方柱{$h0l$};e. 斜方双锥{hkl};m. 斜方柱{$hk0$};k. 斜方柱{$0kl$}。

(4)根据各单形晶面的数目、晶面间的相互关系以及想像地使晶面扩展相交后单形的形状,进一步确认上述单形名称。

四、聚形分析注意事项

(1)聚形中各单形的晶面相互穿插切割,单形晶面的理想形状已改变,所以,绝不能单纯地依据晶面形状来判断是何种单形。

(2)单形是由对称要素联系起来的一组晶面的组合,因此不能把属于同一单形的晶面分成几个单形;同样,也不能把几个不同单形的晶面拼凑成一个单形。例如,不要把立方体分解成四方柱和平行双面,把四面体拆成三方单锥和单面。也不要把四方双锥和四方柱合并成菱形十二面体。

(3)一个对称型最多可推导出 7 种单形,但一个聚形晶体可由 7 个以上的单形组成,它们中间必定有同名单形存在。

(4)一个晶体只有一个对称型,切不可把一个晶体中多个单形分别确定对称型。如立方体和五角十二面体组成的聚形,其对称型为 $3L^2 4L^3 3PC$,其中的立方体属于结晶单形。

第五章　晶体定向与晶面符号

前面我们讨论了晶体的对称、单形和聚形，但是确定了一个晶体的对称和单形，仍不一定能获得关于它的形态的完整概念，如图 5－1 所示的两个晶体均是由四方柱和四方双锥组成的聚形，其对称型均为 $L^4 4L^2 5PC$，但其形态却有明显的差异，这是由于四方柱和四方双锥的相对位置不同造成的。因此，要确切地描述它，就必须确定晶面在空间的相对位置，因而就需要一个坐标系统，这就是晶体定向。

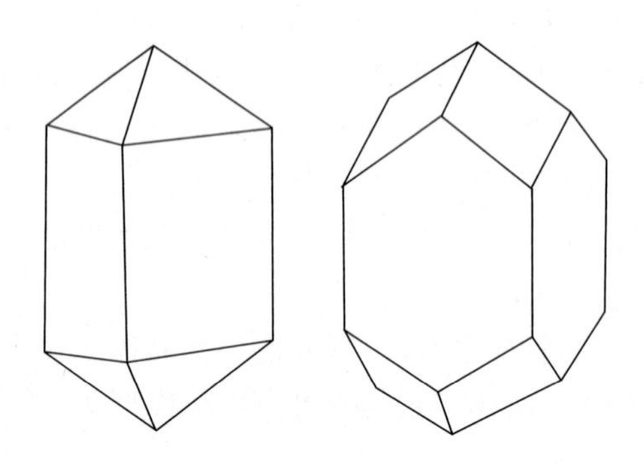

图 5－1　由四方柱和四方双锥组成的两种聚形
（引自戈定夷等，1989）

晶体定向不仅在研究晶体形态时需要，在确切的描述晶体的异向性、对称性及其在物理性质上的反映时，也需要对晶体定向。晶体定向在矿物形态、内部构造和物理性质的研究工作中都具有极为重要的意义。

第一节　晶体定向

一、晶体定向的概念

晶体定向就是在晶体中建立一个坐标系统，这样晶体中各个晶面、晶棱以及对称要素就可以在其中标定方向。

二、晶体定向的方法

以晶体中心为原点建立一个坐标系，这个坐标系一般由3根晶轴 X、Y、Z 轴（也可用 a、b、c 轴表示）组成。X 轴在前后方向，正端朝前；Y 轴在左右方向，正端朝右；Z 轴在上下方向，正端朝上。3根晶轴正端之间的夹角分别表示为 $\alpha(Y \wedge Z)$、$\beta(Z \wedge X)$、$\gamma(X \wedge Y)$。对于三方、六方晶系的晶体，通常要用四轴定向法，4根晶轴分别为 X、Y、U、Z 轴（图5－2）。

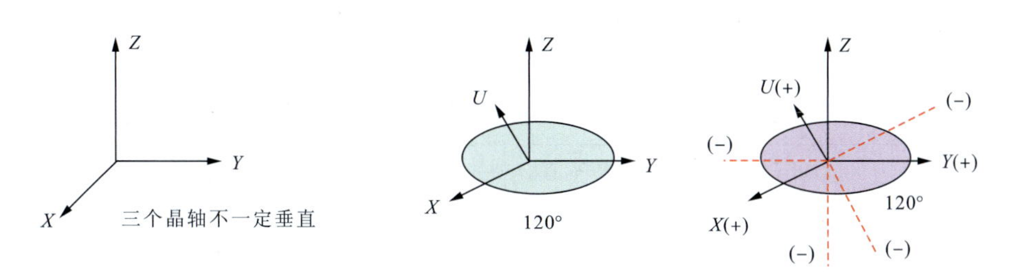

图5－2　晶体定向图示

在晶体坐标系统中选定交于晶体中某一点的3个方向的直线作为坐标轴，并确定坐标轴上的度量单位。晶体的坐标轴称为晶轴，各晶轴上的度量单位称为轴单位。晶轴和轴单位的确定不是任意的，必须使选定的晶轴与晶体内部构造中交于一点的3条行列平行，并以各行列上的结点间距作为轴单位。如图5－3中 X、Y、Z 为晶轴，a、b、c 为轴的单位。

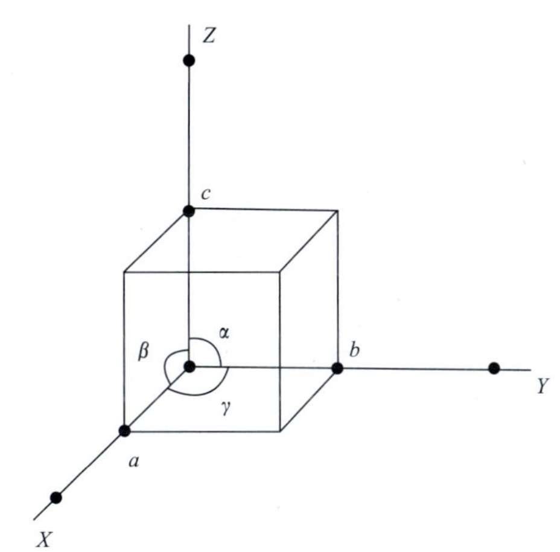

图5－3　晶轴与行列间的关系

三、晶轴选择的原则

（1）优先选对称轴作晶轴，如：$L^3 3L^2 3PC$ 对称型的晶体，选3根彼此垂直的 L^2 作晶轴。

（2）当对称轴的数量不能满足需要时，选对称面的法线来补足，如：$L^2 2P$ 对称型的晶体就要用 $2P$ 的两根法线与 L^2 一起做晶轴。

(3)如果对称轴和对称面法线都不能满足需要时,则选平行于发育晶棱的方向,如:具有 C 对称型的晶体,就只能选 3 条晶棱的方向作晶轴。

(4)在上述前提下,应尽可能使所选晶轴彼此垂直或趋于垂直,并使轴单位彼此相等或趋于相等。轴角 α、β、γ 和轴率 $a:b:c$ 称为晶体常数,它是表征晶胞形状的一组参数,是表征晶体坐标系统的一组基本参数。

各晶系对称特点不同,选择晶轴的方法也不同,具体选择原则见表 5-1。

表 5-1 各晶系选轴原则及晶体常数特点

晶系	选轴原则	晶体常数特点
等轴晶系	以相互垂直的 L^4、L_i^4 或 L^2 为 X、Y、Z 轴	$a=b=c, \alpha=\beta=\gamma=90°$
四方晶系	以 L^4 或 L_i^4 为 Z 轴,以垂直 Z 轴并相互垂直的两个 L^2 或 P 的法线或晶棱的方向为 X、Y 轴	$a=b\neq c$ $\alpha=\beta=\gamma=90°$
六方及三方晶系	以 L^6、L_i^6、L^3 为 Z 轴,以垂直 Z 轴并彼此相交 120°的三个 L^2 或 P 的法线或晶棱的方向为 X、Y、U 轴	$a=b\neq c$ $\alpha=\beta=90°, \gamma=120°$
斜方晶系	以相互垂直的的 $3L^2$ 为 X、Y、Z 轴,在 L^22P 对称型中以 L^2 为 Z 轴,以 $2P$ 的法线为 X、Y 轴	$a\neq b\neq c$ $\alpha=\beta=\gamma=90°$
单斜晶系	以 L^2 或 P 的法线为 Y 轴,以垂直 Y 轴的主要晶棱方向为 Z、X 轴	$a\neq b\neq c, \alpha=\gamma=90°, \beta>90°$
三斜晶系	以不在同一平面内的三个主要晶棱方向为 X、Y、Z 轴	$a\neq b\neq c, \alpha\neq\beta\neq\gamma\neq 90°$

资料来源:引自戈定夷等,1989。

各晶系选轴原则图示如下。

1)等轴晶系

以相互垂直的 L^4、L_i^4 或 L^2 为 X、Y、Z 轴(图 5-4)。

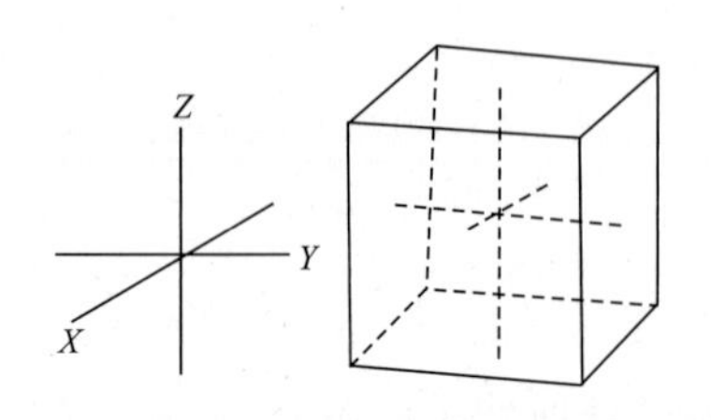

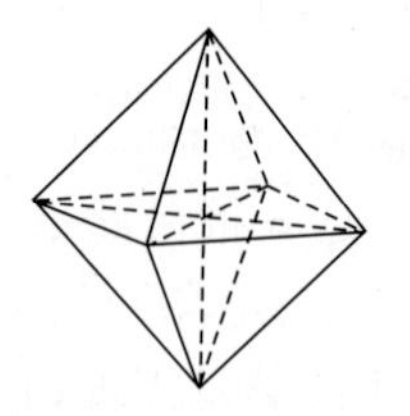
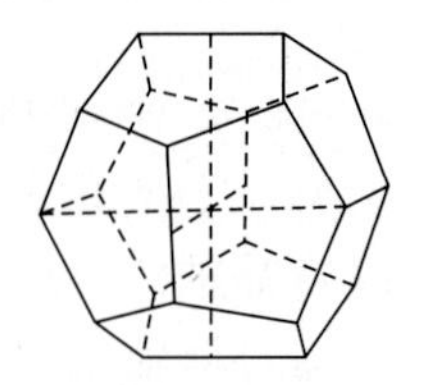

图 5-4 等轴晶系选轴原则

2)四方晶系

以 L^4 或 L_i^4 为 Z 轴,以垂直 Z 轴并相互垂直的两个 L^2 或 P 的法线或晶棱的方向为 X、Y 轴(图 5-5)。

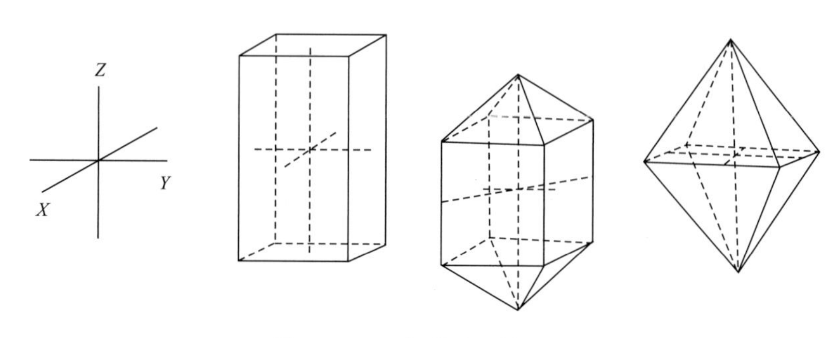

图 5-5 四方晶系选轴原则

3)六方晶系

以 L^6、L_i^6 为 Z 轴,以垂直 Z 轴并彼此相交 120°的 3 个 L^2 或 P 的法线或晶棱的方向为 X、Y、U 轴(图 5-6)。

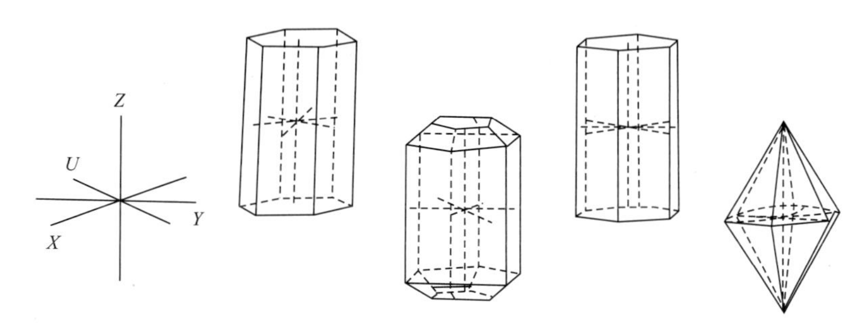

图 5-6 六方晶系选轴原则

4)三方晶系

以 L^3、L_i^3 为 Z 轴,以垂直 Z 轴并彼此相交 120°的 3 个 L^2 或 P 的法线或晶棱的方向为 X、Y、U 轴(图 5-7)。

5)斜方晶系

以相互垂直的的 $3L^2$ 为 X、Y、Z,在 $L^2 2P$ 对称型中以 L^2 为 Z 轴,以 $2P$ 的法线为 X、Y 轴(图 5-8)。

6)单斜晶系

以 L^2 或 P 的法线为 Y 轴,以垂直 Y 轴的主要晶棱方向为 Z、X 轴(图 5-9)。

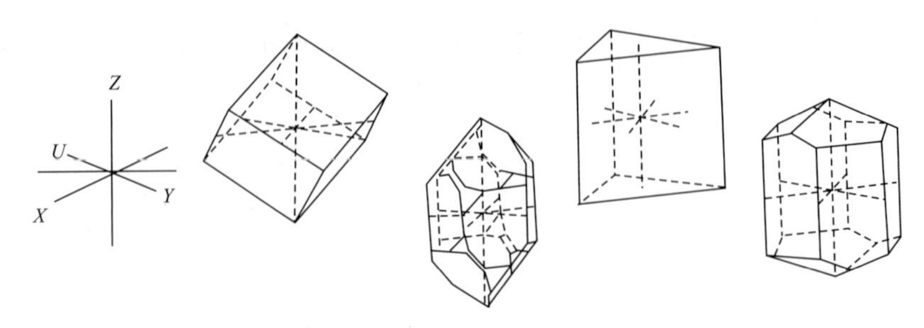

图 5－7　三方晶系选轴原则

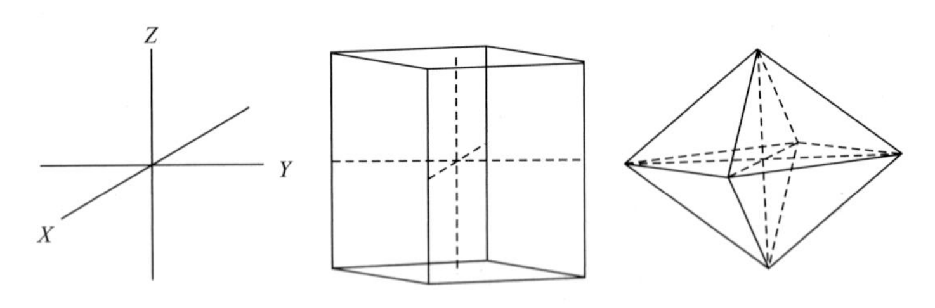

图 5－8　斜方晶系选轴原则

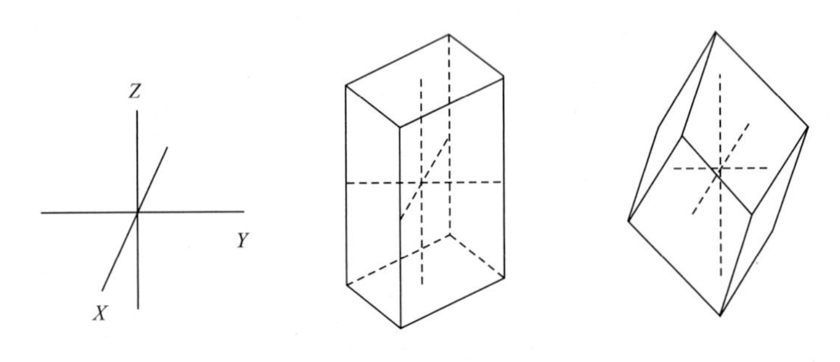

图 5－9　单斜晶系选轴原则

7)三斜晶系

以不在同一平面内的 3 个主要晶棱方向为 X、Y、Z 轴(图 5－10)。

第二节　晶面符号

晶体定向后,晶面在空间的相对位置即可根据它与晶轴的关系予以确定。表示晶面在空间相对位置的符号称为晶面符号。晶面符号有不同类型,通常采

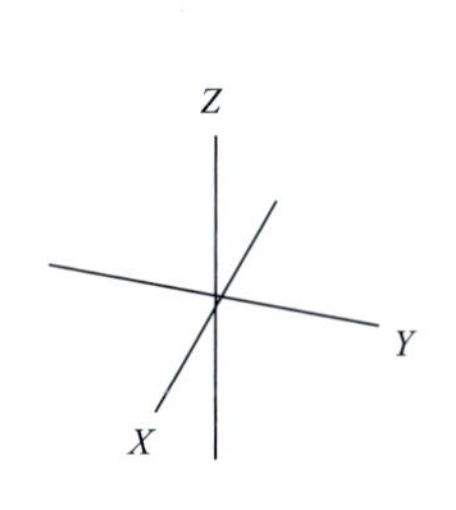

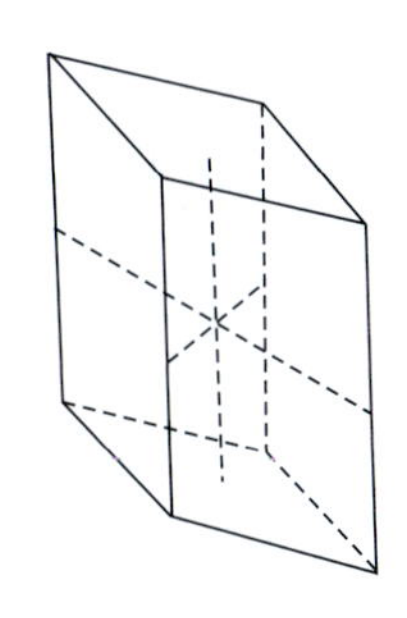
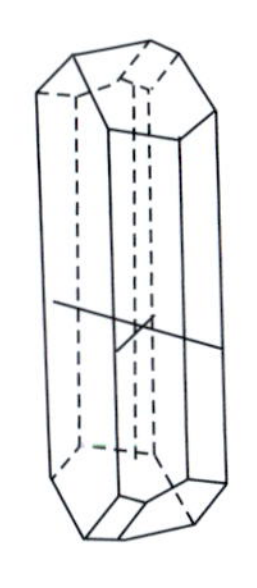
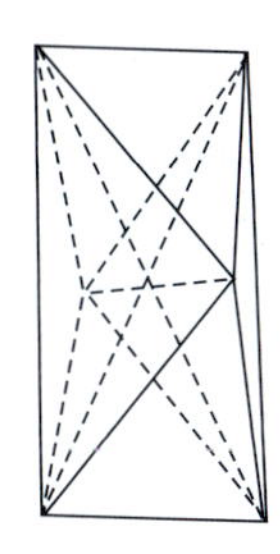

图 5-10　三斜晶系选轴原则

用英国人(W. H. Miller)于 1839 年所创的符号,称为米氏符号。

晶面在三个晶轴上截距系数的倒数比就是表示该晶面空间方位的米氏符号。现举例说明如下:图 5-11 中的晶面 HKL 在 X、Y、Z 上的截距依次为 $2a$、$6b$、$3c$,截距系数依次为 2、6、3,截距系数的倒数比为$\frac{1}{2}:\frac{1}{6}:\frac{1}{3}=3:1:2$,去掉比例符号,只取 3 个数字加上括号写成(312),(312)就是晶面 HKL 空间方位的晶面符号,括号内的数字称为晶面指数。

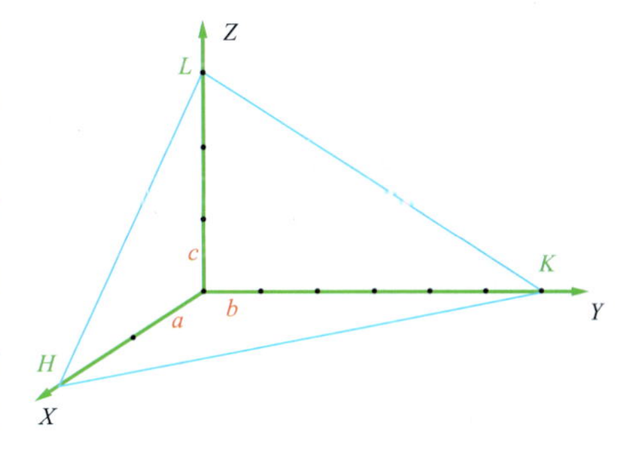

图 5-11　晶面符号图

晶面符号书写有一定的规定,括号内第一个位置写晶面在 X 轴上的指数,中间写晶面在 Y 轴上的指数,靠右边写晶面在 Z 轴上的指数。若晶面平行于某一晶轴,则可看成与该晶轴在无限远相交,其截距系数为∞,倒数为 0,故晶面在该晶轴上的晶面指数为 0。如:平行 X、Y 轴,与 Z 轴相交的晶面,面号为(001)[图 5-12(a)];平行 X、Z 轴,与 Y 轴相交的晶面,面号为(010)[图 5-12(b)];平行 Y、Z 轴,与 X 轴相交的晶面,面号为(100)[图 5-12(c)];晶面符号(111)表示该晶面与三晶轴相交且截距系数相等[图 5-12(d)];晶面符号(110)表示该晶面与 X、Y 轴相交,且截距系数相等,与 Z 轴平行[图 5-12(e)]。由于晶轴有正负端之分,因此若晶面交于晶轴负端,则在相应的晶面指数上加"—"。如与 X 轴负端相交,与 Y、Z 轴平行的晶面,晶面符号为($\bar{1}00$);晶面符号($0\bar{1}0$)表示该晶面与 Y 轴负端相交,与 X、Z 轴平行[图 5-12(f)]。

若某晶面与三晶轴均交截，但晶面指数的具体数值不能确定，为了表示此晶面的空间方位，用字母 hkl 代表指数。如：(hkl)表示与三晶轴正端相交的晶面；($hk0$)则表示只与 X、Y 轴正端相交，而与 Z 轴平行的晶面。

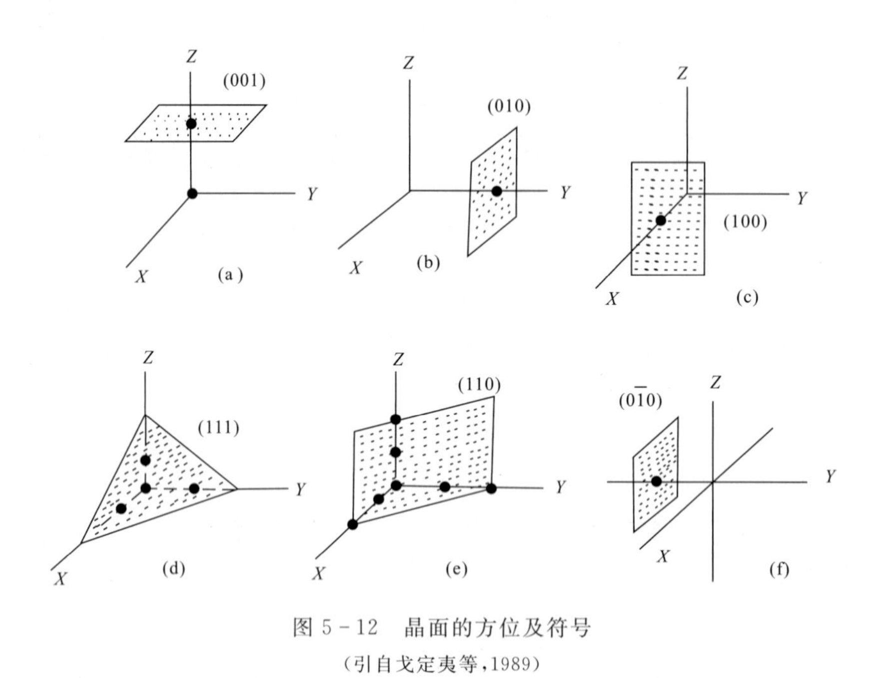

图 5-12 晶面的方位及符号

（引自戈定夷等，1989）

第三节 单形符号

单形是由对称要素联系起来的一组晶面，晶轴是依对称要素选择的，因此，同一单形的各个晶面与晶轴都有着相同的相对位置，如立方体的每一个晶面都与一个晶轴垂直而与另两个晶轴平行[图 5-13(a)]，八面体的每个晶面都截 3 个晶轴等长[图 5-13(b)]。因此，同一单形的各个晶面的指数的绝对值不变，而只有顺序与正负号区别。如立方体的 6 个晶面的晶面符号分别为(100)、(010)、(001)、($\bar{1}$00)、(0$\bar{1}$0)、(00$\bar{1}$)，[图 5-13(a)只标出了与晶轴正端相交的 3 个晶面的符号]；八面体的 8 个晶面的晶面符号分别为(111)、(1$\bar{1}$1)、(11$\bar{1}$)、(1$\bar{1}\bar{1}$)、($\bar{1}$11)、($\bar{1}\bar{1}$1)、($\bar{1}$1$\bar{1}$)、($\bar{1}\bar{1}\bar{1}$)，[图 5-13(b)只标出了前面四个晶面的符号]。显而易见，确定了单形的一个晶面符号，单形的其他晶面的符号就可以导出。因此，可以选择单形的一个晶面作为代表面，将代表面的晶面指数用{}括起来，代

表一种单形，称之为单形符号。单形符号简称形号。前述立方体的单形符号为{100}，八面体的单形符号为{111}。

单形符号的选择原则为：

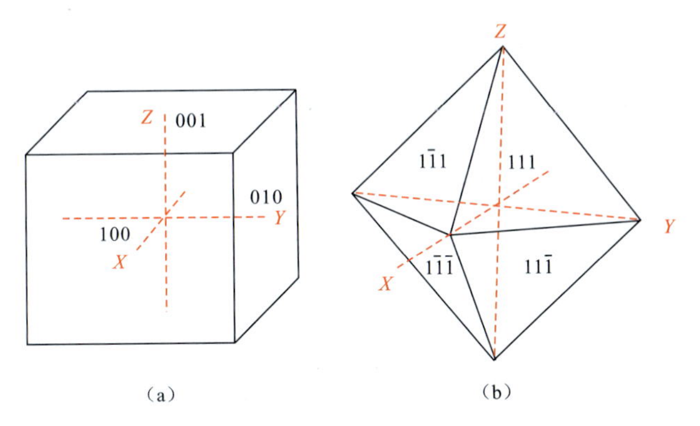

图 5-13　立方体(a)和八面体(b)的晶面符号

(引自戈定夷等，1989)

一般是选正指数最多的晶面作代表面，同时还依照先前、次右、后上的原则。如图 5-14(a)所示的立方体，前端只有一个(100)晶面与 X 轴正端相交，以它作代表面，其单形符号为{100}。图 5-14(b)所示的五角十二面体，前端有两个晶面(210)与(2$\bar{1}$0)，按先前、次右的原则，显然应选(210)作代表，其单形符号为{210}；图 5-14(c)所示的四角三八面体，前端有 4 个晶面(211)、(21$\bar{1}$)、(2$\bar{1}$1)、(2$\bar{1}\bar{1}$)，按先前、次右、后上的原则，应选(211)作代表，其单形符号为{211}。

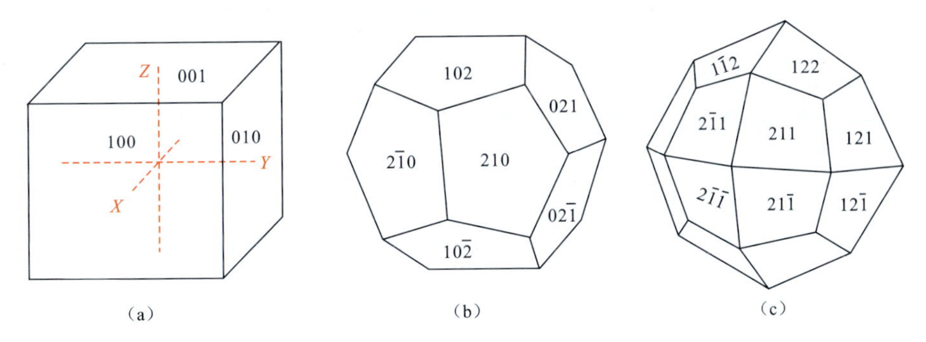

图 5-14　立方体(a)、五角十二面体(b)和四角三八面体(c)代表面选择图示

(引自戈定夷等，1989)

第四节　晶带及晶带符号

晶带是指交棱相互平行的一组晶面的组合。图 5－15 中的(001)、(101)、(100)、(10$\bar{1}$)等晶面的相交棱彼此平行，所以是一个晶带；同样(001)、(011)、(010)、(01$\bar{1}$)等晶面组成另一个晶带；(010)、(110)、(100)、(1$\bar{1}$0)等晶面也组成一个晶带。晶体上的晶面是按晶带分布的。

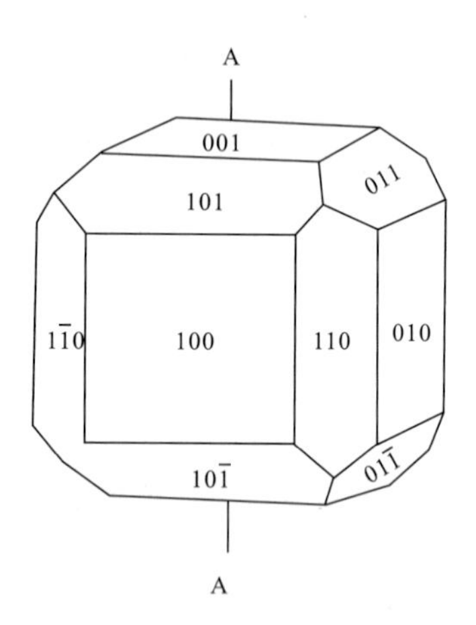

图 5－15　晶面的带状分布

(引自潘兆橹等，1993)

通过晶体中心且平行晶带上晶棱方向的直线称为晶带轴，如图 5－15 中的 AA 就是由(010)、(110)、(100)、(1$\bar{1}$0)等晶面组成的晶带之晶带轴。

晶带在空间的方位也可用符号表示。表示晶带的空间方位的符号称为晶带符号。晶带符号是以晶带轴的符号来代表的，而晶带轴的符号又与该晶带中晶棱的符号相同(因二者在空间彼此平行，方位相同)，故晶带轴符号可以用晶棱符号代替，如图 5－15 中的晶带轴 AA 也就是晶带符号，以[001]表示，由(010)、(110)、(100)、(1$\bar{1}$0)等晶面组成的晶带，就称为[001]晶带。

第五节　常见单形晶面符号的确定

一、立方体和八面体的晶面符号

立方体和八面体的对称型均为 $3L^4 4L^3 6L^2 9PC$，它们定向时的选轴原则是以相互垂直的 3 个 L^4 为 X、Y、Z 轴。各晶面的晶面符号如图 5－16 所示。

二、四方柱和四方双锥的晶面符号

四方柱的对称型为 $L^4 4L^2 5PC$，其晶体定向的选轴原则是以 L^4 为 Z 轴，以垂直 Z 轴并相互垂直的两个 L^2 为 X、Y 轴。X、Y 轴的选择可分两种情况[图 5－17(a)]。①以两个晶面中心连线的两个 L^2 为 X、Y 轴；②以两个棱中点连线

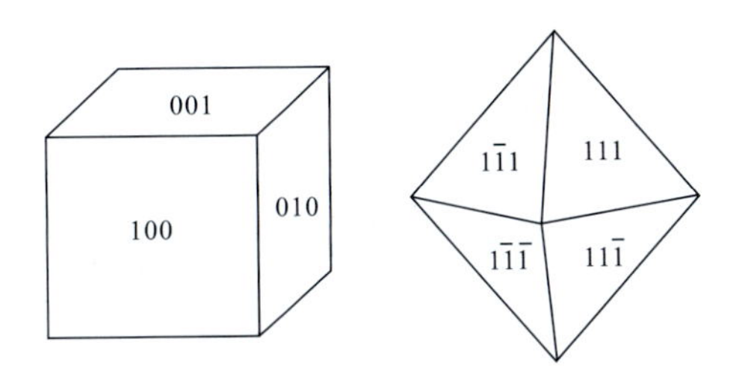

图 5-16　立方体和八面体晶面符号

的两个 L^2 为 X、Y 轴。我们可以采用垂直平面投影的方法确定晶面符号,[图 5-17(b)]为以两个晶面中心连线的两个 L^2 为 X、Y 轴时各晶面的晶面符号;[图 5-17(c)]为以两个棱中点连线的两个 L^2 为 X、Y 轴时各晶面的晶面符号。

四方双锥定向和选轴原则与四方柱类似,如图 5-18 所示。

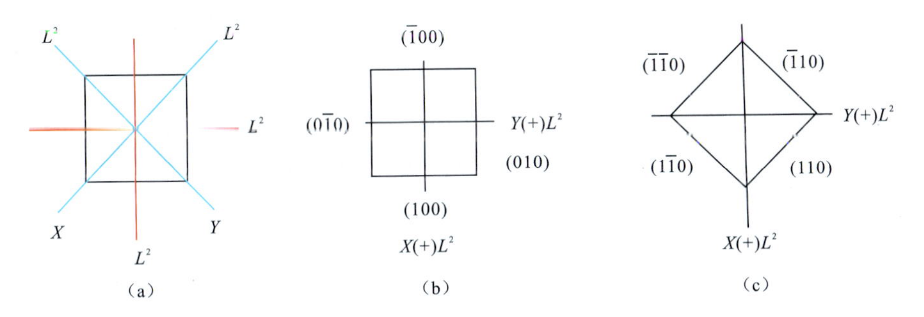

图 5-17　四方柱晶体定向及晶面符号

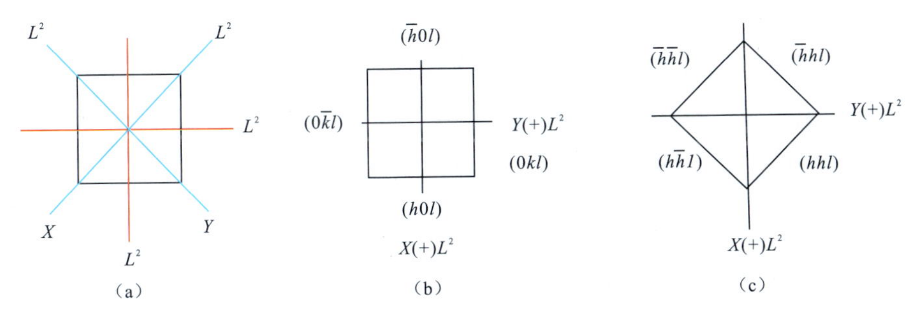

图 5-18　四方双锥晶体定向及晶面符号

三、六方柱和六方双锥的晶面符号

六方柱和六方双锥的对称型均为 $L^6 6L^2 7PC$,其晶体定向的选轴原则是以

L^6 为 Z 轴，以垂直 Z 轴并彼此相交 120°的 3 个 L^2 为 X、Y、U 轴。X、Y、U 轴的选择可分两种情况。①以 3 个棱中点连线的 3 个 L^2 为 X、Y、U 轴；②以 3 个晶面中心连线的 3 个 L^2 为 X、Y、U 轴。同样可以采用垂直平面投影的方法确定晶面符号，图 5－19(b)为以 3 个晶棱中点连线的 3 个 L^2 为 X、Y、U 轴时各晶面的晶面符号；图 5－19(c)为以 3 个晶面中点连线的 3 个 L^2 为 X、Y、U 轴时各晶面的晶面符号。

六方双锥定向和选轴原则与六方柱类似，如图 5－20 所示。

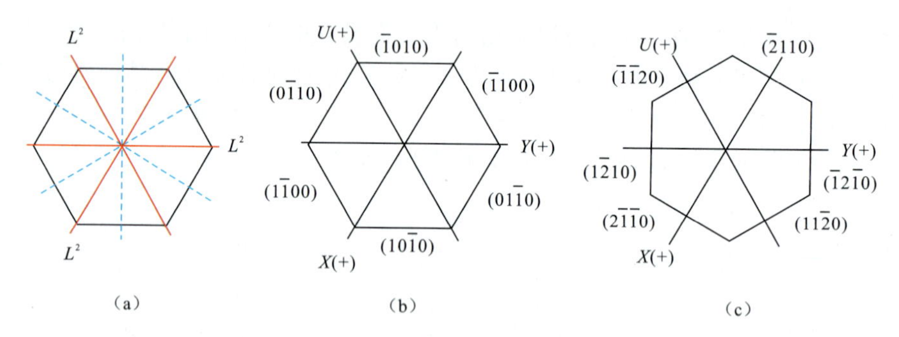

图 5－19　六方柱晶体定向及晶面符号

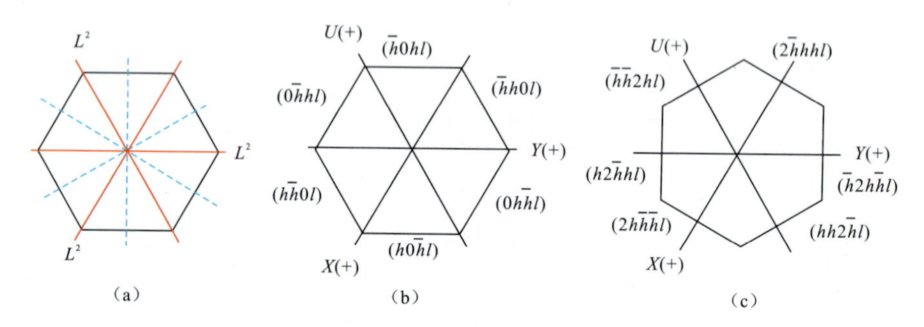

图 5－20　六方双锥晶体定向及晶面符号

四、三方柱的晶面符号

三方柱的对称型为 $L_i^6 3L^2 3P$，其晶体定向时选轴原则为：以 L_i^6 为 Z 轴，X、Y、U 轴的选择可分两种情况。①以 3 个 L^2 为 X、Y、U 轴[图 5－21(a)]；②以 3 个对称面的法线为 X、Y、U 轴[图 5－21(b)]。同样可以采用垂直平面投影的方法确定晶面符号，图 5－21(c)为以 3 个 L^2 为 X、Y、U 轴时各晶面的晶面符号；图 5－21(d)为以 3 个对称面的法线为 X、Y、U 轴时各晶面的晶面符号。

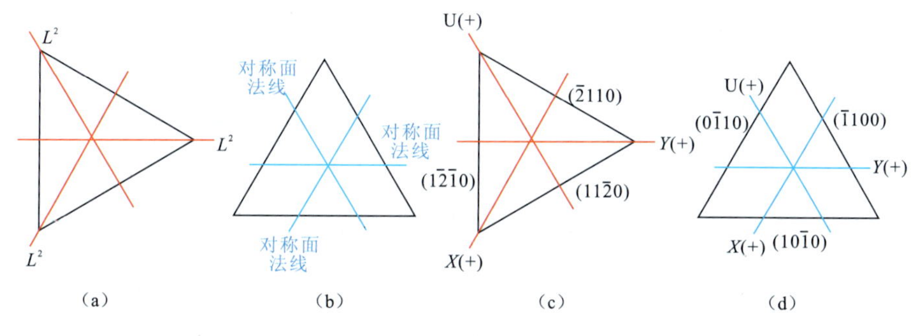

图 5-21　三方柱晶体定向及晶面符号

第六节　各晶系晶体定向及单形符号

一、等轴晶系

1. 对称特点

均有 $4L^3$，且有互相垂直的 $3L^4$、$3L^2$ 及 $3L_i^4$，共有 5 种对称型，常见晶体多数分布在以下 3 种对称型中：$3L^4 4L^3 6L^2 9PC$，$3L^2 4L^3 3PC$，$3L_i^4 4L^3 6P$。

2. 晶体定向

以 3 个互相垂直的 L^4、L_i^4 或 L^2 为 X、Y、Z 轴，晶体常数特点是 $a=b=c$，$\alpha=\beta=\gamma=90°$。

3. 常见单形及形号

等轴晶系共有 15 种单形，最常见的单形只有 6 种，它们的定向及形号如图 5-22 所示。

这 6 种等轴晶系的常见单形常彼此聚合而成聚形，在自然界产出的矿物晶体中，最常见的聚形如图 5-23 所示。

二、四方晶系

1. 对称特点

必有 1 个 L^4 或 L_i^4，共有 7 种对称型，常见晶体多数分布在以下两种对称型中：

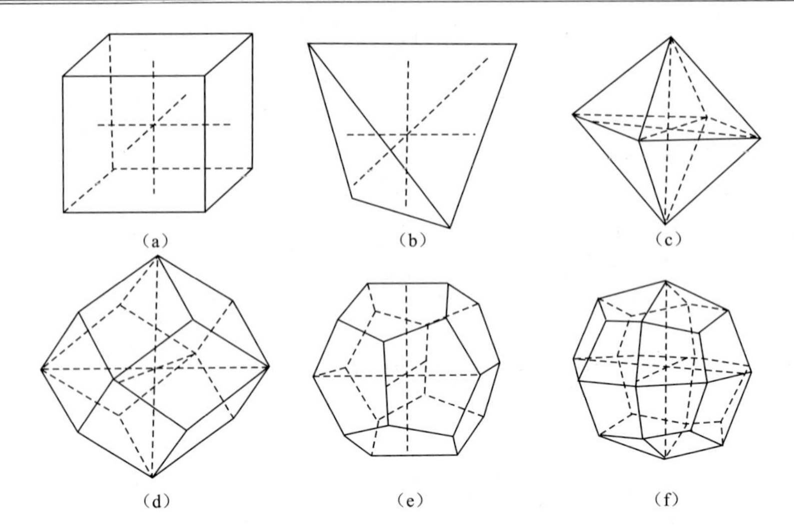

图 5-22　等轴晶系常见单形定向及形号(引自戈定夷等,1989)

(a)立方体{100};(b)四面体{111};(c)八面体{111};(d)菱形十二面体{110};(e)五角十二面体{$hk0$}、{210};(f)四角三八面体{hkk}、{211}

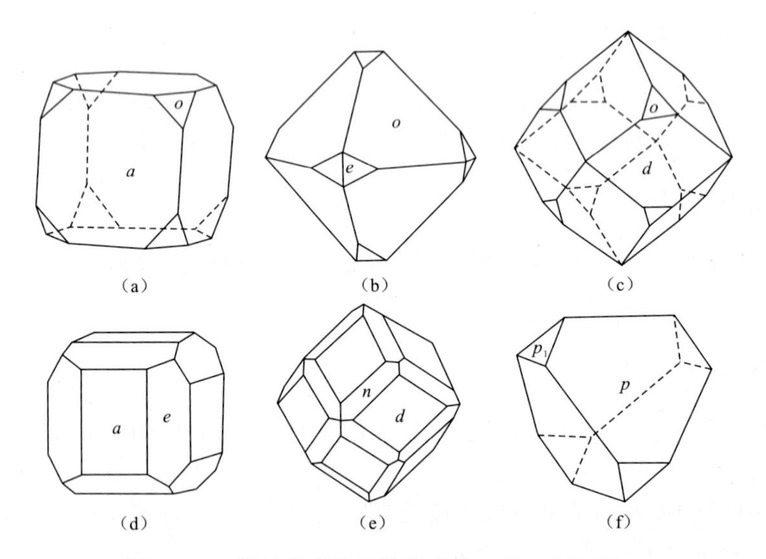

图 5-23　等轴晶系常见聚形晶体(引自潘兆橹等,1993)

(a)方铅矿的立方体 a{100}和八面体 o{111}的聚形;(b)黄铁矿的八面体 o{111}和五角十二面体 e{$hk0$}的聚形;(c)磁铁矿的菱形十二面体 d{110}和八面体 o{111}的聚形;(d)黄铁矿的立方体 a{100}和五角十二面体 e{$hk0$}的聚形;(e)石榴石的菱形十二面体 d{110}和四角三八面体 n{hkk}的聚形;(f)闪锌矿的四面体 p{111}和 p_1{$1\bar{1}1$}的聚形

$L^4 4L^2 5PC$ 和 $L^4 PC$。

2. 晶体定向

以 L^4 或 L_i^4 为 Z 轴，以垂直 L^4 并互相垂直的 $2L^2$ 或对称面的法线或晶棱方向为 X、Y 轴。晶体常数特点是 $a=b\neq c$，$\alpha=\beta=\gamma=90°$。

3. 常见单形及形号

在四方晶系中共可出现 11 种几何单形。最常见的只有 4 种，它们的定向和形号如图 5 - 24 所示。在四方晶系中，可以同时存在两个甚至两个以上名称相同而方位不同的单形，如四方柱{100}、四方柱{110}和四方柱{$hk0$}。四方双锥也有这种情况。

四方晶系最常见的聚形晶体如图 5 - 25 所示。

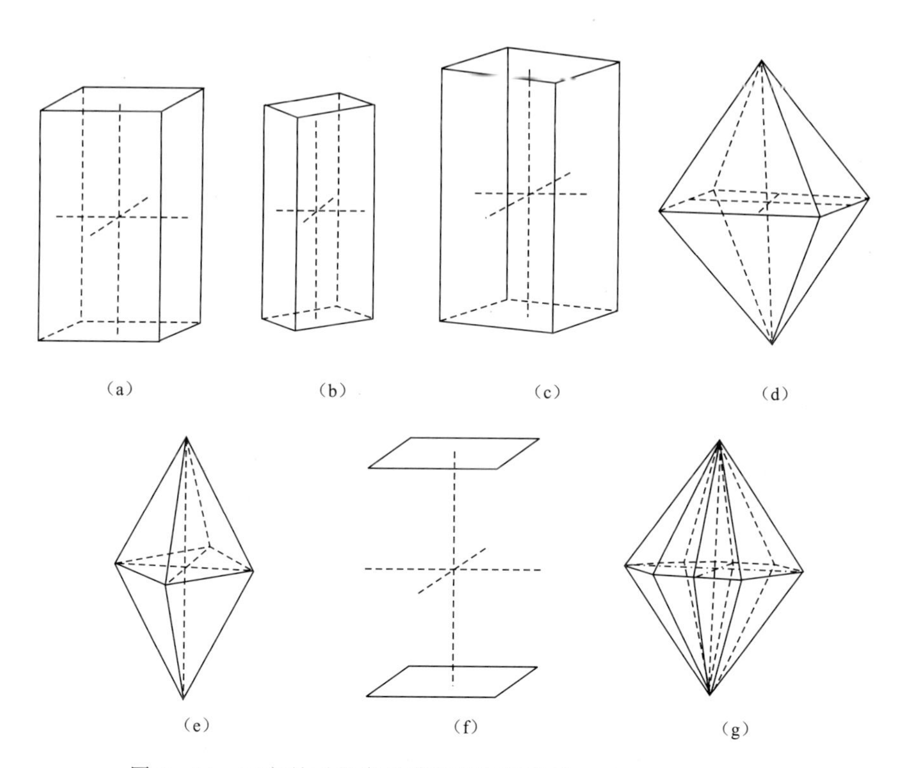

图 5 - 24　四方晶系的常见单形定向和形号(引自戈定夷等，1989)

(a)四方柱{100}；(b)四方柱{110}；(c)四方柱{$hk0$}；(d)四方双锥{$h0l$}；(e)四方双锥{hhl}；(f)平行双面{001}；(g)复四方双锥{hkl}

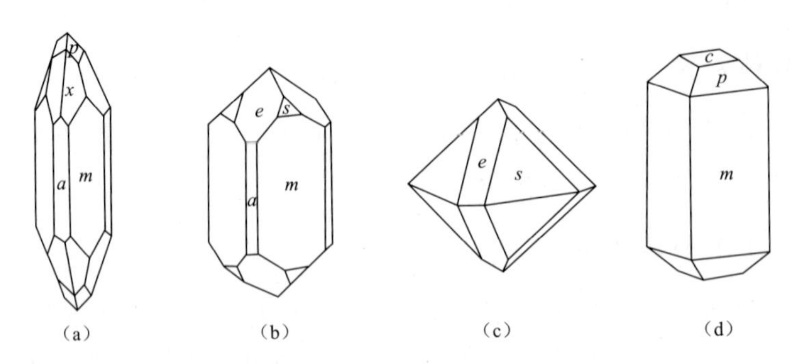

图 5-25　四方晶系常见的聚形晶体(引自潘兆橹等,1993)

(a)锆石的四方柱 $a\{100\}$、$m\{110\}$,四方双锥 $p\{111\}$ 和复四方双锥 $x\{hkl\}$ 的聚形;(b)金红石的四方柱 $a\{100\}$、$m\{110\}$ 与四方双锥 $e\{101\}$、$s\{111\}$ 的聚形;(c)锡石的四方双锥 $e\{101\}$ 与四方双锥 $s\{111\}$ 的聚形;(d)符山石的平行双面 $c\{001\}$、四方柱 $m\{110\}$ 与四方双锥 $p\{111\}$ 的聚形

三、三方、六方晶系

1. 对称特点

三方晶系有一个 L^3,六方晶系有一个 L^6 或 L_i^6。三方、六方晶系的常见矿物晶体主要分布在以下对称型中。

三方晶系:$L^3 3L^2 3PC$、$L^3 3L^2$、$L^3 3P$。

六方晶系:$L^6 6L^2 7PC$。

2. 晶体定向

根据对称特点,三方、六方晶系的晶体要选择 4 个晶轴。以唯一的高次轴(L^3、L^6、L_i^6)为 Z 轴,另选垂直 Z 轴的、彼此交角为 120°的 $3L^2$ 或 $3P$ 的法线或 3 条晶棱的方向为 X、Y、U 轴。晶体常数特点为:$a=b\neq c$,$\alpha=\beta=90°$,$\gamma=120°$。

3. 常见单形及形号

三方、六方晶系中可出现 18 种单形,但常见者只有 7 种,它们的定向及形号如图 5-26 所示。与四方晶系相似,在同一矿物晶体上亦可出现形状相同而方位不同的单形,如六方柱$\{10\bar{1}0\}$、六方柱$\{11\bar{2}0\}$。

最常见的三方、六方晶系的聚形晶体如图 5-27 所示。

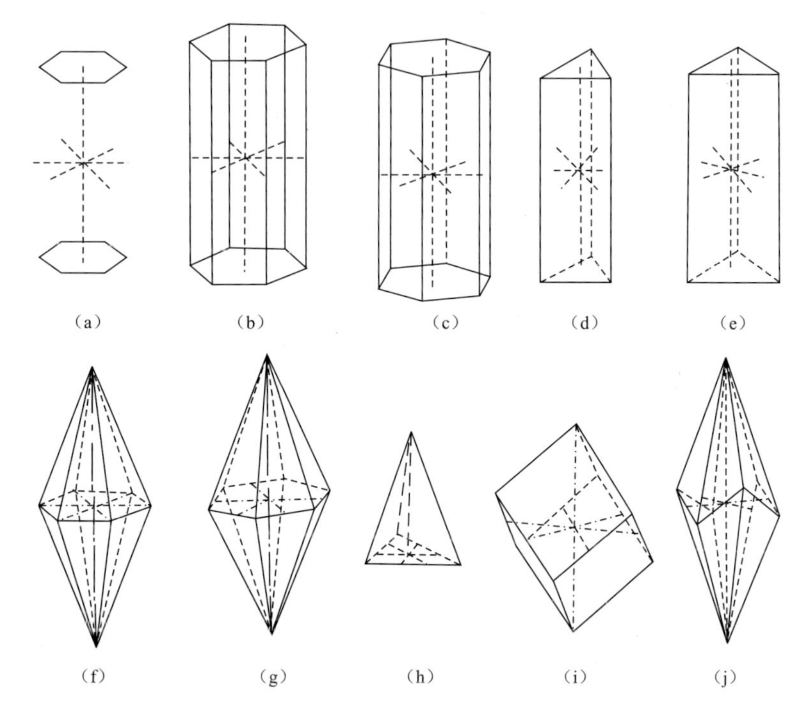

图 5-26 三方及六方晶系的常见单形定向及形号(引自戈定夷等,1989)

(a)平行双面{0001};(b)六方柱{$10\bar{1}0$};(c)六方柱{$11\bar{2}0$};(d)三方柱{$10\bar{1}0$};(e)三方柱{$11\bar{2}0$};(f)六方双锥{$h0\bar{h}l$}、{$10\bar{1}1$};(g)六方双锥{$hh\bar{2}l$}、{$11\bar{2}1$};(h)三方单锥{$h0\bar{h}l$}、{$10\bar{1}1$};(i)菱面体{$h0\bar{h}l$}、{$10\bar{1}1$};(j)复三方偏三角面体{$hk\bar{i}l$}

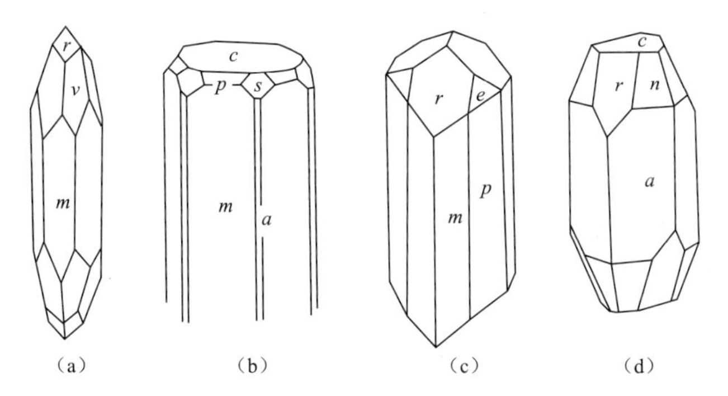

图 5-27 三方、六方晶系常见聚形晶体(引自戈定夷等,1989)

(a)方解石的菱面体 r{$10\bar{1}1$}、六方柱 m{$10\bar{1}0$}和复三方偏三角面体 v{$hk\bar{i}l$}的聚形;(b)绿柱石的平行双面 c{0001}、六方柱 m{$10\bar{1}0$}、六方柱 a{$11\bar{2}0$}、六方双锥 p{$10\bar{1}1$}和六方双锥 s{$11\bar{2}1$}的聚形;(c)电气石的三方单锥 r{$10\bar{1}1$}、三方单锥 e{$02\bar{2}1$}、三方柱 p{$01\bar{1}0$}和六方柱 m{$11\bar{2}0$}的聚形;(d)刚玉的平行双面 c{0001}、菱面体 r{$10\bar{1}1$}、六方双锥 n{$22\bar{4}3$}和六方柱 a{$11\bar{2}0$}的聚形

四、斜方晶系

1. 对称特点

没有高次对称轴，L^2 或 P 的数目多于一个，共有 3 种对称型，常见晶体多分布于 $3L^23PC$ 对称型中。

2. 晶体定向

以互相垂直的 $3L^2$ 为 X、Y、Z 轴。对 L^22P 对称型，则以 L^2 为 Z 轴，$2P$ 的法线为 X、Y 轴。晶体常数特点是：$a \neq b \neq c$，$\alpha = \beta = \gamma = 90°$。

3. 常见单形及形号

斜方晶系可出现 7 种单形，最常见的只有 3 种，它们的定向及形号如图 5-28 所示。

最常见的斜方晶系的聚形晶体如图 5-29 所示。

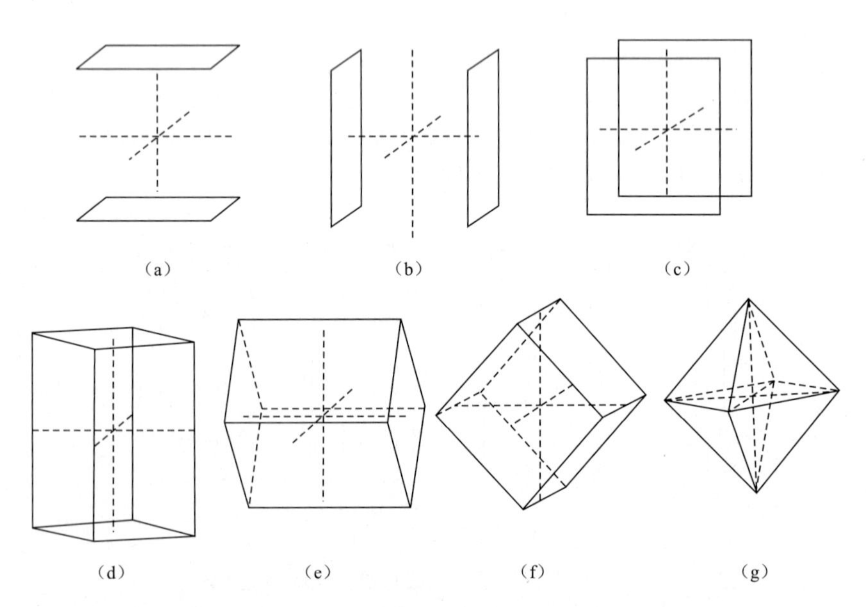

图 5-28　斜方晶系常见单形的定向及形号（引自戈定夷等，1989）

(a)平行双面{001}；(b)平行双面{010}；(c)平行双面{100}；(d)斜方柱{$hk0$}、{110}；(e)斜方柱{$h0l$}、{101}；(f)斜方柱{$0kl$}、{011}；(g)斜方双锥{hkl}、{111}

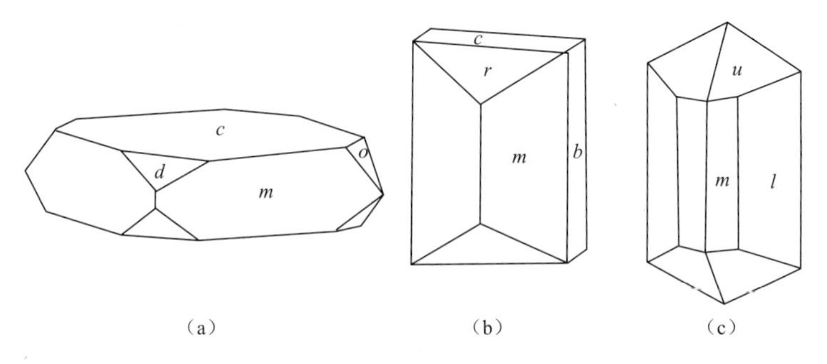

图 5－29　斜方晶系常见的聚形晶体(引自戈定夷等,1989)

(a)重晶石的平行双面 $c\{001\}$、斜方柱 $m\{210\}$、斜方柱 $d\{101\}$ 和斜方柱 $o\{011\}$ 的聚形;(b)十字石的平行双面 $c\{001\}$、平行双面 $b\{010\}$、斜方柱 $m\{110\}$ 和斜方柱 $r\{101\}$ 的聚形;(c)黄玉的斜方柱 $m\{110\}$、斜方柱 $l\{120\}$ 和斜方双锥 $u\{111\}$ 的聚形

五、单斜晶系

1. 对称特点

没有高次对称轴,L^2 或 P 的数目不超过一个,共有 3 个对称型,常见晶体多分布在 L^2PC 对称型中。

2. 晶体定向

以 L^2 或 P 的法线为 Y 轴,以垂直 Y 轴的二晶棱方向为 X、Z 轴。晶体常数特点是:$a \neq b \neq c$,$\alpha = \gamma = 90°$,$\beta > 90°$。

3. 常见单形及形号

单斜晶系可出现 4 种单形,最常见的只有平行双面与斜方柱两种,它们的定向及形号如图 5－30 所示。

单斜晶系最常见的聚形晶体如图 5－31 所示。

六、三斜晶系

1. 对称特点

无对称轴和对称面。共有两个对称型,常见晶体多分布于 C 对称型中。

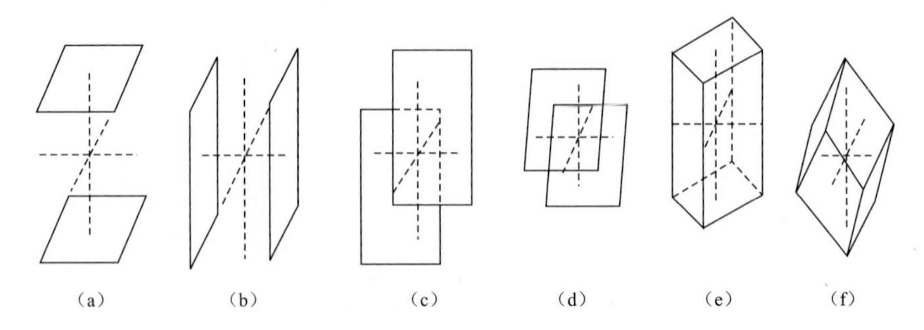

图 5-30　单斜晶系常见单形及形号(引自戈定夷等,1989)

(a)平行双面{001};(b)平行双面{010};(c)平行双面{100};(d)平行双面{$h0l$}、{101};(e)斜方柱{$hk0$}、{110};(f)斜方柱{$0kl$}、{011}

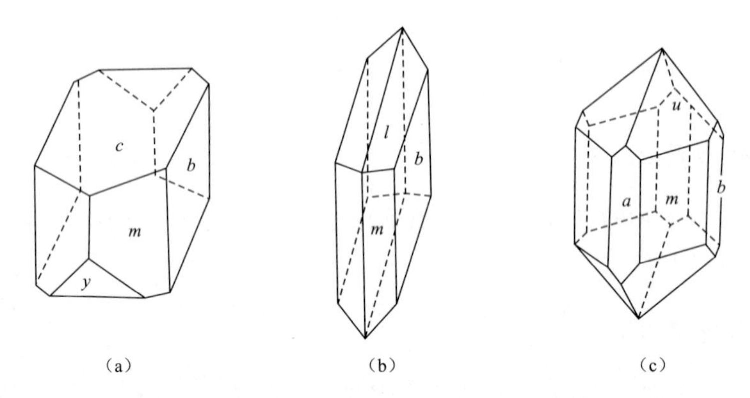

图 5-31　单斜晶系常见的聚形晶体(引自戈定夷等,1989)

(a)正长石的平行双面 c{001}、平行双面 b{010}、平行双面 y{$20\bar{1}$}和斜方柱 m{110}的聚形;(b)石膏的平行双面 b{010}、斜方柱 m{110}和斜方柱 l{111}的聚形;(c)角闪石的平行双面 a{100}、平行双面 b{010}、斜方柱 m{110}和斜方柱 u{111}的聚形

2. 晶体定向

选 3 个近于相互垂直的晶棱方向为 X、Y、Z 轴。晶体常数的特点是:$a\neq b\neq c$,$\alpha\neq\beta\neq\gamma$ 90°。

3. 常见单形及形号

三斜晶系只能出现单面和平行双面两种单形,以平行双面最为常见,因方位不同,其形号可为{001}、{010}、{100}、{110}、{011}、{101}、{111}等。

三斜晶系常见的聚形晶体如图 5－32 所示。

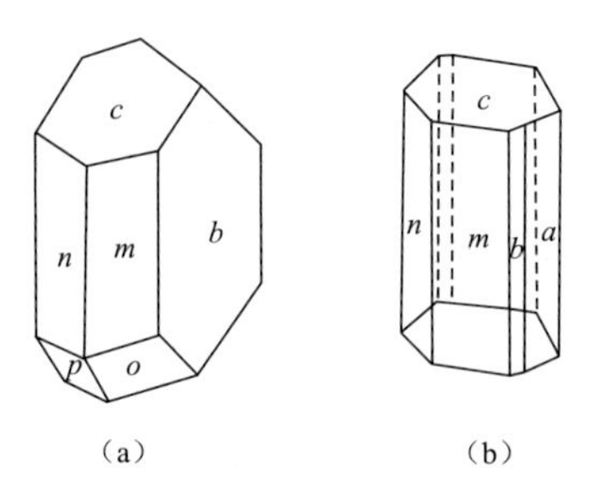

图 5－32　三斜晶系常见的聚形晶体(引自戈定夷等,1989)

(a)钠长石的平行双面 $c\{111\}$、平行双面 $n\{1\bar{1}0\}$、平行双面 $m\{110\}$、平行双面 $b\{010\}$、平行双面 $p\{1\bar{1}\bar{1}\}$、平行双面 $o\{11\bar{1}\}$的聚形;(b)蓝晶石的平行双面 $c\{001\}$、平行双面 $\mathrm{n}\{1\bar{1}0\}$、平行双面 $m\{100\}$、平行双面 $b\{110\}$、平行双面 $a\{010\}$的聚形

第六章　实际晶体和晶体规则连生

第一节　实际晶体

一、实际晶体的形态

1. 歪晶

在非理想环境下生长的偏离本身理想晶形的晶体。表现为同一单形的各个晶面不同形等大，部分晶面可能缺失，但物理、化学等方面的性质仍保持相同(对应晶面间的夹角不变)。如图 6-1 所示，(a)为八面体理想形态，(b)为八面体歪晶。如图 6-2 所示，(a)为菱形十二面体的理想形态，(b)、(c)为菱形十二面体歪晶。

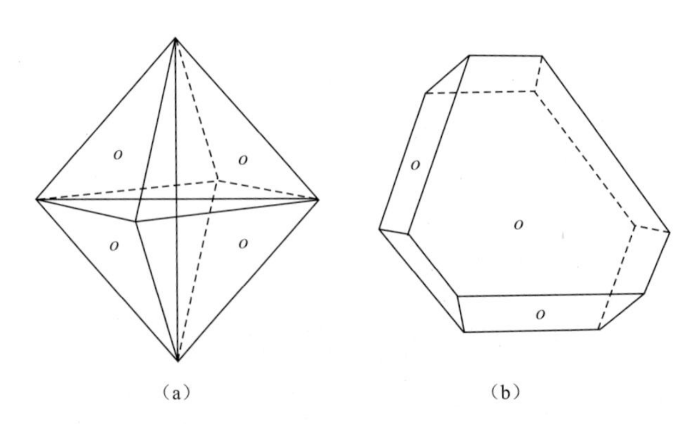

图 6-1　八面体理想形态及其歪晶(引自潘兆橹等，1993)

2. 骸晶

晶体生长过程中，沿着角顶或晶棱方向生长特别迅速，从而形成晶面中心相对凹陷的结晶骨架，称骸晶。骸晶形态：漏斗状、树枝状、羽毛状等。形成条件：

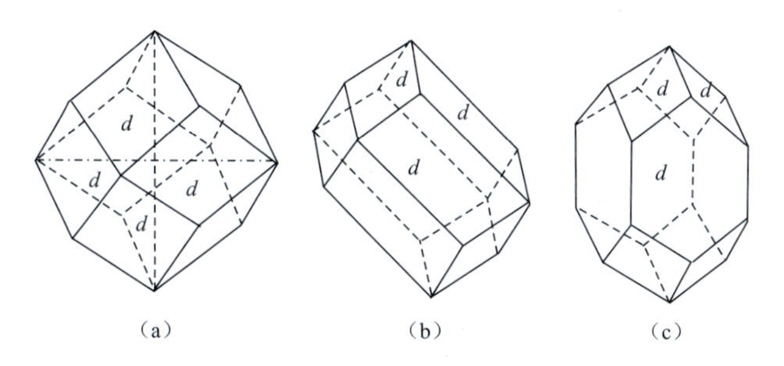

图 6-2　菱形十二面体理想形态及其歪晶(引自潘兆橹等,1993)

主要是在溶质供应很不充足的条件下形成的。如图 6-3 所示,(a)、(b)为石盐的骸晶,(c)为玻璃中析出的树枝状斜锆石骸晶。

图 6-3　骸晶示意图

3. 凸晶

各晶面中心均相对凸起呈曲面,晶棱弯曲呈弧线的晶体(晶棱弯曲,外形浑圆)。成因:晶体在形成后又遭溶蚀形成。图 6-4 所示为金刚石的菱形十二面体凸晶。

图 6-4　金刚石的菱形十二面体凸晶

4. 弯晶

整体呈弯曲形态的晶体(和凸晶相反,棱面与整体成凹陷状)。

二、晶面花纹

实际晶体由于生长或溶蚀,在晶体表面留下各种花纹,称晶面花纹,包括晶面条纹、晶面螺旋纹、生长丘和蚀像。

1. 晶面条纹

晶面上一系列平行或交叉的条纹(图 6-5、图 6-6)。按成因分类有:聚形纹、生长纹、解理纹和聚片双晶纹。晶面条纹是在晶体成长过程中形成的,它的分布必定符合晶体本身所固有的对称特点。图 6-5 和图 6-6 中石英晶体柱面上常出现横纹,由菱面体和六方柱交替生长相聚而成。电气石晶体柱面上常出现纵纹,由 c 轴晶带的相邻晶面构成。

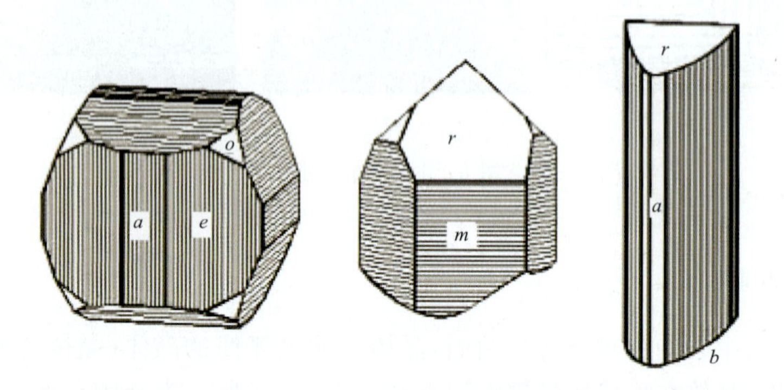

图 6-5　黄铁矿、石英、电气石的晶面条纹(引自潘兆橹等,1993)

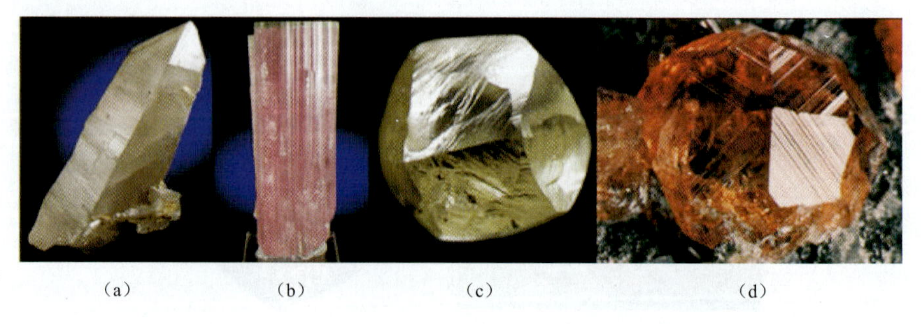

(a)　(b)　(c)　(d)

图 6-6　石英(a)、电气石(b)、金刚石(c)和石榴石(d)的晶面条纹

2. 晶面螺旋纹

晶面上由于螺旋生长所留下的螺旋状线纹。图 6－7 所示为石墨{0001}晶面上的生长螺纹。

3. 生长丘

规则外形、微微高出晶面；在相同晶面上具有相同的外形。是由于质点沿晶面局部晶格缺陷堆积生长而成。

4. 蚀像

晶体形成后，晶面因受溶蚀（溶解）而形成的规则形状的凹坑。图 6－8 所示为金刚石表面的蚀像。

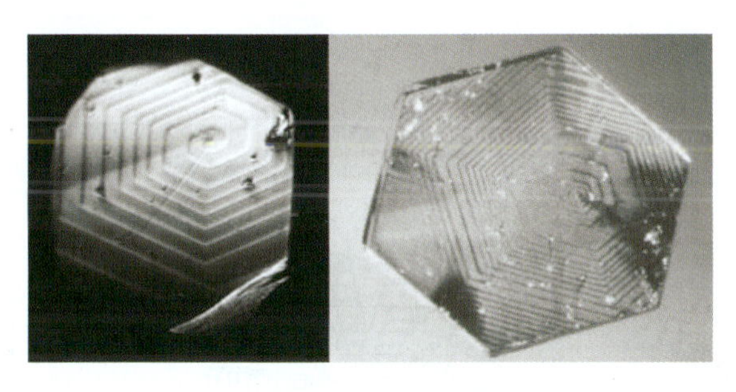

图 6－7　石墨{0001}晶面上的生长螺纹

图 6－8　金刚石蚀像

第二节　晶体规则连生

前几章讨论的对象都只是限于单晶体，但在自然界中的晶体却很少以单晶体出现，经常是由许多晶体连生在一起的。晶体的连生可分为不规则连生和规则连生。不规则连生是指连生着的晶体之间没有严格的规律，这种连生方式在矿物中分布非常广泛，将在矿物形态一章中讲述。规则连生是指服从于一定规律的晶体连生。

晶体的规则连生常见的是平行连生和双晶。

一、平行连生

平行连生是指由若干个同种的单晶体，彼此之间所有的结晶方向（包括各个对应的晶轴、对称要素、晶面及晶棱的方向)都一一对应、相互平行而组成的连生体。

平行连生在外形上表现为各个单体间的对应晶面全都彼此平行,且单体间总是存在凹入角,如图 6 - 9 所示明矾八面体晶体的平行连生。某些树枝状的矿物晶体,往往也是由于晶体平行连生造成的,如自然铜的树枝状晶体(图 6 - 10)。

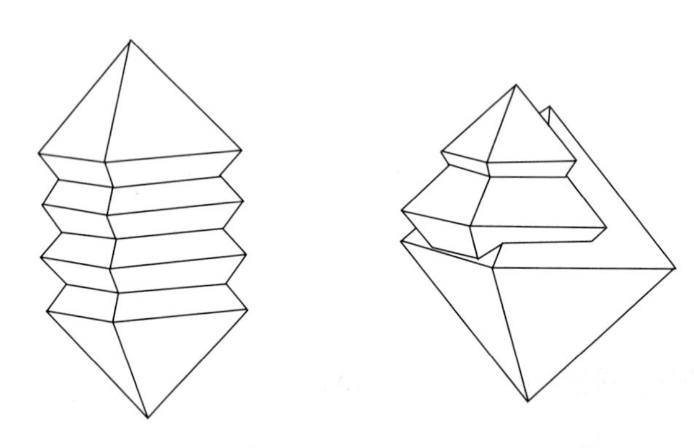

图 6 - 9 明矾八面体晶体的平行连生(引自潘兆橹等,1993)

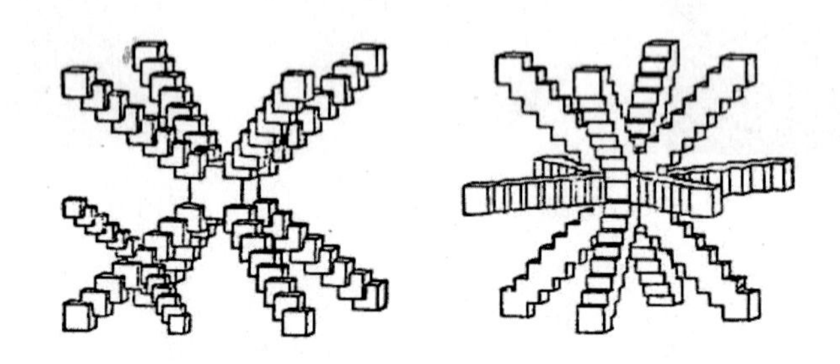

图 6 - 10 自然铜的立方体晶体的树枝状平行连生(引自潘兆橹等,1993)

二、双晶

1. 双晶的概念

双晶是两个或两个以上的同种晶体的规则连生,其中一个晶体是另一个晶体的镜像反映,或者其中一个晶体旋转 180°后与另一晶体重合或平行。如图 6 - 11(a)是石膏的单晶体,(b)为石膏的双晶,其左、右两个晶体依假想平面 P 彼此成镜像关系,或固定其中一个晶体,将另一个晶体绕假想直线 CD 旋转 180°后,则两个石膏晶体完全平行。

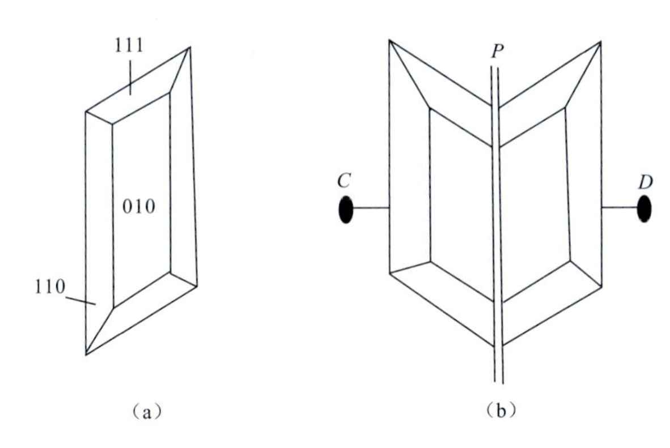

图 6 - 11　石膏的单晶(a)和双晶(b)

2. 双晶要素

双晶要素是使双晶中的单体之间，通过变换其中一个的方位而与另一个能够重合或平行而凭借的几何要素。

1)双晶面

双晶面是双晶上的一个假想平面，通过此平面的反映，可使双晶相邻的两个个体重合或平行。如图 6 - 12 中 P 为双晶面。双晶面不可能平行于单晶的对称面，如果平行，就会使两个个体处于平行的位置而成为平行连生，就不是双晶了。

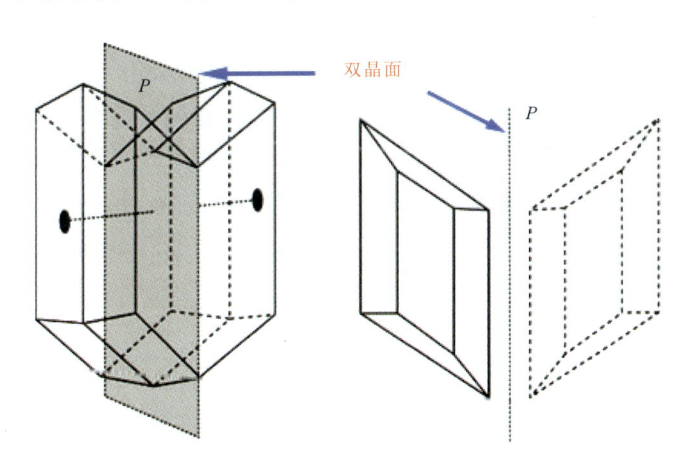

图 6 - 12　双晶面示意图

2)双晶轴

双晶轴是双晶上一根假想的直线，若固定其中一个单体而使另一个单体绕此直线旋转 180°，两个单体即可重合为一或彼此平行。双晶轴是以垂直某个晶面或平行某个晶轴的方向来表示的，图 6－13 中石膏双晶的一个单体绕双晶轴(CD)旋转 180°后与另一个单体连成一个完整的单晶体。双晶轴不能平行单晶体的偶次轴，否则也将会形成平行连生。

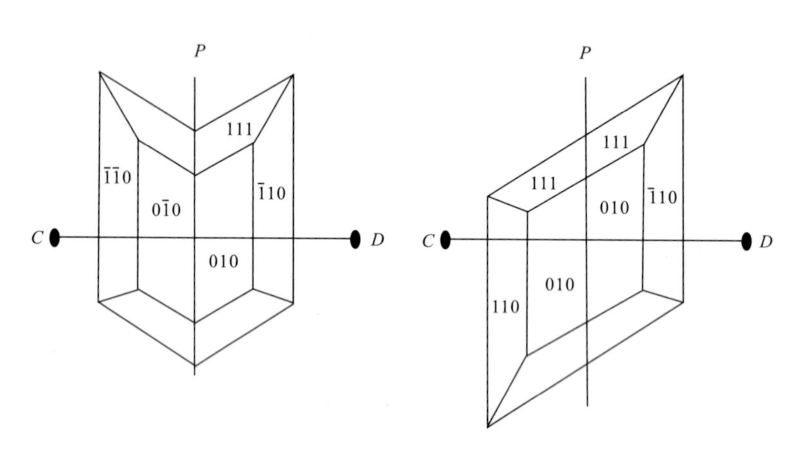

图 6－13　石膏的双晶轴示意图

3. 双晶接合面

是指双晶中相邻单体间彼此接合的实际界面。其两侧的单体以接合面为界晶格互不平行连续，两者的取向也不一致。双晶接合面可与双晶面重合，如石膏双晶中两者都平行于(100)；也可以不重合，如正长石的卡斯巴双晶的接合面平行(010)。

双晶接合面可以是简单平面，如图 6－14 中尖晶石双晶的双晶接合面平直。萤石双晶由于单体间彼此穿插，接合面变得曲折复杂。石英道芬双晶接合面则呈不规则曲线状。

4. 双晶律

单体构成双晶的具体规律叫双晶律。除可由双晶要素来表征外，还可用专门的术语来给双晶律命名。双晶律命名的原则如下。

(1)以该双晶的特征矿物来命名，如钠长石律、尖晶石律、云母律等。

(2)以最初发现的地名来命名，如卡斯巴律(根据捷克斯洛伐克的 Carls-

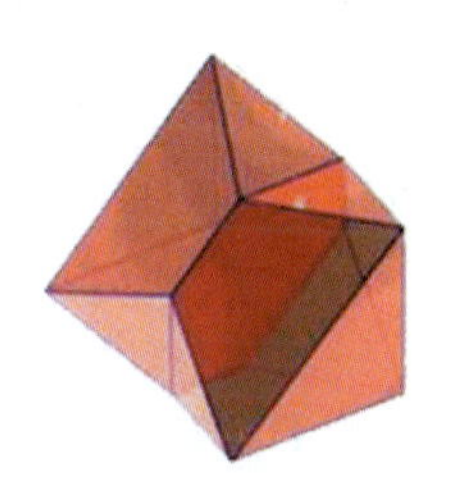

尖晶石双晶接合面平直

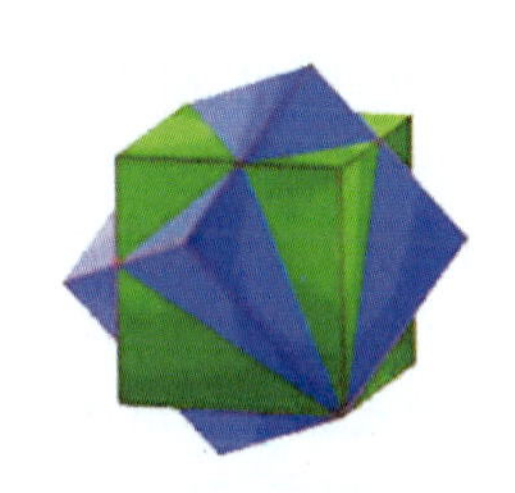

萤石双晶接合面不规则

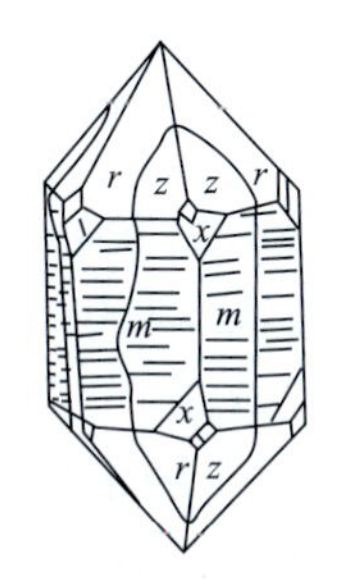

石英道芬双晶接合面不规则曲线状

图 6－14　尖晶石、萤石和石英的双晶接合面示意图

[引自中国地质大学(武汉)精品课程网站]

bad)、道芬律(根据法国的 Dauphine)、巴西律等。

(3)以双晶的形状来命名,如膝状双晶、十字双晶、燕尾双晶。

(4)以双晶面和接合面的性质来命名,如底面双晶、负菱面双晶。

5. 双晶类型

根据双晶个体间的连生方式可将双晶分为两种类型。

1)接触双晶

双晶个体间以简单平面相接触而连生者称为接触双晶。其中又可分为:

(1)简单接触双晶。

两个单体间只以一个明显而规则的结合面相接触。如图 6－15 所示的尖晶石的接触双晶和锡石的膝状双晶。

(2)聚片双晶。

由若干个单体按同一种双晶律所组成,表现为一系列接触双晶的聚合,所有

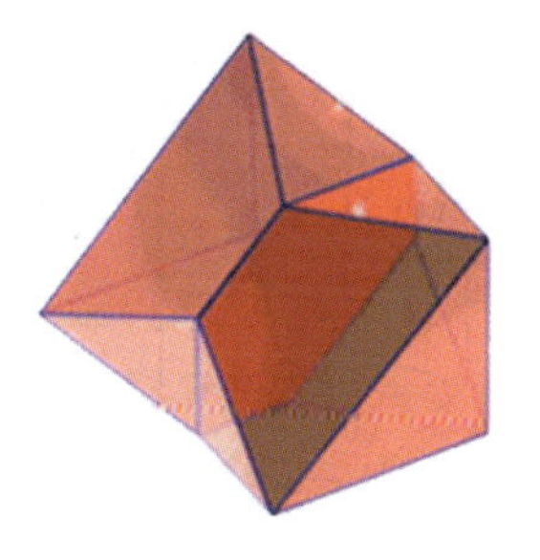

尖晶石接触双晶

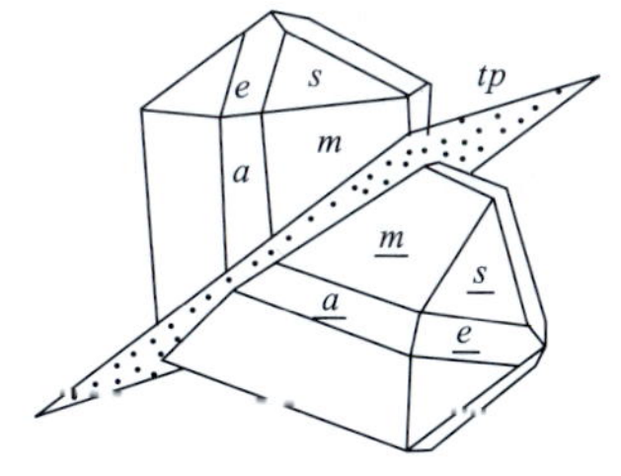

锡石接触双晶（膝状双晶）

图 6－15　尖晶石接触双晶和锡石接触双晶(膝状双晶)

接合面均相互平行。如图 6－16(a)所示，单体 2 与 1 成双晶关系，单体 3 与 2 也成双晶关系，单体 4 与 3 也是如此，因此，相邻单体间均成双晶关系，而相间的各单体，彼此的结晶方向全都平行。图 6－16(b)为斜长石的钠长石律双晶，是以(010)为双晶面、以(010)为接合面的一种聚片双晶。

(3)环状双晶。

由两个以上的单体按同一种双晶律所组成，表现为若干呈接触双晶的单晶体的组合，各接合面依次成等角度相交，双晶总体呈环状，环不一定封闭，可以是开口的(图 6－17)。环状双晶按其单体的个数可分别称为三连晶、四连晶、五连晶、六连晶和八连晶等。

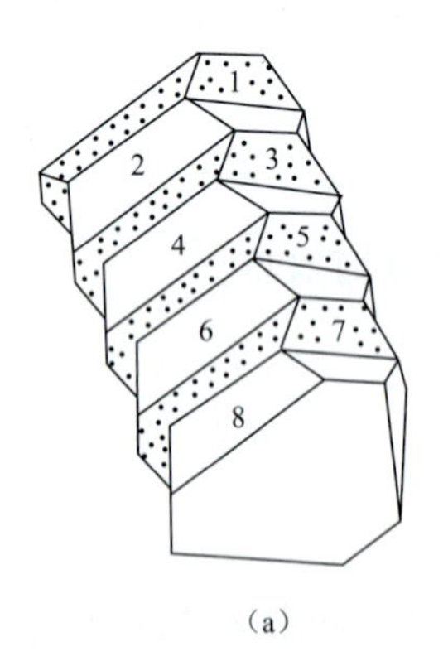

(a)

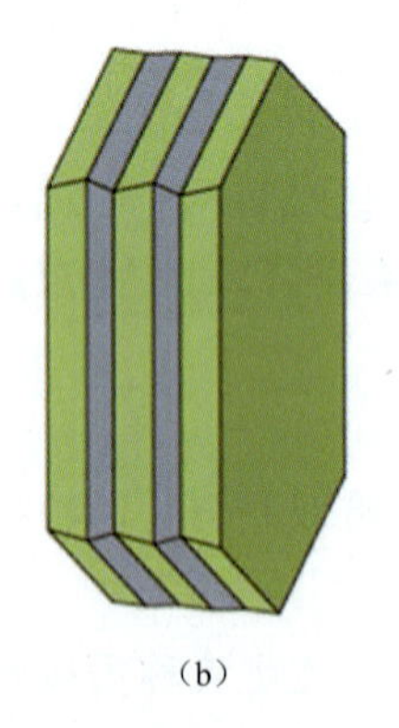

(b)

图 6－16　聚片双晶(a)和钠长石律聚片双晶(b)
[引自中国地质大学(武汉)精品课程网站]

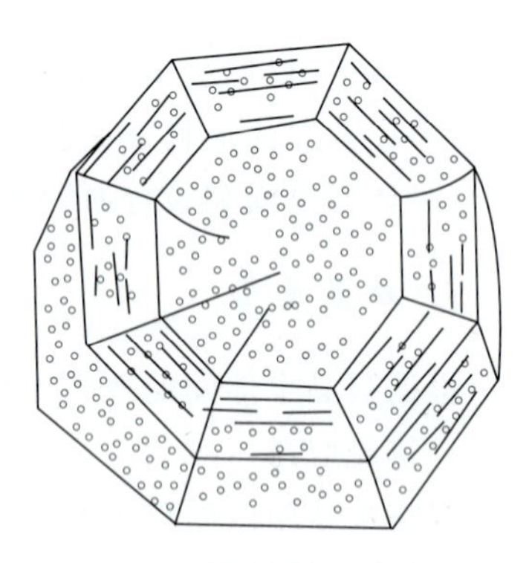

图 6－17　锡石的环状双晶
(引自潘兆橹等，1993)

(4)复合双晶。

由两个以上的单体彼此间按不同的双晶律所组成的双晶。如斜长石的卡-钠复合双晶(图 6－18)，就是按照 3 种不同的双晶律结合在一起而成的，接合面均为(010)，其中单体 1 和单体 2 以及单体 3 和单体 4 彼此间按钠长石律接合，双晶轴垂直(010)；单体 2 和单体 3 之间按卡斯巴律接合，双晶轴平行 *c* 轴，于是单体 1 和单体 4 之间也成卡斯巴律的关系；单体 1 和 3 以及 2 和 4 虽然都未直接相连，但它们之间的相对方位都构成了另一双晶

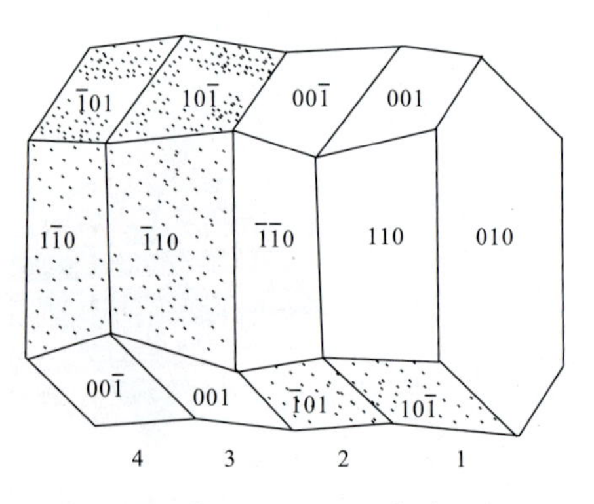

图 6－18　斜长石的卡-钠复合双晶
(转引自赵珊茸等，2011)

律,这一双晶律可由钠长石律和卡斯巴律复合而得,所以称为钠长石-卡斯巴律复合双晶律(简称卡-钠复合律)。这一复合双晶律的双晶轴位于(010)面内,且垂直于 c 轴。由这样 3 种双晶律在一起共同组成的复合双晶,称为卡-钠复合双晶,3 种双晶律的 3 根双晶轴正好相互垂直(图 6-18)。

2)穿插双晶

两个或多个单体相互穿插,接合面常曲折而复杂。如正长石的卡斯巴律贯穿双晶[图 6-19(a)],文石的三连晶[图 6-19(b)]。此外,贯穿双晶也可以由不同的双晶律组成,例如[图 6-19(c)]中的十字石复杂贯穿双晶,个体 A 和 B 之间是一种双晶律,个体 C 与 A、B 之间是另一种双晶律。

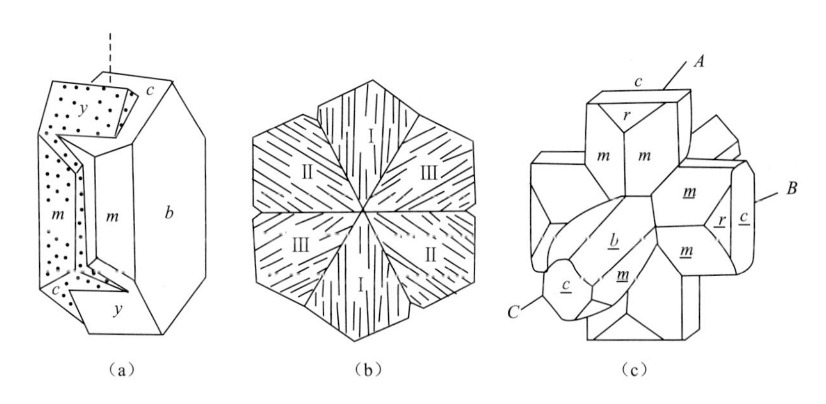

图 6-19　贯穿双晶示意图

(引自赵珊茸等,2011)

第七章　晶体生长介绍

第一节　晶体形成的方式

晶体是具有格子构造的固体，晶体生长的过程实际上是在一定的条件下组成晶体的质点按照格子构造规律排列堆积的过程。从物相的转变方式上来看，晶体生长过程具有以下 4 种。

一、由液相转变为结晶固相

1. 从熔体中结晶

当温度低于熔点时，晶体开始析出，也就是说，只有当熔体过冷却时晶体才能发生。如金属熔体冷却到熔点以下结晶成金属。

2. 从溶液中结晶

当溶液达到过饱和时，才能析出晶体。主要有以下几种方式：①温度降低，如岩浆期后的热液越远离岩浆源则温度渐次降低，各种矿物晶体将陆续析出。②水分蒸发，如天然盐湖卤水蒸发，盐类矿物结晶出来。③通过化学反应，生成难溶物质。

此外，水在温度低于零摄氏度时结晶成冰也是由液相转变成固相晶体最普通的实例。

二、由气相转变为固相

从气相直接转变为固相的条件是要有足够低的蒸汽压。例如，火山喷出硫蒸气，在火山口附近因温度降低而结晶出自然硫晶体；水蒸气遇冷凝结成雪花晶体。

三、由非晶质固相转变为结晶固相

火山喷发出的熔岩流迅速冷却，固结为非晶质的火山玻璃。这种火山玻璃经过千百万年的长时间以后，可逐渐转变为结晶质。例如：火山玻璃→石英、长石的微晶（晶化或脱玻化）。

沉积作用形成的非晶质胶体矿物蛋白石→隐晶质玉燧→石英晶体。

四、由一种结晶固相转变为另一种结晶固相

同质多象转变是指某种晶体，在热力学条件改变时转变为另一种在新条件下稳定的晶体。它们在转变前后的成分相同，但晶体结构不同。如石墨（C）$\xrightarrow{\text{高温高压}}$金刚石（C）；$\alpha$ -石英（SiO_2，三方晶系）$\xrightarrow{\text{温度}\uparrow}$$\beta$ -石英（SiO_2，六方晶系）。

第二节　晶核的形成

晶体生长的三个阶段：首先是介质达到过饱和、过冷却阶段；其次是成核阶段，即晶核形成阶段；最后是晶体的生长阶段。成核是一个相变过程，即在母液相中形成固相小晶芽，这一相变过程中体系自由能的变化为：

$$\Delta G = \Delta G_v + \Delta G_s$$

式中，ΔG_v 为新相形成时体系自由能的变化，且 $\Delta G_v < 0$；ΔG_s 为新相形成时新相与旧相界面的表面能，且 $\Delta G_s > 0$。也就是说，晶核的形成，一方面由于体系从液相转变为内能更小的晶体相而使体系自由能下降，另一方面又由于增加了液-固界面而使体系自由能升高。只有当 $\Delta G < 0$ 时，成核过程才能发生，因此，晶核是否能形成，就在于 ΔG_v 与 ΔG_s 的相对大小。图 7-1 中虚线为总自由能变化 ΔG，由图可见，随着晶核的长大（即 r 的增加），开始的时候

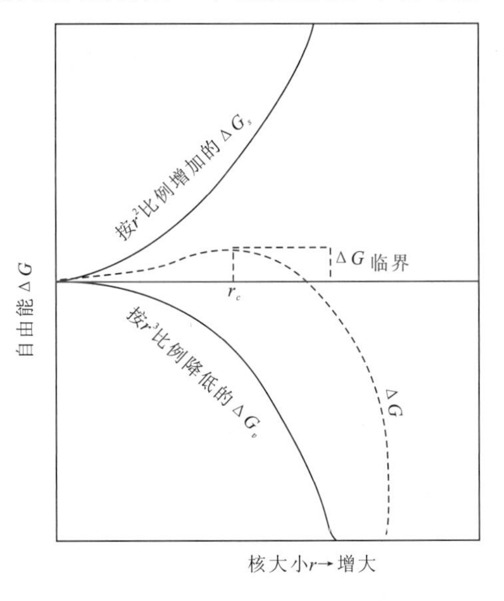

图 7-1　成核过程中晶核半径 r_c 与体系自由能的关系（引自潘兆橹等，1993）

体系的自由能是升高的，但当晶核半径达到某一值(r_c)时，体现自由能开始下降。体系自由能由升高到降低的转变时所对应的晶核半径值 r_c 称为临界半径。

第三节 晶体生长模型

一旦晶核形成后，就形成了晶-液界面，晶体在界面上就要进行生长，即组成晶体的原子、离子要按照晶体结构的排列方式堆积起来形成晶体。下面介绍关于晶体生长的几种主要模型。

一、层生长理论模型

科塞尔(Kossel,1927)首先提出，后经斯特蓝斯基(Stranski)加以发展的晶体的层生长理论，也称为科塞尔-斯特蓝斯基理论。

这一模型要讨论的关键问题是：在一个正在生长的晶面上寻找出最佳生长位置，有平坦面、两面凹角位、三面凹角位。图 7-2 所示为质点在生长中的晶体表面上所有可能的生长位置。晶体最佳生长位置是三面凹角位(k 位置)，其次是两面凹角位(S 位置)，最不容易生长的位置是平坦面(P)。因此，最理想的晶体生长方式就是：先在三面凹角上生长成一行，以至于三面凹角消失，在两面凹角处生长一个质点，以形成三面凹角，再生长一行，重复下去。但是，实际晶体生长不可能达到这么理想的情况，也可能一层还没有完全长满，另一层又开始生长了，这叫阶梯状生长，最后可在晶面上留下生长层纹或生长阶梯，如图 7-3 所示为石英晶体表面的生长纹。

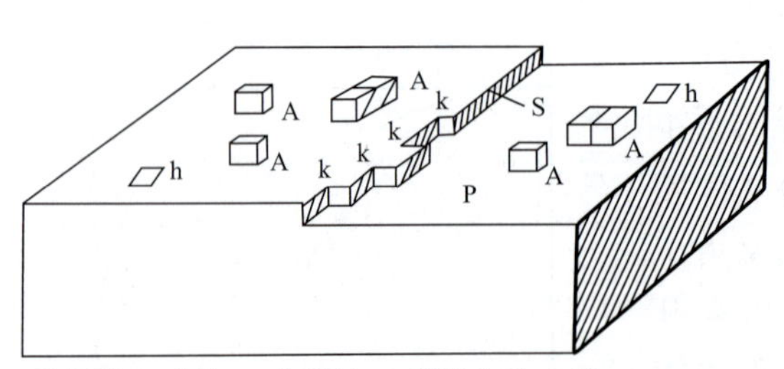

图 7-2 晶体生长过程中表面状态图解

(引自潘兆橹，1993)

图 7-3 石英晶体表面的生长纹

层生长理论可以解释如下一些生长现象。

(1)晶体的自限性：晶体常生长为面平、棱直的几何多面体形态。

(2)晶体断面上的环带构造：各个环带代表了在晶体成长的不同阶段中，由于介质性质或环境条件的某种变化，在晶体内留下的当时晶形轮廓的痕迹。它表明晶体是平行向外推移生长的。

(3)面角守恒定律：由于晶面是向外平行推移生长的，所以同种矿物不同晶体上对应晶面间的夹角不变。

科塞尔-斯特蓝斯基理论虽然有其正确的方面，但是，层生长理论有一个缺陷：当将这一界面上的所有最佳生长位置都生长完后，如果晶体还要继续生长，就必须在这一平坦面上先生长一个质点，由此来提供最佳生长位置。这个先生长在平坦面上的质点就相当于一个二维核，形成这个二维核需要较大的过饱和度，但许多晶体在过饱和度很低的条件下也能生长，因此在过饱和度或过冷却度较低情况下，就需要用其他的生长机制加以解释。

二、螺旋生长理论模型

弗朗克(Frank)等人(1949，1951)在研究气相中晶体的生长时，估计体系过饱和度不小于25%～50%。然而在实验中却难以达到，并且在过饱和度小于2%的气相中晶体亦能生长。这种现象并不是层生长理论所能解释的。为了解决理论与实际的矛盾，他们根据实际晶体结构的各种缺陷中最常见的位错现象，在1949年提出了晶体的螺旋生长理论。

该模型认为晶面上存在螺旋位错露头点所出现的凹角及其延伸所形成的二面凹角(图7-4)可以作为晶体生长的台阶源，可以对平坦面的生长起催化作用，这种台阶源永不消失，因此不需要形成二维核，这样便成功地解释了晶体在很低过饱和度下仍能生长这一实验现象。

印度结晶学家弗尔麻(Verma)1951年对SiC晶体表面上的生长螺旋纹(图7-5)及其他大量螺旋纹的观察，证实了这个模型在晶体生长过程中的重要作用。

位错的出现在晶体的界面上提供了一个永不消失的台阶源。随着生长的进行，台阶将会以位错处为中心呈螺旋状分布，螺旋式的台阶并不随着原子面网一层层生长消失，从而使螺旋式生长持续下去。螺旋生长与层状生长不同的是台阶并非直线式地等速前进扫过晶面，而是围绕着螺旋位错的轴线螺旋状前进(图7-6)。随着晶体的不断长大，最终表现在晶面上形成能提供生长条件信息的各种样式的螺旋纹。

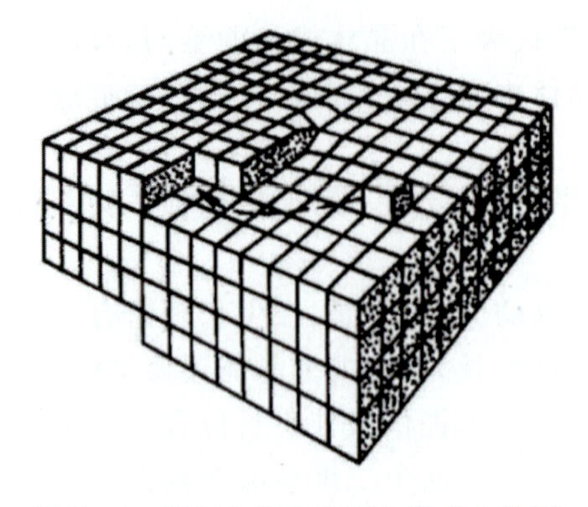

图 7-4　螺旋位错在晶面上形成台阶源

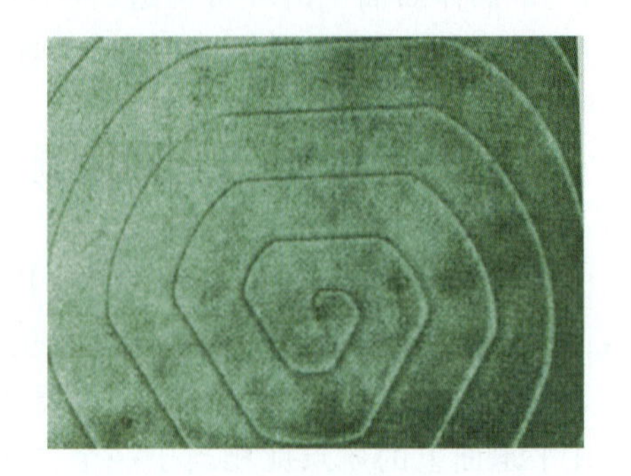

图 7-5　SiC 晶体表面的生长螺纹

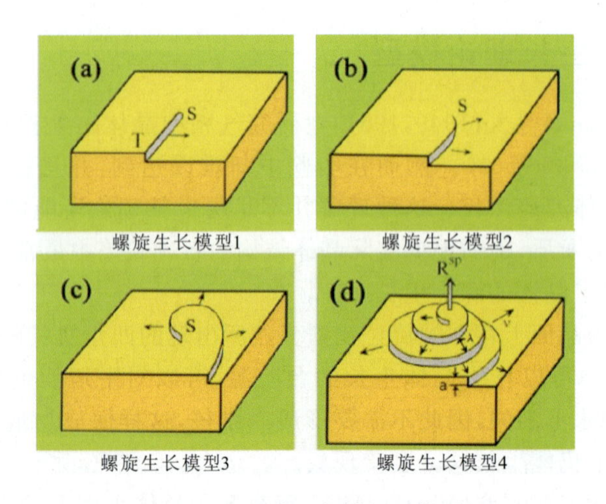

图 7-6　螺旋生长模型示意图

第四节　晶面的发育

晶体生长所形成的几何多面体外形是由所出现晶面的种类和它们的相对大小决定的。哪种类型的晶面出现及晶面的大小，本质上受晶体结构所控制，遵循一定的规律。

一、布拉维法则

早在1885年，法国结晶学家布拉维(A Bravis)从晶体的格子构造几何概念出发，论述了实际晶面与空间格子中面网之间的关系，即晶体上的实际晶面平行于面网密度大的面网，这就是布拉维法则。

布拉维法则可阐述如下：图7-7(a)为一晶体格子构造的一个切面，AB，BC，CD 为3个晶面的迹线，相应面网的面网密度是 $AB>CD>BC$，面网密度大的晶面，面网间距也大，对外的质点吸引力就小，质点就不易生长上去。当晶体继续生长，质点将优先堆积1位置，其次是2，最后是3的位置。于是晶面 BC 将优先生长，CD 次之，而 AB 则落在最后。晶面生长速度是 $AB<CD<BC$。这意味着面网密度小的晶面将优先生长，面网密度大的则落后。我们可以得出结论：在一个晶体上，各晶面间相对的生长速度与它们本身面网密度的大小成反比，即面网密度越大的晶面，其生长速度越慢，反之则快。而生长速度快的晶面往往被尖灭掉，如图7-7(b)所示。于是保留下来的实际晶面将是生长速度慢的面网，即面网密度大的晶面。

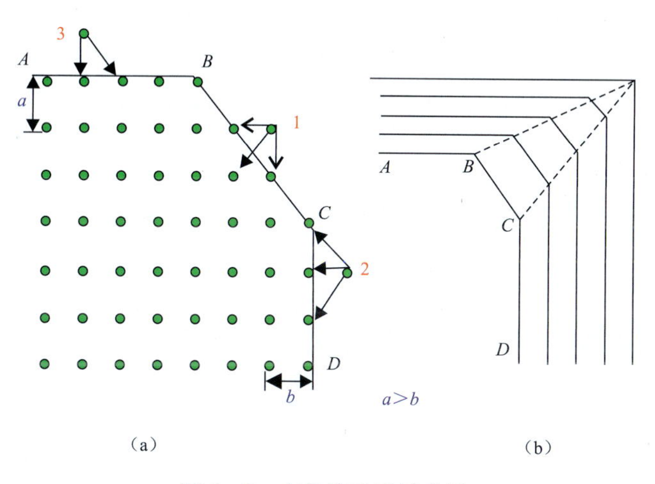

图7-7　布拉维法则示意图

二、面角守恒定律

丹麦矿物学家斯丹诺1669年发现，同种晶体虽然它们的形状和大小各不相同，但各相对应的晶面夹角是相等的。因此，在相同的温度、压力条件下，成分和构造相同的所有晶体,其对应晶面间的夹角恒等,这就是面角守恒定律。面角守恒定律起源于晶体的格子构造。因为同种晶体具有完全相同的格子构造,格子构造中的同种面网构成晶体外形上的同种晶面。晶体生长过程中,晶面平行向外推移,故不论晶面大小形态如何,对应晶面间的夹角恒定不变。面角守恒定律的发现使人们能从晶体千变万化的形态中,找到它们外形上所固有的客观规律,得以根据面角关系恢复晶体的理想形态,奠定了几何结晶学的基础。

第五节　晶体生长的实验方法

虽然描述晶体生长的理论模型较多,但所有的模型都与实际晶体生长过程有很大的差距,晶体生长实际过程还是通过实验来确定,下面介绍几种常用的晶体生长实验方法。

一、水热法

水热法是一种在高温高压下从过饱和热水溶液中培养晶体的方法。晶体的培养是在高压釜内进行的。高压釜由耐高温高压和耐酸碱的特种钢材制成(图7-8)。上部为结晶区,悬挂有籽晶;下部为溶解区,放置培养晶体的原料,釜内填装溶剂介质。由于结晶区与溶解区之间有温度差(如培养水晶,结晶区为330℃~350℃,溶解区为360℃~380℃)而产生对流,将高温的饱和溶液带至低温的结晶区形成过饱和析出溶质使籽晶生长。温度降低并已析出了部分溶质的溶液又流向下部,溶解培养料,如此循环往复,使籽晶得以连续不断地长大。用这种方法可以合成水晶、红宝石、蓝宝石、祖母绿等多种晶体。

二、提拉法

提拉法是一种直接从熔体中拉出单晶的方法,其设备如图7-9所示。熔体置坩埚中,籽晶固定于可以旋转和升降的提拉杆上。降低提拉杆,将籽晶插入熔体,调节温度使熔体-晶体界面处的温度恰好等于相变点,上面晶体的温度低于相变点,下面熔体的温度高于相变点,使晶体生长(相变)恰好在熔体-晶体界面处进行。提升提拉杆,使晶体一面生长,一面被慢慢地拉出来。这是从熔体中生长晶体常用的方法。适合用提拉法生长的晶体只能是同成分相变晶体,即熔体与晶体成分相同,只须在熔点处从熔体转变为晶体。用此方法可生长多种晶体,如刚玉钇铝榴石和铌酸锂等宝石材料。

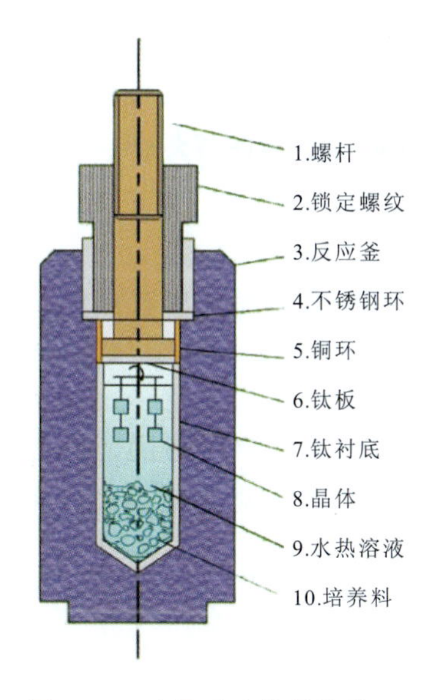

图 7-8　水热法生长晶体装置

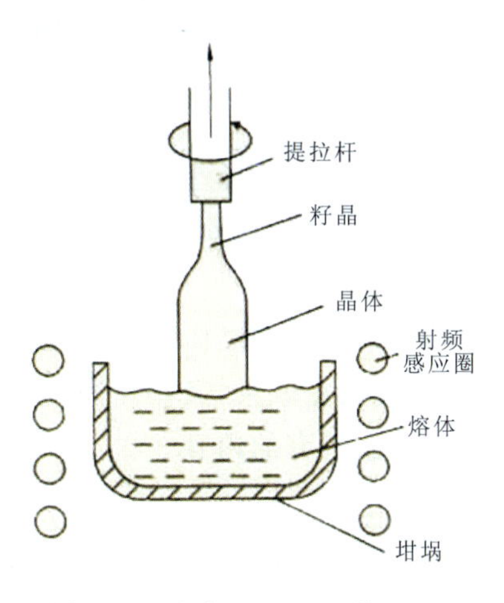

图 7-9　提拉法生长晶体示意图

三、低温溶液生长

从低温溶液(从室温到 75℃左右)中生长晶体是一种最古老的方法。该方法就是将结晶物质溶于水中形成饱和溶液,再通过降温或蒸发水分使晶体从溶液中生长出来。在工业结晶中,从海盐、食糖到各种固体化学试剂等的生产,都采用了这一技术。工业结晶大多希望能长成具有高纯度和颗粒均匀的多晶体,生长是靠自发成核或放入粉末状晶种来促进生长的。

四、高温熔液生长

高温熔液法(约在 300℃以上)生长晶体,类似于低温溶液法生长晶体,它是将晶体的原成分在高温下熔解于某一助熔剂中,以形成均匀的饱和熔液,晶体是在过饱和熔液中生长,因此也叫助熔剂法或盐熔法。此法关键是要找到能熔解晶体原成分的助熔剂。

第八章　晶体化学介绍

前面我们在讨论晶体结构的几何规律时，是将晶体结构中的点作为几何点来考虑的，但实际晶体中这些点是各种具体的原子、离子和分子，它们是晶体的化学组成。

晶体的化学组成和晶体的内部结构，是决定晶体各种性质的两个最基本的因素，这两者既紧密联系，又相互制约，有其自身内在的规律性。这些规律性就是晶体化学所要研究的内容。

第一节　最紧密堆积原理

晶体结构中，质点间的相互结合，在形式上可视为球体间的相互堆积，它要求彼此间的斥力和引力达到平衡，使得质点间趋于尽可能地相互靠近而占据最小的空间，以达到内能最小，使晶体处于最稳定状态。下面我们来研究等大球体的最紧密堆积。

一、等大球最紧密堆积

第一层堆积：球体排成六方密集层，每个球周围有 6 个球，每 3 个球中间有 1 个三角形空隙，第一层球堆积后，存在 3 种位置：球心 A；孔隙 B 和 C[图 8-1(a)]。

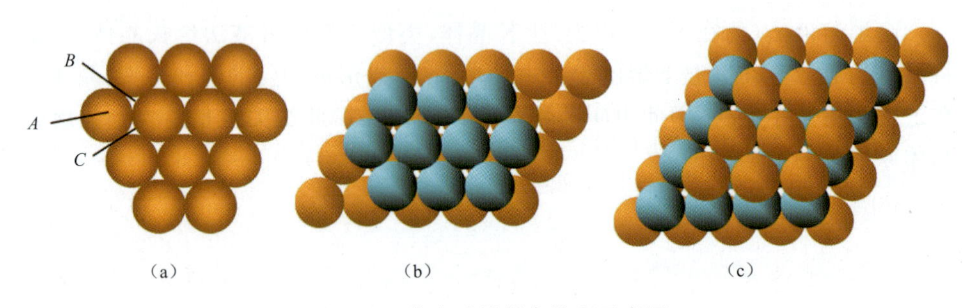

图 8-1　等大球最紧密堆积示意图

第二层堆积：第二层球必须堆在第一层球的三角空隙上才是紧密堆积的，即置于图 8-1(a)中的 B、C 位置上，置于 B 处所形成的两层最紧密堆积 AB 和置于 C 处所形成的两层最紧密堆积 AC 结构是一样的，只是方位不同，其 AB 旋转 180°即与 AC 完全相同，所以两层球作最紧密堆积的方式只有 1 种。

第三层堆积：继续堆积第三层球体时，球体同样置于第二层球堆积时所形成的空隙上，这时有两种不同的堆积方式。第一种堆积方式是 ABA，即第三层球的中心与第一层球的中心相对，第三层球重复了第一层球的位置；第二种堆积方式是 ABC，即第三层球置于第一层和第二层重叠的三角状空隙之上，第三层球不重复第一层和第二层球的位置。

按上述第一种方式堆积，即按 $ABABAB$……两层重复一次的规律进行堆积，结果球在空间的分布将与六方原始格子相对应，我们将这种堆积方式称为六方最紧密堆积(图 8-2)。

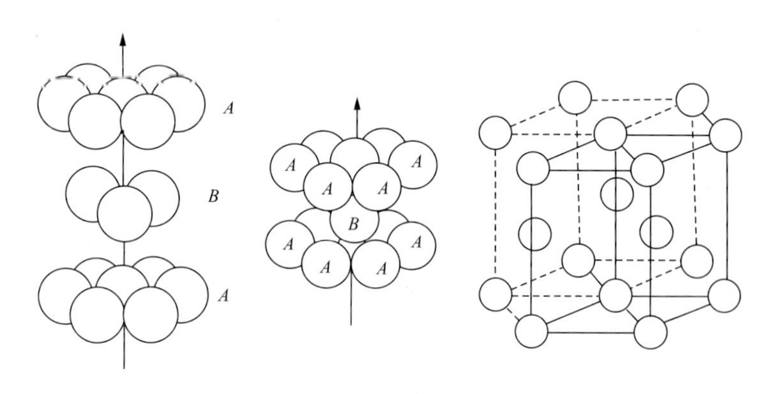

图 8-2　六方最紧密堆积示意图

按上述第二种方式堆积，即按 $ABCABCABC$……3 层重复一次的规律堆积，则球在空间的分布规律与立方面心格子一致，我们称这种堆积为立方最紧密堆积(图 8-3)。

等大球体的最紧密堆积方式，最基本的就是六方最紧密堆积和立方最紧密堆积两种。当然，还可出现更多层重复的周期性堆积，如 $ABAC$、$ABAC$、$ABAC$……4 层重复；$ABCACB$、$ABCACB$、$ABCACB$……6 层重复等。在两种最基本的最紧密堆积方式中，每个球体所接触到的同径球体个数为 12(即配位数等于 12)。

等大球体最紧密堆积中，球体之间仍存在空隙，空隙占整体空间的 25.95%。按照空隙周围球体的分布情况，可将空隙分为两种类型。

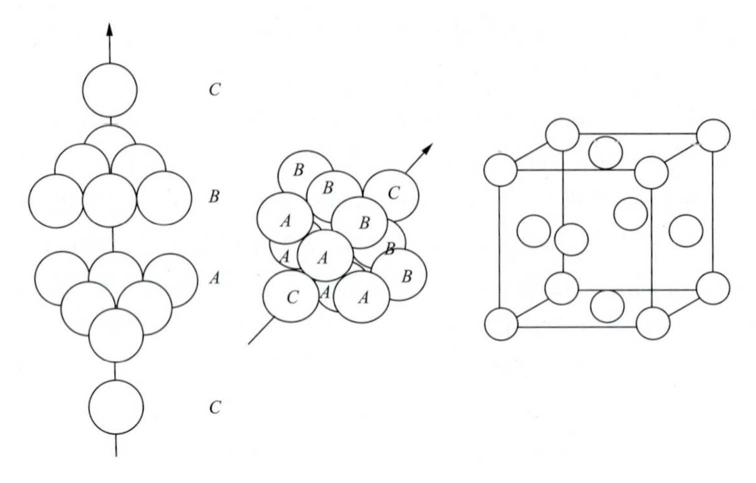

图 8 - 3　立方最紧密堆积示意图

1. 四面体空隙

由 4 个球体围成的空隙，此 4 个球体中心之连线恰好连成一个四面体的形状[图 8 - 4(a)]。

2. 八面体空隙

由 6 个球体围成的空隙，此 6 个球体中心之连线恰好连成一个八面体的形状[图 8 - 4(b)]。

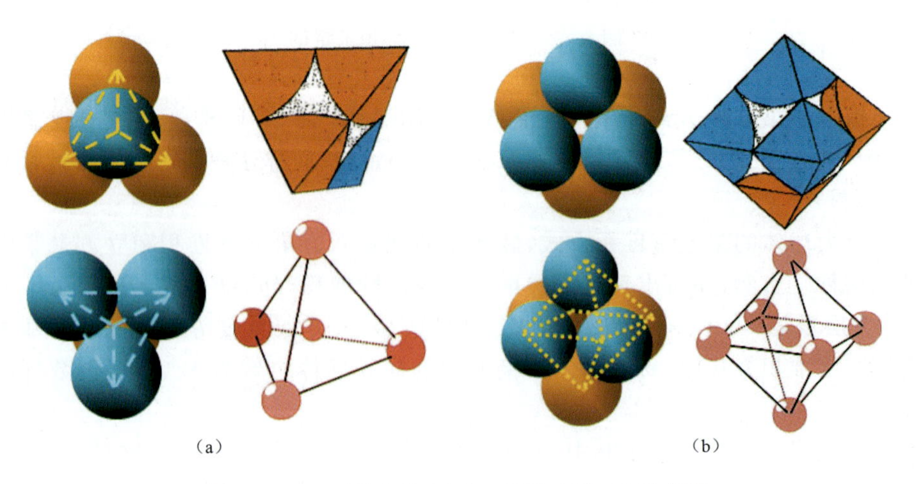

图 8 - 4　四面体空隙(a)和八面体空隙(b)示意图

注意：

(1)八面体空隙比四面体空隙要大。

(2)不论何种最紧密堆积，每一个球体的周围都总共有6个八面体空隙和8个四面体空隙。

(3)当有 n 个等大球体作最紧密堆积时，必定共有 n 个八面体空隙和 $2n$ 个四面体空隙。

二、不等大球最紧密堆积

矿物多为离子化合物，其阴离子的体积远大于阳离子。其晶体结构常是半径较大的阴离子按等大球体的六方或立方最紧密堆积方式进行堆积，而半径较小的阳离子充填其中四面体空隙或八面体空隙。如 NaCl，Cl^- 的半径为 0.181nm，Na^+ 的半径为 0.102nm，可视为 Cl^- 作立方最紧密堆积，Na^+ 充填所有八面体空隙(图 8－5)。又如刚玉(Al_2O_3)的晶体结构中，O^{2-} 成六方最紧密堆积，Al^{3+} 充填八面体空隙。

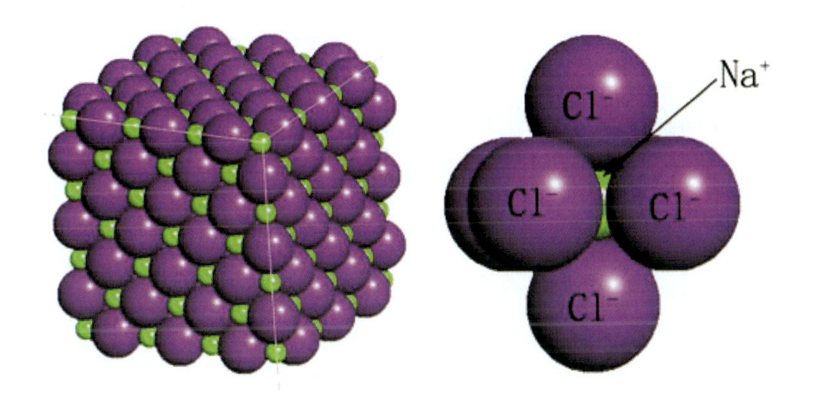

图 8－5　不等大球最紧密堆积

第二节　配位数和配位多面体

在晶体结构中，原子或离子只能按照一定的方式与周围的原子或异号离子相结合而形成所谓的配位关系。晶体结构中，每个原子或离子周围最邻近的原子或异号离子的数目，称为该原子或离子的配位数(简称 CN)。以任一原子或离子为中心，将其周围与之呈配位关系的原子或异号离子的中心连线所形成的几何图形称为配位多面体。

等大球最紧密堆积中，每个球周围有 12 个球，配位数是 12。在金属晶体中，金属原子呈等大球最紧密堆积，原子配位数为 12，配位多面体为立方八面体，如 Cu，Au(图 8－6)。在离子键晶体中，存在着半径不同的阴、阳离子，较大的阴离子呈紧密堆积，较小的阳离子充填空隙。如：$\alpha-ZnS$，Zn^{2+} 配位数为 4，配位多面体为四面体；NaCl，Na^{+} 配位数为 6，配位多面体为八面体(图 8－7)。

图 8－6　金属晶体的配位数和配位多面体

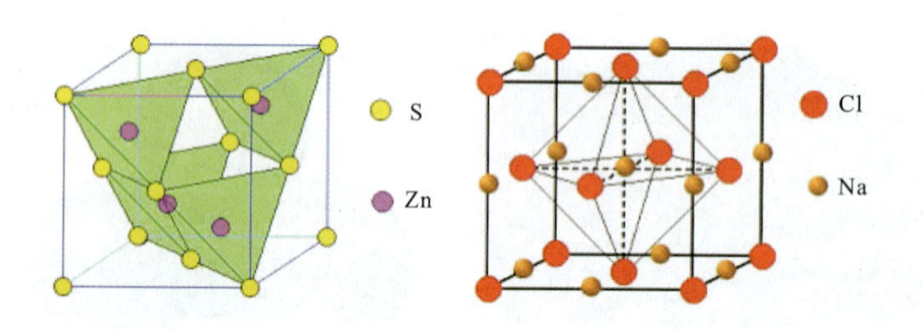

图 8－7　离子晶体的配位数和配位多面体

第三节　同质多象

一、同质多象的概念

同种化学成分的物质，在不同的物理化学条件(温度、压力、介质)下，形成不同结构的晶体的现象，称为同质多象(polymorphism)。这些不同结构的晶体，称为该成分的同质多象变体。

例如金刚石和石墨就是碳(C)的两个同质多像变体，它们的晶体结构如图 8－8 所示，表 8－1 列出了它们的性质对比。

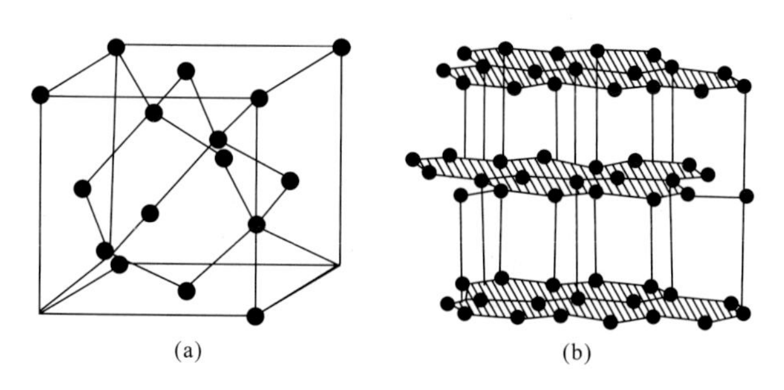

图 8－8　金刚石(a)和石墨(b)的结构
(引自潘兆橹,1993)

表 8－1　金刚石和石墨的性质对比

	金刚石	石墨
晶系	等轴晶系	六方晶系
空间群	Fd3m	$P6_3/mmc$
配位数	4	3
原子间距	0.154nm	层内 0.142nm,层间 0.340nm
键性	共价键	层内共价键和金属键,层间范德华力
形态	八面体	六方片状
颜色	无色或浅色	黑色
透明度	透明	不透明
光泽	金刚光泽	金属光泽
解理	//{111}中等	//{0001}极完全
硬度	10	1
相对密度	3.55	2.23
导电性	不良导体	良导体

资料来源:引自潘兆橹等,1993。

同质多象的每一种变体都有它一定的热力学稳定范围,都具备自己特有的形态和物理性质,因此,在矿物学中它们都是独立的矿物种。如:方解石和文石($CaCO_3$),α－石英和β－石英(SiO_2)都是同质多象变体,也都是独立的矿物种。

二、同质多象变体的转变

同质多象各变体之间,由于物理化学条件的改变,在固态条件下可发生相互转变。同质多象变体间的转变温度在一定压力下是固定的，所以在自然界的矿物中某种变体的存在或某种转化过程可以帮助我们推测该矿物所存在的地质体的形成温度，因此，它们被称为“地质温度计”。表 8－2 列出了某些矿物同质多象的转变温度。通常对同一物质而言高温变体的对称程度较高。

表 8－2　某些矿物同质多象转变的温度

矿物同质多象变体	成分	晶系	转变温度(℃)
α－石英 β－石英	SiO_2	三方 六方	573
β－鳞石英 β－白硅石	SiO_2	六方 等轴	1 470
硅灰石 假硅灰石	$Ca_3[Si_3O_9]$	三斜 假六方	1 190
闪锌矿 纤维闪锌矿	ZnS	等轴 六方	1 020
辉铜矿 等轴辉铜矿	Cu_2S	斜方 等轴	91～105
螺状硫银矿 辉银矿	Ag_2S	斜方 等轴	170

资料来源：引自潘兆橹等，1993。

压力的变化对同质多象的转变也有很大的影响，从表 8－3 中可以看出，在不同的压力下（相当于地下不同的深度），α－石英→β－石英的转变温度会发生很大变化。一般来说，温度的增高促使同质多象向配位数减少、相对密度降低的变体方向转变，而压力的作用正好相反。如实验室以石墨为原料，在金属触媒存在的条件下，在压力为 $5.15\times10^3\sim6\times10^3$ MPa，温度为 1 650℃ 的条件下生长 60 小时，可以获得重量为 1 克拉的金刚石。

表 8－3　不同压力（相当于地下不同深度）下 α－石英→β－石英的转变温度

压力($\times10^5$ Pa)	1	250	1 250	2 500	3 000	5 000	7 500	9 000
相当于地下深度(km)	0	1	5	10	12	20	30	36
α－石英→β－石英 转变温度(℃)	573.0	580.3	601.6	626.2	644.0	681.5	734.5	832.0

第四节　类质同象

矿物的化学成分并非绝对固定，任何一种矿物，其成分总是或多或少地在一定范围内变化，有的变化范围较小，对矿物性质几乎没有影响；有的变化范围较大，对矿物性质有明显影响；有的甚至可以从一种矿物过渡到另一种矿物。类质同象现象是引起矿物成分变化最普遍、最有实际意义的原因。

一、类质同象的概念

晶体结构中某种质点（原子、离子或分子）被它种类似的质点所代替，仅使晶格常数发生不大的变化，而结构形式并不改变，这种现象称为类质同象（isomorphism）。

例如在菱镁矿 $Mg[CO_3]$和菱铁矿 $Fe[CO_3]$之间，由于镁和铁可以相互代替，可以形成各种 Mg、Fe 含量不同的类质同象混合物，从而可以构成一个镁、铁含量为各种比值的连续的类质同象系列。

$Mg[CO_3]-(Mg,Fe)[CO_3]-(Fe,Mg)[CO_3]-Fe[CO_3]$

菱镁矿－含铁的菱镁矿－含镁的菱铁矿－菱铁矿

又如刚玉（Al_2O_3）纯净时是无色的，当 Cr^{3+} 部分替代 Al^{3+} 时显示红色，称为红宝石；当 $Ti^{4+}+Fe^{2+}$ 部分替代 Al^{3+} 时显示蓝色，称为蓝宝石。祖母绿（$Be_3Al_2[Si_6O_{18}]$）中的 Al^{3+} 被 Cr^{3+} 部分取代使祖母绿显示绿色。翡翠（$NaAlSi_3O_8$）中的 Al^{3+} 被 Cr^{3+} 部分取代使翡翠显示绿色。

二、类质同象的类型

在晶体中一种质点可被另一种质点替代的限度是不同的，按可替代的限度，类质同象可分为两种类型。

1. 完全类质同象

在晶体中某种质点可以无限制地被另一种质点代替，称完全类质同象。如在镁橄榄石 $MgSiO_4$ 中的 Mg^{2+} 可被 Fe^{2+} 代替，Fe^{2+} 代替 Mg^{2+} 的数量从少到多，直至成为铁橄榄石，其化学成分可示意地表示如下：$Mg_2SiO_4-(Mg,Fe)_2SiO_4-(Fe,Mg)_2SiO_4-Fe_2SiO_4$。它们的晶体始终是斜方晶系的，晶体结构始终不变，只是晶胞参数随成分的变化而逐渐改变，由镁橄榄石的 $a_0=4.756$nm，$b_0=10.195$nm，$c_0=5.981$nm 逐渐变为铁橄榄石的 $a_0=4.817$nm，$b_0=10.477$nm，$c_0=6.105$nm。其物理性质也随着成分的变化而逐渐改变。

2. 不完全类质同象

在晶体中某种质点被另一种质点代替不能超过某一限度，只能在一定的范围内进行，称为不完全类质同象。如：闪锌矿 ZnS 中的 Zn^{2+} 被 Fe^{2+} 代替最多只能达到阳离子数的 43%，不论在自然界还是实验室合成样品中，都没有找到铁替代锌超过这一限度的例子。

类质同象互相替代的离子，其电价可以相同，也可以不同，据此又可把类质同象分为两种类型。

1）等价类质同象

相互替代的离子电价相同，如闪锌矿中 Fe^{2+} 代替 Zn^{2+}，橄榄石中 Fe^{2+} 代替 Mg^{2+}。红宝石中 Al^{3+} 被 Cr^{3+} 部分取代，翡翠中 Al^{3+} 被 Cr^{3+} 部分取代，祖母绿中的 Al^{3+} 被 Cr^{3+} 部分取代都是等价类质同象替代。

2）异价类质同象

相互替代的离子电价不相同。如蓝宝石中 Al^{3+} 被 $Ti^{4+}+Fe^{2+}$ 取代，硅酸盐中的 Si^{4+} 被 Al^{3+} 代替，萤石中的 Ca^{2+} 被 Y^{3+} 代替等。

三、类质同象的条件

类质同象是类似的质点相互代替，因此必须要求双方大小和性质要相近，否则将会引起晶格的破坏，形成新的矿物。相互替代的质点必须具备以下条件。

1. 半径相近

r_1 代表较大的离子，r_2 代表较小的离子，一般情况下：

$(r_1-r_2)/r_2<15\%$，完全类质同象。

$(r_1-r_2)/r_2=15\%\sim40\%$，不完全类质同象。

$(r_1-r_2)/r_2>40\%$，不产生类质同象。

例如菱镁矿（$MgCO_3$）中 Mg^{2+} 的半径为 0.66nm，Ca^{2+} 的半径为 0.99nm，差值达 50%，因此 Ca^{2+} 不能替代 Mg^{2+} 进入晶格。但 Fe^{2+} 半径为 0.74nm，与 Mg^{2+} 的半径差为 12%，Fe^{2+} 和 Mg^{2+} 在菱镁矿中可以产生完全类质同象。Ca^{2+} 与 Fe^{2+} 的半径差为 34%，在碳酸盐中只能产生极为有限的类质同象代替。

2. 离子类型相近

互相代替的离子类型相差过大，势必引起键性的剧烈改变而使晶格解体。例如六次配位的 Ca^{2+} 和 Hg^{2+} 电价相同，半径分别为 0.100nm 和 0.102nm，但由于离子类型不同,所以它们之间一般不出现类质同象替代。

3. 温度

温度增高有利于类质同象的产生,而温度降低则将限制类质同象的范围并促使类质同象混晶发生分解,即固溶体离溶。如在高温下碱性长石中的 K^+、Na^+ 可以相互类质同象替代形成 $(K,Na)[AlSi_3O_8]$ 或 $(Na,K)[AlSi_3O_8]$,温度降低则发生离溶形成钾长石 $K[AlSi_3O_8]$ 和 $Na[AlSi_3O_8]$ 两物相组成的条纹长石。一般来说低温条件下形成的矿物成分比较纯净。

4. 压力

一般来说,压力的增大将限制类质同象代替的范围并促使其离溶。

5. 组分浓度

晶体生长过程中,晶体中的某种质点在环境中含量较少,将促使其他类似的质点进入晶体,代替不足的组分。例如岩浆中的 Ca^{2+} 的浓度降低形成的磷灰石 $Ca_5[PO_4]_3F$ 中就会有不少类质同象杂质 Na^+、Sr^{2+}、Tr^{3+} 等,反之,形成的磷灰石就比较纯净。

四、研究类质同象的意义

(1)了解矿物成分的变化,用正确的化学式表示矿物成分。例如,各地产出的闪锌矿含铁有多有少,当我们了解到铁是以类质同象方式代替锌之后,就不会编造出许多化学式(如 $Zn_9Fe_4S_{13}$、Zn_3FeS_4)来,而是把铁和锌看成是一种构造单位,让它们在化学式中共占一个位置,写出正确的化学式为 $(Zn,Fe)S$。

(2)理解矿物性质变化的原因。同种矿物的不同标本,其比重、颜色等性质常会不同,有时甚至差别很大,主要是这些晶体的类质同象杂质引起的。例如纯闪锌矿 ZnS 透明无色,密度为 $4.102g/cm^3$;铁代替锌 10%的闪锌矿呈黑褐色,密度为 $4.03g/cm^3$;铁含量更高时呈铁黑色,密度可降至 $3.9g/cm^3$。因此我们可以通过测定矿物的性质来断定其类质同象杂质的种类和数量。

(3)判断晶体的形成条件。通过研究晶体中类质同象杂质的种类和数量,可以推断晶体形成时的条件。例如,含铁多的铁黑色闪锌矿,形成于较高的温度(300℃~400℃),因为只有在高温时形成的闪锌矿才能允许大量的铁代替锌。

(4)综合利用矿物中的微量元素。矿物中的类质同象杂质有时具有很高的价值。例如闪锌矿中代替锌的镉、铟、镓、锗等,其价值常常不低于主要元素的工业价值,如果加以利用,可使矿床的价值成倍提高。

第二篇

宝石矿物学基础

第一章　宝石及宝石矿物学

第一节　矿物及矿物学概念

早在石器时代，人类就已知道利用多种矿物如石英、蛋白石等制作工具和饰物，以后又逐渐认识了金、银、铜、铁等若干金属及其矿石，从而过渡到铜器和铁器时代。在中国成书于战国至西汉初的《山海经》，记述了多种矿物、岩石和矿石的名称，有些名称如雄黄、金、银、玉等沿用至今。

随着人类社会生产活动和科学技术的进步，人们对自然界的认识不断深入，逐渐建立起科学的矿物概念。

矿物是由各种地质作用所形成的，具有一定的化学成分和内部结构，在一定物理化学条件下相对稳定的天然结晶态的单质或化合物，是组成岩石和矿石的基本单位。

目前已知的矿物约有 3 000 多种，在固态矿物中，绝大部分都属于晶质矿物，只有极少数(如蛋白石、水锆石)属于非晶质矿物。为了强调来源，也将组成月岩及陨石的矿物特称为月岩矿物和陨石矿物，或统称为宇宙矿物。而把在实验室或工厂里用人工方法制造出来的，与相应的天然矿物具有相同或相似的成分、结构及性质的产物称为合成矿物，如合成金刚石、合成水晶等。

矿物必须是均匀的固体，气体和液体显然都不属于矿物。但有人把液态的自然汞列为矿物，一些学者把地下水、火山喷发的气体也都视为矿物。至于矿物的均匀性则表现在不能用物理的方法把它分成在化学成分上互不相同的物质，这也是矿物与岩石的根本差别。

矿物具有一定的化学成分和内部结构，从而也具有一定的形态和物理、化学性质，借此我们可以鉴别矿物种。然而由于形成环境的复杂性，矿物的成分、结构、形态和性质可以在一定范围内变化。如绿柱石由于形成条件不同，其成分、形态和物理性质往往会有一定的差异，这些特征常可作为反映矿物成因的标志。

矿物并非固定不变的，任何一种矿物都只是在一定的物理化学条件下相对稳定得以保存。当矿物所处的外界条件改变至超出矿物的稳定范围时，该矿物即会变成在新的条件下稳定的其他矿物。如黄铜矿（$CuFeS_2$）在地表风化条件下氧化后形成孔雀石、蓝铜矿、褐铁矿等矿物。

矿物是岩石和矿石的基本组成单位。如花岗岩的主要矿物组成是钾长石、斜长石、石英和黑云母等；铅锌矿石由方铅矿、闪锌矿等组成。岩石和矿石均是矿物的集合体。

矿物学是研究矿物的化学成分、内部构造、外表形态、物理性质及其相互关系，并阐明地壳中矿物的形成和变化历史，探讨其时间和空间分布的规律及其实际用途的科学。它是地质科学的一门重要分科。矿物学以地壳中产出的无机、晶质矿物作为自己研究的主要对象。

第二节　宝石、宝石矿物和宝石矿物学概念

宝石是对天然珠宝玉石和人工宝石的统称，泛指一切经过琢磨、雕刻后可以成为首饰或工艺品的材料。

宝石由无机物和有机物两大类组成。无机矿物和少数岩石作为宝石原料的约有一百余种，占宝石原料的90%。例如，钻石、祖母绿、红宝石、蓝宝石都是矿物。有机原料属动植物的产物，它们是动植物体本身或经过石化作用形成的，如珍珠、象牙、琥珀、煤精和珊瑚等，特别是珍珠，总是被列入最珍贵的宝石之列。

作为宝石材料必须具有三大主要特征——美丽、耐久和稀少。

美丽：晶莹艳丽、光彩夺目，这是作为宝石的首要条件。如红宝石、蓝宝石和祖母绿具有纯正而艳丽的色彩；无色的钻石可显示不同的光谱色，我们称之为火彩；欧泊拥有各种颜色的色斑，这是一种变彩；某些宝石能产生猫眼似的亮带和星状光带，都是美的体现。当然，大多数宝石的美丽是潜在的，只有经过适当的加工才能充分地显露出来。

耐久：质地坚硬，经久耐用，这是宝石的特色。绝大多数宝石能够抵抗磨擦和化学侵蚀，使其永葆美丽。宝石的耐久性取决于宝石的化学稳定性和宝石的硬度。通常宝石的化学稳定性极好，可长时间的保存，世代相传。宝石的硬度也

往往较大，大于摩氏硬度7，这样的硬度使得宝石在佩戴的过程中不易磨损，瑰丽常在。而玻璃等仿制品因为硬度太低，不能抵抗外在的磨蚀，所以会很快失去光彩。

稀少：物以稀为贵，稀少在决定宝石价值上起着重要的作用。稀少导致着供求关系的变化：钻石是昂贵的，因为它稀少；一颗具有精美色彩的无瑕祖母绿是极度稀少的，它可能比一颗大小和品质相当的钻石价格更高。橄榄石晶莹剔透，色彩柔和，但因为它产出量较大，所以只能算作中低档宝石。人工合成的宝石，虽然在物理性质和化学性质上与天然宝石相同，但合成宝石可以大量生产，因而在价格上远低于天然宝石。

宝石的内含物是宝石在形成过程中产生的。一方面，它的存在在一定程度上影响了宝石的质量。另一方面，它能够向我们透露许多有关宝石形成过程和形成环境的信息。因此，它们对宝石的鉴定和质量评价具有十分重要的意义。

宝石矿物是具有宝石价值天然矿物的总称。决定宝石价值的主要因素是颜色艳丽、透明无瑕、光泽灿烂，或是呈现变彩、变色、星光猫眼等光学效应；产出稀少；坚硬耐久，摩氏硬度在6以上，化学稳定性高。

宝石矿物学是研究珠宝玉石的矿物组分、化学成分、结构和构造特征、物理性质、化学特性及成因特征的学科，是矿物学的分支学科。

研究不同产地、不同品级的同种宝玉石的内含物组合特点及吸收谱等谱学特征，可以作为鉴别、评价、利用和寻找宝玉石的依据。其中开发天然珠宝玉石和人工珠宝玉石新品种，改善珠宝玉石的加工工艺，探讨各类珠宝玉石内含物的指示意义，是目前宝石矿物学的研究热点。

第三节　矿物和岩石及宝石和玉石的关系

一、矿物和岩石的关系

岩石就是天然产出的由一种或多种造岩矿物（包括火山玻璃、生物遗骸、胶体）组成的固态集合体。

由此我们不难看出，岩石是由一种或几种矿物组成的集合体。其中由一种矿物组成的岩石称作单矿岩，如大理岩由方解石组成，石英岩由石英组成等；有数种矿物组成的岩石称作复矿岩，如花岗岩由石英、长石和云母等矿物组成，辉长岩由基性斜长石和辉石组成等。

矿物是构成岩石的基本单元。目前自然界已被发现的矿物约3 000多种，而主要的常见矿物约有200多种，其中常见的造岩矿物（构成岩石的矿物）也只有30多种，如辉石、角闪石、石英、长石、方解石等。

二、宝石和玉石的关系

宝石指由自然界产出，具有美观（由颜色、透明度、纯净度、光泽、特殊光学效应等因素构成）、耐久、稀少性，可加工成装饰品的矿物单晶体或双晶。如钻石、祖母绿、石榴石等。

玉石指由自然界产出的，具有美观、耐久、稀少性和工艺价值的矿物集合体，少数为非晶质体。如翡翠、软玉等。

宝石是由单一晶体组成的，它们的晶体都具有规则的外形，如钻石和尖晶石的八面体晶形，石榴石的菱形十二面体晶形等。单晶体的宝石一般脆性比较大，撞击敲打都容易产生裂隙，并且一有裂隙可能就会深入到内部，因此天然的宝石出现裂隙是比较常见的。加工时主要将宝石磨制成一些规则的几何多面体，如圆钻形、梨形、椭圆形、橄榄形（马眼形）、祖母绿形等，主要突出宝石的颜色、光亮程度、火彩、透明度和规则美观的几何外形。宝石是西方直观的文化性表现，如结婚纪念、生日纪念、价值体现、身份体现和装饰性体现。

玉石是由多个宝石矿物的集合体组成，玉石的种类很多，常见的有翡翠、白玉、岫玉、独山玉、玛瑙、石英岩玉，寿山石、鸡血石、孔雀石和绿松石等。玉石不会有规则的几何外形，但韧性较好，不容易产生裂隙，加工主要是以雕刻琢磨工艺为主，可以加工成各种图案，反映一定的文化寓意，所谓"玉不琢不成器"。玉石主要强调的是颜色、质地的细腻、光滑圆润、通透明亮程度和文化性的表现。玉石最强调文化性寓意的体现，是东方含蓄文化的典型代表，一块好的玉石雕件，需要人们仔细揣摩、耐心寻味。

第二章　宝石矿物的化学成分

第一节　宝石矿物化学成分特点

从晶体化学的角度，宝石矿物可划分为含氧盐类、氧化物类和自然元素类三大类。

一、含氧盐类

大部分宝石矿物属于含氧盐类，其中又以硅酸盐类矿物居多。据统计，宝石矿物中硅酸盐类矿物约占一半，还有少量宝石矿物属碳酸盐、磷酸盐、硫酸盐和硼酸盐类。

1. 硅酸盐类

在硅酸盐宝石矿物的晶体结构中，每个 Si 一般被 4 个 O 所包围，构成$[SiO_4]$四面体，它是硅酸盐的基本构造单元。不同硅酸盐中$[SiO_4]$四面体基本保持不变。硅氧四面体在结构中可以孤立地存在，也可以以其角顶相互连接而形成多种复杂的络阴离子。根据硅氧四面体在晶体结构中的连接方式，可分成以下几种。

1)岛状硅氧骨干

单个硅氧四面体$[SiO_4]$或每两个四面体以一个公共角顶相连组成双四面体在结构中独立存在。它们彼此之间靠其他金属阳离子(如 Zr^{4+}、Fe^{2+}、Mg^{2+}、Ca^{2+}等)来连接，它们之间并不相连，因而呈独立的岛状。属于此类的宝石矿物有锆石 $Zr[SiO_4]$、橄榄石$(Mg,Fe)_2[SiO_4]$、黄玉 $Al_2[SiO_4](F,OH)_2$、榍石 $CaTi[SiO_4]O$ 和绿帘石 $Ca_2Fe^{3+}Al_2[Si_2O_7][SiO_4]O(OH)$等。

2)环状硅氧骨干

$[SiO_4]$四面体以角顶联结形成封闭的环，根据$[SiO_4]$四面体环节的数目可以分为三环$[Si_3O_9]$，如蓝锥矿 $BaTi[Si_3O_9]$；四环$[Si_4O_{12}]$(无宝石矿物具四环硅氧骨干)；六环$[Si_6O_{18}]$，如绿柱石 $Be_3Al_2[Si_6O_{18}]$、堇青石$(Mg,Fe)_2Al_3Al$

$[Si_5O_{18}]$和电气石 $Na(Mg,Fe,Mn,Li,Al)_3Al_6[Si_6O_{18}][BO_3]_3(OH,F)_4$。

3)链状硅氧骨干

$[SiO_4]$四面体以角顶联结成沿一个方向无限延伸的链,其中常见的有单链和双链,属于此类的宝玉石有翡翠、软玉、透辉石和蔷薇辉石等。

4)架状硅氧骨干

每个$[SiO_4]$四面体 4 个角顶全部与其相邻的 4 个$[SiO_4]$四面体共用,每个 O 与两个 Si 相联结,组成在三维空间中无限扩展的骨架。属于此类的宝石矿物有月光石、日光石、拉长石、天河石和方柱石等。

2. 碳酸盐类

络阴离子$[CO_3]^{2-}$呈平面等边三角形,C^{4-}位于其中心,C—O 间以共价键联结。$[CO_3]^{2-}$与络阴离子团外的阳离子以离子键联结。属于此类的宝石矿物有方解石、白云石和大理岩等。

3. 磷酸盐类

该类含有磷酸根$[PO_4]^{3-}$。由于半径较大,因而要求半径较大的阳离子(如Ca^{2+}、Pb^{2+}等)与之结合才能形成稳定的磷酸盐。此类矿物成分复杂,往往有附加阴离子。属于此类的宝石矿物有磷灰石 $Ca_5[PO_4]_3(F,Cl,OH)$和绿松石 $CuAl_6[PO_4]_4(OH)_8 \cdot 4H_2O$ 等。

4. 硫酸盐类

是由硫酸根离子$[SO_4]^{2-}$与其他金属离子组成的化合物。由于硫是一种变价元素,在自然界它可以呈不同的价态形成不同的矿物。当它以最高的价态 S^{6+}与 4 个 O^{2-}结合成$[SO_4]^{2-}$,再与金属元素阳离子结合即形成硫酸盐。属于此类的宝石矿物有重晶石 $Ba[SO_4]$。

5. 硼酸盐类

硼酸盐是一类含硼的化合物。硼酸盐络阴离子中的 B 既可呈三次配位的三角形,又可呈四次配位的四面体,且两者可以同时出现于络阴离子中。属于硼酸盐的宝石矿物有硼铝镁石 $MgAl[BO_4]$。

二、氧化物类

氧化物是一系列金属和非金属元素与氧阴离子 O^{2-}结合(以离子键为主)而

成的化合物，其中包括含水氧化物。这些金属和非金属元素主要有 Si、Al、Fe、Mn、Ti、Cr 等。阴离子一般按立方或六方最紧密堆积，而阳离子则充填于其四面体或八面体空隙中。属于简单氧化物的宝石有刚玉(Al_2O_3)的红宝石、蓝宝石，SiO_2 类矿物(SiO_2 和 $SiO_2 \cdot nH_2O$)的紫晶、黄晶、水晶、烟晶、芙蓉石、玉髓、欧泊、蛋白石等。属于复杂氧化物的宝石矿物有尖晶石$(Mg,Fe)Al_2O_4$ 和金绿宝石 $BeAl_2O_4$ 等。

三、自然元素类

在自然界以单质形式存在的矿物。目前已知的自然元素矿物超过 50 种约占地壳总重量的 1‰，分布极不均匀。其中有些可显著富集，甚至形成矿床。属于此类的宝石矿物有钻石(成分为 C)。

第二节　宝石矿物化学成分的变化

宝石矿物的化学成分和晶体结构是决定一个宝石矿物种的两个最基本的因素。只考虑其化学成分，不考虑晶体结构不能确定宝石的种；同样只考虑其晶体结构而不考虑化学成分也不能确定宝石种。例如，化学成分为碳(C)的固体，只有当 C 分布于立方晶胞的 8 个角顶和 6 个面中心时，才能确定其为金刚石；而如果 C 原子成层排列时，只能确定为石墨。同样，都具立方面心格子构造的固体，化学成分为 NaCl 时，其为石盐，而化学成分为 CaF_2 时，其为萤石。因此，化学成分是宝石矿物存在的物质基础，晶体结构是其存在的表现形式，二者是相互依存的。很显然，矿物的化学成分和结构是决定宝石矿物一切性质的最基本因素。

宝石矿物的化学成分无论是单质还是化合物，并不是绝对不变的，通常都在一定的范围内有所变化。引起宝石矿物化学成分变化的原因，对晶质矿物而言，主要是元素的类质同象代替，如宝石矿物刚玉(Al_2O_3)，当其纯净时，呈无色透明。若 Al 被少量的 Cr 所替代，则呈现红色，称为红宝石；若 Al 被 Ti、Fe 代替，则呈现蓝色，称为蓝宝石。通常所说的某种宝石矿物成分中含有某些混入物，除了因类质同象代替和吸附而存在的成分外，还包括以显微包裹体形式存在的机械混入物。对宝石矿物而言，杂质组分的介入是极其重要的，它可使宝石矿物呈现各种漂亮迷人的颜色(如祖母绿因含有微量 Cr 元素而呈现美丽的翠绿色)，也可使部分宝石矿物具有特殊的光学效应(如星光效应和猫眼效应等)。

自然界只有少数一些宝石矿物具有比较稳定的化学成分(如石英)，其阳离子和阴离子结合时，遵守元素化合的定比定律和倍比定律。类质同象作用使宝石矿物化学成分在一定范围内产生变化，矿物中互相替换的元素之间的原子数是可变的，但互相替换的元素在晶格中占有的相同结构位置，具有相同的作用，因而把它们作为一个整体来看，则它们与其他元素之间的关系还是符合定比定律和倍比定律要求的。

第三节 宝石矿物中的水

在一些宝石矿物中水起着重要作用，水是这些宝石矿物的一种重要组成部分，宝石矿物的许多性质与其所含的水有关。根据宝石矿物中水的存在形式以及它们在晶体结构中的作用，可以把水分为两类：一类是参加晶格或与宝石矿物晶体结构密切相关的，包括结构水、结晶水；另一类是不参加晶格，与宝石矿物晶体结构无关的，统称为吸附水。

一、结构水

结构水又称化合水，是以$(OH)^-$、H^+、$(H_3O)^+$离子形式参加宝石矿物晶格的“水”，其中$(OH)^-$形式最为常见。结构水在晶格中占有固定的位置，在组成上具有确定的比例。由于与其他质点有较强的键力联系，结构水需要较高的温度（通常在600℃～1 000℃之间）才能逸出。当其逸出后，晶体结构完全破坏。

许多宝石矿物都含有这种结构水，例如：碧玺$NaMg_3Al_6(Si_6O_{18})(BO_3)_3(OH)_4$、黄玉$Al_2SiO_4(OH,F)_2$和磷灰石$Ca_5(PO_4)_3(F,Cl,OH)$等。

二、结晶水

结晶水是指以中性水分子(H_2O)的形式存在于宝石矿物晶格中的一定位置上的水，它是矿物化学组成的一部分。水分子数量与宝石矿物的其他成分之间常成简单比例。结晶水从矿物中逸出的温度一般不超过600℃，通常为100℃～200℃。当结晶水失去时，晶体的结构将被破坏并形成新的结构。比如绿松石就是一种含结晶水的磷酸盐，分子式为$CuAl_6[PO_4]_4(OH)_8 \cdot 4H_2O$，其中$H_2O$含量达19.47%。

三、吸附水

吸附水是指不参加宝石矿物晶格中，仅渗入在宝石矿物集合体中，为宝石矿物颗粒或裂隙表面机械吸附的中性的H_2O分子，因此吸附水不属于宝石矿物的化学成分，不写入化学式。它们在宝石矿物中的含量不定，随温度和湿度变化。常压下，温度达到100℃～110℃时吸附水就全部从宝石矿物中逸出而不破坏晶格。吸附水可呈气态、液态或固态。

作为胶体矿物中的分散媒存在的胶体水，是吸附水的一种特殊类型，它是胶体矿物本身固有的特征，因此应作为重要组分列入矿物化学式，但其含量不固定。如蛋白石 $SiO_2 \cdot nH_2O$。

虽然吸附水不参加宝石矿物的晶格，但它们对宝石矿物的外观影响很大，如失去吸附水将使欧泊丧失美丽的变彩。

第四节　宝石矿物的化学式

宝石矿物的化学成分以宝石矿物的化学式表达，即用组成宝石矿物的化学元素符号按一定原则表示出来，它是以单矿物的化学全分析所得的各组分的相对质量分数为基础而计算出来的。具体表示方法有实验式和结构式两种。

一、实验式

只表示宝石矿物化学成分中各种组分数量比的化学式称为“实验式”。实验式不能反映出宝石矿物中各组分之间的相互关系。如橄榄石实验式为 $MgO \cdot FeO \cdot SiO_2$。

二、结构式

目前在宝石矿物学中普遍采用的是“晶体化学式”（简称结构式）。它既能表明宝石矿物中各组分的种类和数量比，又能反映它们在晶格中的相互关系及其存在形式。如环状硅酸盐矿物电气石的晶体化学式写作：$Na(Mg,Fe,Mn,Li,Al)_3Al_6[Si_6O_{18}][BO_3]_3(OH,F)_4$，表明电气石是一种具环状结构的硅酸盐矿物，Mg，Fe，Mn 等类质同象替换普遍，此外电气石组成中还含有结构水。

晶体化学式的书写规则如下：

（1）阳离子写在化学式的前面，阴离子或络阴离子在后。络阴离子需用方括号括起来。如石英 SiO_2，橄榄石 $(Mg,Fe)_2[SiO_4]$。

（2）对于复化合物，阳离子按其碱性由强到弱，价态从低到高的顺序排列。如透辉石 $CaMg[Si_2O_6]$，磁铁矿 $FeFe_2O_4$（即 $Fe^{2+}Fe^{3+}_2O_4$）。

（3）附加阴离子通常写在阴离子或络阴离子之后。如黄玉 $Al_2[SiO_4](F,OH)_2$。

(4)矿物中的水分子写在化学式的最末尾,并用圆点将其与其他组分隔开,当水含量不确定时用 nH_2O 表示。如蛋白石 $SiO_2 \cdot nH_2O$。

(5)互为类质同象替代的离子用圆括号括起来,并按含量由多到少的顺序排列,中间用逗号分开。如橄榄石 $(Mg,Fe)_2[SiO_4]$,电气石 $Na(Mg,Fe,Mn,Li,Al)_3Al_6[Si_6O_{18}][BO_3]_3(OH,F)_4$。

晶体化学式可以明确地反映出宝石矿物的结构特点和分类,使人们比较容易联想到宝石矿物的性质,所以在宝石矿物学中普遍采用晶体化学式。

第三章　宝石矿物的形态

宝石矿物的形态是指宝石矿物的单体及同种宝石矿物集合体的形态，形态是宝石矿物的重要外表特征之一，它取决于宝石矿物的化学成分和内部结构，故可作为宝石矿物的重要鉴定特征。如金刚石常呈八面体形态，石榴石晶体常呈粒状，斜长石晶体常呈板状，硬玉晶体常呈粒状，这些都是它们的重要鉴定特征。同时，宝石矿物形态还受到其形成时的外界环境的制约，是研究宝石矿物成因的重要标志。

宝石矿物晶体及其规则连生体的形态已在第一篇中介绍，本章主要介绍与实际矿物晶体形态有关的内容，包括晶体习性、晶面花纹和宝石矿物集合体形态。

第一节　宝石矿物单体的形态

宝石矿物单体的形态是指宝石矿物单晶体的形态，它包括整个晶体的外貌及晶面花纹特征。

一、晶体习性

宝石矿物晶体在一定的外界条件下，常常趋向于形成某种特定的习见形态，称为宝石矿物的晶体习性，也称结晶习性。其含义主要强调矿物晶体的总体外貌特征，即主要考虑晶体在三维空间相对发育的情况和形态，有时也具体指晶体常见的单形的种类。

根据晶体在三度空间的发育程度，可将晶体习性大致分为3种类型。

1. 粒状

三向等长型，矿物晶体沿三个方向发育大致相等，呈粒状或等轴状。如图3-1所示为粒状的金刚石、萤石和石榴石。岩浆岩中的橄榄石、石英以及大理岩中的方解石等非等轴晶系的矿物，也可以呈粒状形态出现，因为它们的晶体向各向伸长的倾向差别较小，在不具备自由发育的空间条件时也会形成三向基本相等的颗粒。

金刚石 萤石 石榴石

图 3-1 粒状金刚石、萤石和石榴石

2. 片状和板状

二向延展型，晶体沿两个方向相对更发育，呈板状、片状、鳞片状和叶片状等。如重晶石、石膏、透长石等板状晶体（图 3-2）；当单体厚度较小时，称为片状，如云母、石墨。

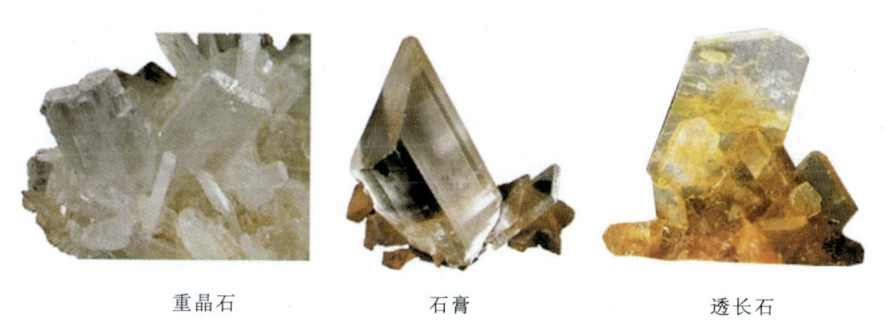
重晶石 石膏 透长石

图 3-2 板状重晶石、石膏和透长石晶体

3. 柱状

一向延长型，晶体沿一个方向特别发育，呈柱状、针状和纤维状等。如绿柱石、电气石、水晶等（图 3-3）。当矿物柱体更加细长或长而弯曲时，还可以用更加形象化的术语，如针状、毛发状。

晶体习性是晶体的化学成分和内部结构以及生长环境的物理化学条件和空间条件的综合体现。化学成分简单、结构对称程度高的晶体，一般呈等轴状，如自然金（Au）和石盐（NaCl）等。实际晶体往往沿其内部结构中化学键强的方向

图 3-3　绿柱石、电气石、水晶柱状晶体

发育，如金红石、辉石和角闪石等链状结构的矿物呈柱状、针状晶体，而云母、石墨等层状结构的矿物则呈片状、鳞片状晶体。

二、晶面花纹

自然界宝石矿物晶体形成过程中，由于受复杂的外界条件及空间的影响，往往长成偏离理想形态的歪晶，且在实际晶面上，常具某些规则的花纹，即晶面花纹，如晶面条纹、蚀像、生长丘等。晶面花纹对不同的宝石矿物来说都有各自的特色，因此它可以作为宝石矿物的鉴定标志。

1. 晶面条纹

由于不同单形的细窄晶面反复相聚、交替生长而在晶面上出现的一系列直线状平行条纹，也称聚形条纹。这是晶体的一种阶梯状生长现象，只见于晶面上，故又称生长条纹。例如，内生黄铁矿的立方体及五角十二面体的晶面上常可出现 3 组相互垂直的条纹，它是由上述两种单形的晶面交替生长所致(图 3-4)；α-石英晶体的六方柱晶面上常见六方柱与菱面体的细窄晶面交替发育而成聚形横纹[图 3-5(a)]；电气石晶体具有由三方柱和六方柱反复相聚而形成的柱面纵纹[图 3-5(b)]。

2. 蚀像

晶体形成后，晶面因受溶蚀而留下的一定形状的凹坑(即蚀坑)。蚀像的形状和分布主要受晶面内质点排列方式的控制。不同种类的晶体，蚀像的形状和位向一般不同,同一晶体不同单形的晶面上也不一样。晶体上性质相同的晶面上的蚀像相同。同一晶体上属于一种单形的晶面其蚀像才相同。

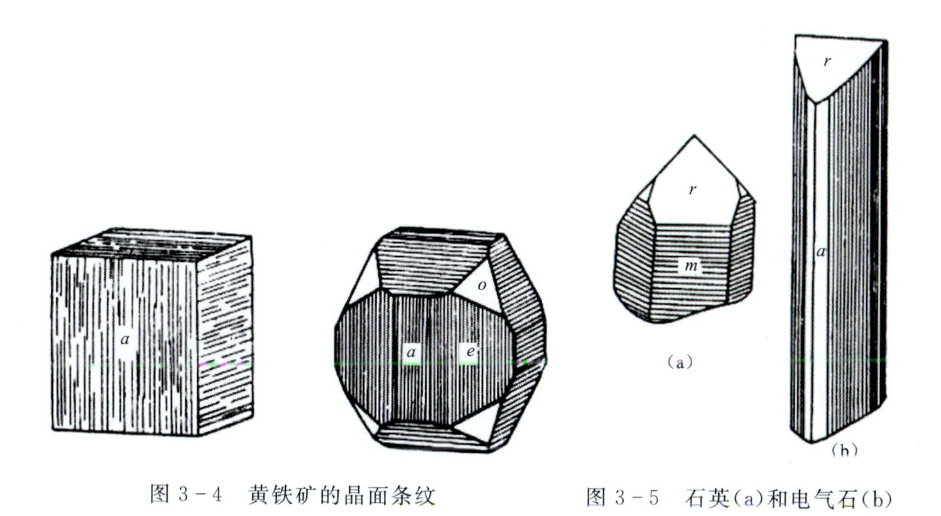

图 3-4 黄铁矿的晶面条纹
(引自潘兆橹等,1993)

图 3-5 石英(a)和电气石(b)的晶面条纹

3. 生长丘

生长丘是指晶体生长过程中形成的、略凸出于晶面之上的丘状体。如图 3-6 中绿柱石晶面$(11\bar{2}1)$上的生长丘和金刚石晶面上的生长丘。

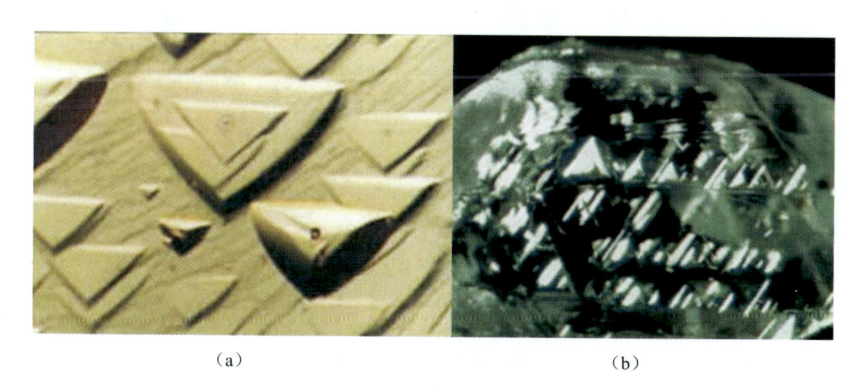

(a) (b)

图 3-6 绿柱石(a)和金刚石(b)晶面上的生长丘
[引自中国地质大学(武汉)精品课程网站]

第二节　宝石矿物集合体形态

同种宝石矿物的多个单体聚集在一起的整体称为宝石矿物集合体。自然界中宝石矿物大多数以集合体的形式产出，集合体的形态取决于其单体的形态及集合方式。宝石矿物集合体按其中单体的大小分为显晶集合体和隐晶集合体两类。

一、显晶集合体

肉眼或借助于放大镜即能分辨出矿物各单体的集合体称为显晶集合体。根据单体的结晶习性及集合方式的不同可分为粒状、片状、板状、针状、柱状、棒状、放射状、纤维状等集合体。

除以上集合方式外，还常见有单体按某种特殊方式组成的集合体。

1. 晶簇

在岩石的空洞或裂隙中丛生于同一基底，一端朝向自由空间的一群晶体称为晶簇。如常见的石英晶簇(图 3－7)、方解石晶簇等。由于受几何淘汰律的制约，晶簇中具一向延长的单晶体往往最终发育成与基底近于垂直的、大致平行排列的梳状晶簇。

图 3－7　石英晶簇

2. 放射状集合体

放射状集合体由呈柱状、针状、片状或板状的矿物单体，以一点为中心向四周呈放射状排列而成[图 3-8(a)]。

3. 纤维状集合体

纤维状集合体由一系列细长针状或纤维状的宝石矿物单体平行密集排列而成[图 3-8(b)]。如纤维状石膏和石棉。

4. 树枝状集合体

晶体由一个晶芽开始长大，在棱角处不断分枝形成树枝状的集合体[图 3-8(c)]。

(a) (b) (c)

图 3-8 放射状、纤维状和树枝状集合体

(a)放射状集合体；(b)纤维状集合体；(c)树枝状集合体

二、隐晶集合体

只有在显微镜下才可分辨矿物单体的集合体称为隐晶集合体。而胶态集合体即使在显微镜下也不能辨别出单体的界线。按其形成方式及外貌特征，常见的隐晶及胶态集合体主要有以下几种。

1. 钟乳状集合体

钟乳状集合体是指在岩石的洞穴或裂隙中，由真溶液蒸发或胶体凝聚在同一基底上向外逐层堆积而形成的集合体。这类集合体内部具有同心层状、致密状构造。其外形常呈圆锥形、圆柱形、圆丘形、半球形等。这类集合体可按具体形状分别描述为钟乳状、葡萄状和肾状(图 3-9)。

(a)　　(b)　　(c)

图 3-9　钟乳状、葡萄状和肾状集合体

(a)钟乳状集合体;(b)葡萄状集合体;(c)肾状集合体

2. 结核状集合体

结核状集合体由隐晶质或胶凝物质围绕一个中心自内向外逐渐生长而成。结核一般多见于沉积岩中,常形成于海洋、湖沼沉积物中(图 3-10)。

结核形状多样,有球状、瘤状、透镜状和不规则状等,直径一般在 1cm 以上。内部具同心层状、放射纤维状或致密块状构造。如图 3-10 中的黄铁矿结核,其表面可见因胶体老化所形成的立方体晶面。

图 3-10　结核状集合体

3. 鲕状及豆状集合体

鲕状及豆状集合体是指由胶体物质围绕悬浮状态的细砂粒、矿物碎片、有机质碎屑或气泡等层层凝聚而成,并沉积于水底呈圆球状、卵球形的矿物集合体。若半数以上球粒的直径小于 2mm,其形状、大小如鱼卵的称为鲕状集合体,如鲕状赤铁矿集合体[图 3-11(a)]。若球粒大小似豌豆,其直径一般为数毫米,则称为豆状集合体，如豆状赤铁矿集合体[图 3－11(b)]。

(a)　　　　(b)

图 3－11　鲕状和豆状赤铁矿集合体

(a)鲕状赤铁矿集合体；(b)豆状赤铁矿集合体

第四章　宝石矿物的物理性质

每种宝石矿物都具有一定的物理性质，根据每种宝石矿物特有的物理性质，我们可以区分不同宝石矿物，所以宝石矿物的物理性质是鉴定宝石矿物的重要依据。

宝石矿物的物理性质取决于宝石矿物本身的化学组成和内部结构，由于宝石矿物一般都是晶体，因而其物理性质具有均一性、对称性和异向性。

某些宝石矿物的物理性质还被广泛应用于国民经济中。如金刚石和刚玉因其高硬度而被用作研磨材料和精密仪器的轴承；石英因其压电性而用于电子工业作振荡元件；重晶石因密度大可作为钻井泥浆的加重剂以防止井喷的发生；云母的绝缘性能可用作绝缘材料等。

第一节　宝石矿物的力学性质

宝石矿物在外力作用下（如敲打、挤压和刻划等）所表现的性质称为力学性质。

一、宝石矿物的硬度

宝石矿物的硬度是指矿物抵抗外力刻划、压入、研磨的能力。它是宝石矿物的重要鉴定特征之一。硬度有两种表示方法：摩氏硬度（相对硬度）和维氏硬度（绝对硬度）。

1. 摩氏硬度（相对硬度）

在肉眼鉴定中一般多采用摩氏硬度来表示宝石矿物的相对硬度。早在1812年，奥地利矿物学家 Friedrich mohs 提出用10种矿物来衡量矿物的硬度，将矿物的硬度分为10级，这就是摩氏硬度计（表4－1）。

通常用摩氏硬度计作为硬度等级的标准，其他宝石矿物的硬度是与摩氏硬度计中的标准矿物互相刻划，相比较来确定的。在野外工作中，用摩氏硬度计中的矿物作为比较标准有时不够方便，常借用指甲（2）、铜针（3）、小刀（5.5～6）等代替标准硬度的矿物来帮助估测被鉴定矿物的硬度。

表 4-1　摩氏硬度计

摩氏硬度计十种矿物				
1	2	3	4	5
滑石	石膏	方解石	萤石	磷灰石
6	7	8	9	10
正长石	石英	黄玉	刚玉	金刚石

2. 维氏硬度(绝对硬度)

摩氏硬度是一种相对硬度,应用时极为方便,但较粗略。因此在对宝石矿物作详细研究时,常需要测宝石矿物的绝对硬度。通常采用的绝对硬度值是维克用压入法测定的,称为维氏硬度(表 4-2)。

表 4-2　摩氏硬度和维氏硬度对比

摩氏硬度	矿物	维氏硬度(kg/mm^2)	摩氏硬度	矿物	维氏硬度(kg/mm^2)
1	滑石	2	6	正长石	930
2	石膏	35	7	石英	1 120
3	方解石	172	8	黄玉	1 250
4	萤石	248	9	刚玉	2 100
5	磷灰石	610	10	金刚石	10 000

摩氏硬度每种矿物的硬度差值为1,但每种矿物的维氏硬度却差别巨大,尤其是金刚石,其维氏硬度值远远高于刚玉(图4-1)。

3. 宝石矿物硬度的各向异性

指同一宝石矿物晶体的不同方向上,因晶体结构的不同而硬度有所差异的现象。如蓝晶石在(100)晶面上平行c轴方向的硬度为4.5,垂直c轴方向的硬度为6。又如金刚石其硬度在平行八面体的方向上大于立方体和菱形十二面体。因此,在用于加工金刚石的一大堆金刚石粉末中,总会存在大量的颗粒,其排列方向适合于研磨或抛光金刚石,即用硬度大的方向研磨硬度小的方向。人们就是利用金刚石存在方向性硬度差异这一特征,用金刚石粉末切割、研磨和抛光钻石。

4. 影响宝石矿物硬度的因素

宝石矿物硬度是内部结构牢固程度的表现,主要取决于化学键的类型和强度。共价键型矿物硬度最高、离子键型矿物硬度较高、金属键型矿物硬度较低、分子键型矿物硬度最低。决定化学键强度的因素及对硬度的影响有以下几个方面。

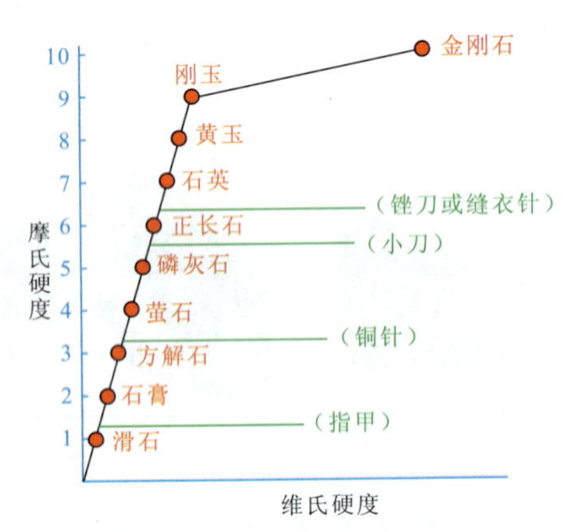

图4-1 摩氏硬度和维氏硬度对比

1)原子价态和原子间距

宝石矿物的硬度随组成宝石矿物的原子或离子电价的增高而增大,与原子间距的平方成反比。

2)原子的配位数

在其他条件相同的情况下,宝石矿物硬度随原子配位数增大而增大。

3)离子-共价键的状态

大多数宝石矿物中,组成元素之间的化学键为离子-共价键的中间过渡类型,硬度随共价性程度的增大而增大。

二、宝石矿物的脆性和延展性

1. 脆性

宝石矿物受外力作用容易破碎的性质称为脆性,它与宝石矿物的硬度无关。自然界绝大多数非金属矿物都具有脆性,如金刚石、萤石和石榴石等。

宝石矿物抵抗打击撕拉破碎的能力称为韧度。受打击易碎裂为脆性，反之，抗打击撕拉碎裂性能强者具韧性，所以也称韧度为打击硬度。

韧度与硬度不具正相关关系，主要与宝石矿物的结构构造有关，无色金刚石的硬度在所有物质中是最大的，但其韧度不如具纤维交织结构的软玉。

常见宝石矿物的韧度从高到低的排序为：软玉、翡翠、刚玉、金刚石、水晶、海蓝宝石、橄榄石、绿柱石、托帕石、月光石、金绿宝石、萤石。

2. 延展性

宝石矿物在锤击或拉伸下容易形成薄片和细丝的性质称为延展性。通常温度升高，延展性增强。

延展性是金属矿物的一种特性，金属键的矿物在外力作用下的一个特征就是产生塑性形变，这就意味着离子能够移动重新排列而不失去黏结力，这是金属键矿物具有延展性的根本原因。自然金属矿物，如自然金、自然银、自然铜等均具有极好的延展性。

三、宝石矿物的解理、裂开和断口

1. 解理

宝石矿物受外力（敲打、挤压）作用后，沿着一定的结晶学方向裂开成光滑平面的性质称为解理。这些裂开的平面称为解理面。

1）影响解理的因素

解理是宝石矿物晶体才具有的特性，严格受其晶体结构因素——晶格、化学键类型及其强度和分布的控制，解理面常沿面网间化学键力最弱的面网产生，主要表现在以下几方面。

（1）解理面一般平行于面网密度最大的面网。因为从几何角度看，面网密度越大，面网间距也大，面网间的引力就小，故解理容易沿此方向产生。如金刚石的解理平行{111}[图 4-2(a)]。

（2）平行于由异号离子组成的电性中和的面网。因为电性中和的面网，网内静电引力强，而相邻面网间静电引力弱。如石盐的晶体结构中，{100}是由 Na^+ 和 Cl^- 组成，且数量相等而达到电性中和，故石盐沿{100}产生解理[图 4-2(b)]。

（3）当相邻面网为同号离子的面网时，其间易产生解理。因同号离子的斥力使其相邻面网间连系力弱。如萤石沿{111}方向有由 F^- 组成的两个相邻面网，其解理平行{111}面产生[图 4-2(c)]。

（4）平行于化学键力最强的方向。如石墨为层状结构，层内 C—C 的离子间

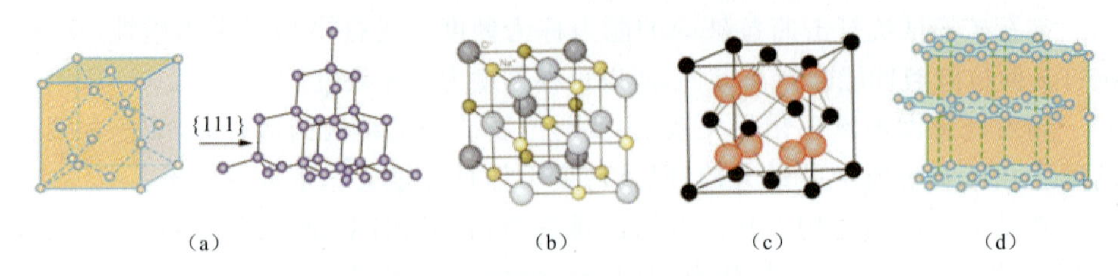

图 4－2　解理产生的原因图示

(a)金刚石；(b)石盐；(c)萤石；(d)石墨

距为 0.142nm，具共价键和 π 键；而层间距离为 0.340nm，具分子键。显然层内键力比层间的键力强，故石墨解理沿{0001}层的方向产生[图 4－2(d)]。

2)解理的分级

根据解理的完好程度，一般分为 5 级。

(1)极完全解理：极易获得解理，解理面大而平坦，极光滑，解理片极薄，如云母、石墨等的解理[图 4－3(a)]。

(2)完全解理：易获得解理，常裂成规则的解理块，解理面较大光滑而平坦，如方解石、方铅矿等[图 4－3(b)]。

(3)中等解理：较易得到解理，但解理面不大，平坦和光滑程度也较差，碎块上既有解理面又有断口，如普通辉石等矿物的解理[图 4－3(c)]。

(4)不完全解理：较难得到解理，解理面小且不光滑平坦，碎块上主要是断口，如磷灰石、绿柱石[图 4－3(d)]。

(5)极不完全解理：很难得到解理，仅在显微镜下偶尔可见零星的解理面，石英一般认为没有解理[图 4－3(e)]。

图 4－3　矿物解理等级图示

(a)云母；(b)方解石；(c)普通辉石；(d)磷灰石；(e)石英

解理直接决定于晶体结构，是晶体的最稳定性质之一。有某方向解理的晶体，在其任何单体上都可以产生该方向的解理。而且沿该方向产生的解理，在晶体上任何部分都同样可以产生。因此解理是鉴定宝石矿物的最重要的特征之一。不同种的宝石矿物，其解理特征不同，有的无解理，有的有一组解理，而有的则有几组解理。表 4－3 列出了常见宝石矿物的解理等级和组数。

表 4－3　常见宝石矿物解理情况

宝石矿物	晶系	解理方向	解理方向数	解理程度
金刚石	等轴晶系	八面体	4	中等
闪锌矿	等轴晶系	菱形十二面体	6	完全
萤石	等轴晶系	八面体	4	完全
锆石	四方晶系	柱体	2	不完全解理
黄玉	斜方晶系	底面	1	完全
锂辉石	单斜晶系	柱体	2	完全
正长石	单斜晶系	底面或柱体	4	完全(底面)
磷灰石	六方晶系	底面	1	不完全解理
方解石	三方晶系	菱面体	3	完全

2. 裂开

裂开(也叫裂理)，是宝石矿物晶体在外力作用下沿着一定结晶学方向裂开的性质。裂开的面称为裂开面。从外表看，它同解理很相似，但二者的成因不同。

(1)裂开面可能是沿着双晶接合面，特别是聚片双晶的接合面发生的。

(2)裂开面的产生还可能是因为沿某一面网存在有他种成分的细微包裹体，或者是固溶体离溶物，这些物质作为该方向面网间的夹层，有规律地分布着使矿物产生裂开。

所以，裂开和解理本质上是不同的，同种宝石矿物并非都有裂开的性质，它不是宝石矿物固有的特性；而解理则不然，凡是具有解理的宝石矿物，其所有宝石矿物个体中皆存在解理。

3. 断口

宝石矿物受外力作用下，在任意方向破裂成各种凹凸不平的断面，称为断口。断口在宝石矿物晶体、集合体及非晶质体中均可出现。在晶体中，断口和解理是互为消长的。根据断口的形状，断口可分为以下几种。

(1)贝壳状断口。呈圆形的光滑曲面，面上常出现不规则的同心条纹，形似贝壳状。如石英和玻璃的贝壳状断口[图 4－4(a)]。

(2)参差状断口。呈参差不齐、粗糙不平的形状,大多数脆性矿物以及块状和粒状矿物集合体常具这种断口[图 4-4(b)]。

(3)锯齿状断口。断口呈尖锐的锯齿状。延展性很强的矿物具有此种断口。如自然铜[图 4-4(c)]。

(4)土状断口。为土状矿物如高岭石等所特有的粗糙断口,断口面呈细粉状[图 4-4(d)]。

(a) (b) (c) (d)

图 4-4 断口图示

(a)贝壳状断口;(b)参差状断口;(c)锯齿状断口;(d)土状断口

四、相对密度

1. 概念

宝石矿物的密度是指宝石矿物单位体积的质量,其单位为 g/cm^3。它可以根据宝石矿物的晶胞大小及其所含的分子数和分子量计算得出。例如,石英的密度为 $2.65g/cm^3$;4℃时纯水的密度为 $1g/cm^3$。

宝石矿物的相对密度是指纯净的单矿物在空气中的质量与4℃时同体积的水的质量之比。相对密度无量纲,其数值与密度相同,但它更易测定。常见宝石矿物的相对密度见表 4-4。

$$相对密度=\frac{宝石矿物在空气中的质量}{宝石矿物在空气中的质量-宝石矿物在水中的质量}$$

宝石矿物的相对密度是宝石矿物晶体化学特点在物理性质上的又一反映,主要取决于其组成元素的相对原子质量、原子或离子的半径及结构的紧密程度。

2. 影响宝石矿物相对密度的主要因素

(1)组成元素的原子量越大,相对密度越大。

(2)原子或离子半径增大,相对密度减小。

(3)质点堆积越紧密,即原子或离子的配位数越高的,其相对密度则越大。

(4)高压环境下形成的宝石矿物相对密度较大。

表 4-4　常见宝石矿物相对密度

宝石矿物	相对密度	宝石矿物	相对密度
钻石	3.52(±0.01)	电气石	3.06(+0.20,-0.60)
红宝石	4.00(±0.05)	橄榄石	3.34(+0.14,-0.07)
蓝宝石	4.00(+0.10,-0.05)	锆石	3.90～4.73
祖母绿	2.72(+0.18,-0.05)	黄玉	3.53(±0.04)
海蓝宝石	2.72(+0.18,-0.05)	水晶	2.66(+0.03,-0.02)
金绿宝石	3.73(±0.02)	月光石	2.58(±0.03)
欧泊	2.15(+0.08,-0.90)	翡翠	3.34(+0.06,-0.09)
铁铝榴石	4.05(+0.25,-0.12)	软玉	2.95(+0.15,-0.05)
锰铝榴石	4.15(+0.05,-0.03)	绿松石	2.76(+0.14,-0.36)
尖晶石	3.60(+0.10,-0.03)	孔雀石	3.95(+0.15,-0.70)

第二节　宝石矿物的光学性质

宝石矿物的光学性质主要是宝石矿物对光波的吸收、反射和折射时所表现的各种性质,也涉及由宝石矿物引起的光波干涉和散射等现象。

宝石矿物的光学性质在宝石矿物鉴定、评价以及设计加工中有重要的意义(图 4-5)。

(1)是评价宝石矿物价值高低最重要的依据。

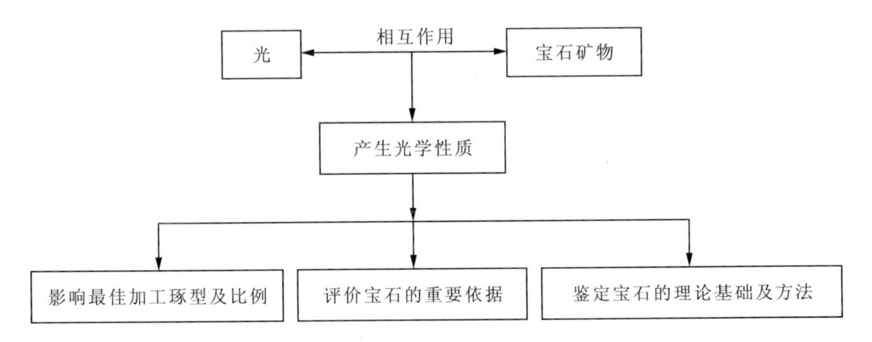

图 4-5　宝石矿物光学性质对宝石鉴定、加工的意义

(2)对宝石矿物鉴定至关重要。

(3)加工中必须充分了解宝石矿物的光学性质。

一、自然光和偏振光

1. 自然光

从光源直接发出的光,如太阳光、灯光等。自然光的特点是在垂直光波传播方向的平面内,光波沿各个方向振动且振幅相等(图4-6)。

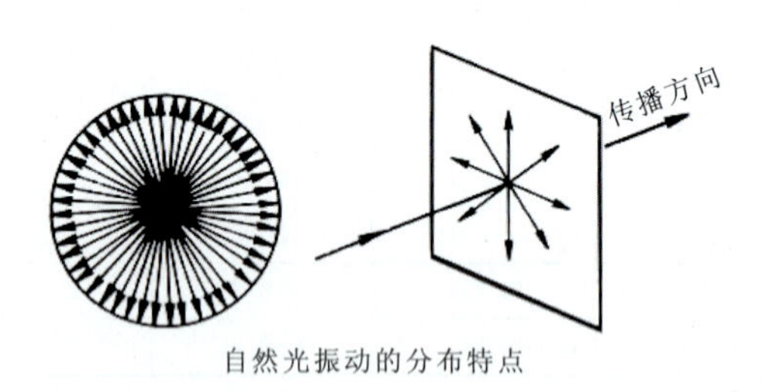

图4-6　自然光振动特点示意图

2. 偏振光

仅在垂直光波传播方向的某一固定方向振动的光波称为平面偏振光,简称偏振光或偏光(图4-7)。自然光可以通过反射、折射、双折射及选择性吸收等作用转变成偏振光。使自然光变成偏光的作用叫偏光化。

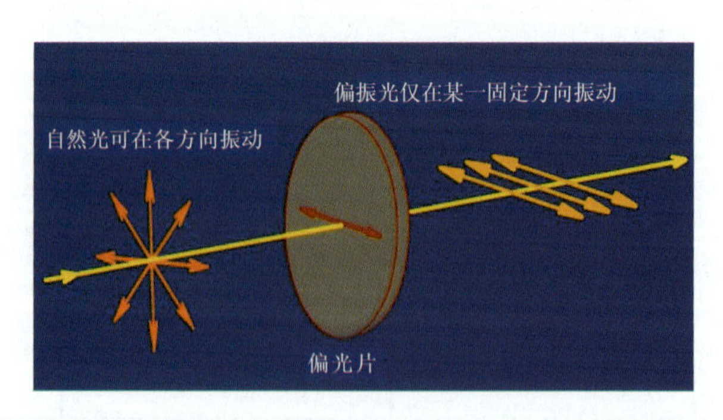

图4-7　偏振光振动特点示意图

二、光的折射、折射率和双折射率

1. 折射和折射率

当光波从一种介质传到另一种介质时，在两种介质的分界面上将发生反射、折射现象。反射光按反射定律反回原介质，折射光按折射定律进入另一介质(图4-8)。光由光疏介质进入光密介质，光折向法线；光由光密介质进入光疏介质，光折离法线。

光在入射介质中的传播速度与折射介质中的传播速度之比，等于入射角正弦与折射角正弦之比。

$$n=v_1/v_2=\sin i/\sin r$$

当两种介质一定时，n 为一常数，称为折射介质相对入射介质的相对折射率。如果入射介质为真空或空气，n 值则为折射介质的绝对折射率。

光波在介质中的传播速度快，该介质的折射率小，光波的传播速度取决于介质的密度，介质密度越小，传播速度越快。对同一种介质，红光的折射率总是小于紫光的折射率。

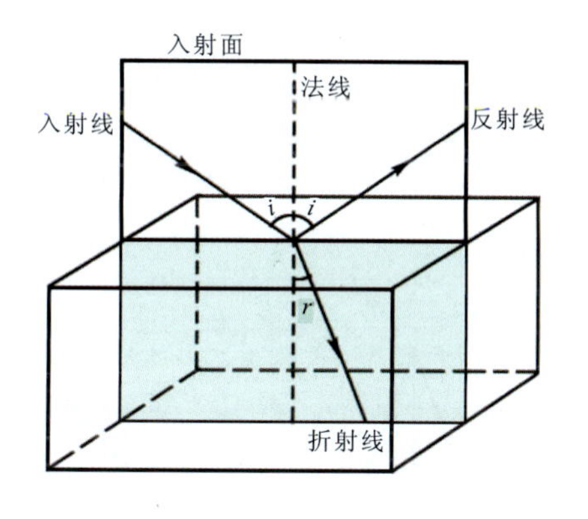

图 4-8　光线折射示意图

2. 双折射和双折射率

光波进入非均质体宝石矿物时(特殊方向除外)一般分解成振动方向互相垂直的、传播速度不等的、折射率值不等的两束偏振光，这种现象叫双折射，两个方向折射率的差值叫双折射率。图4-9显示了光波在均质体和非均质体中传播及双折射的情况。如：石英一个方向折射率为1.553，另一个方向为1.544，石英的双折射率为0.009。

三、全反射

光波由光密介质进入光疏介质，当入射角增大到某一临界角时，所有光线将返回光密介质中，这种现象叫做全反射(图4-10)。

全反射产生的条件如下。

(1)光线由光密介质射向光疏介质。

(2)入射角大于临界角,即:$i>c$。

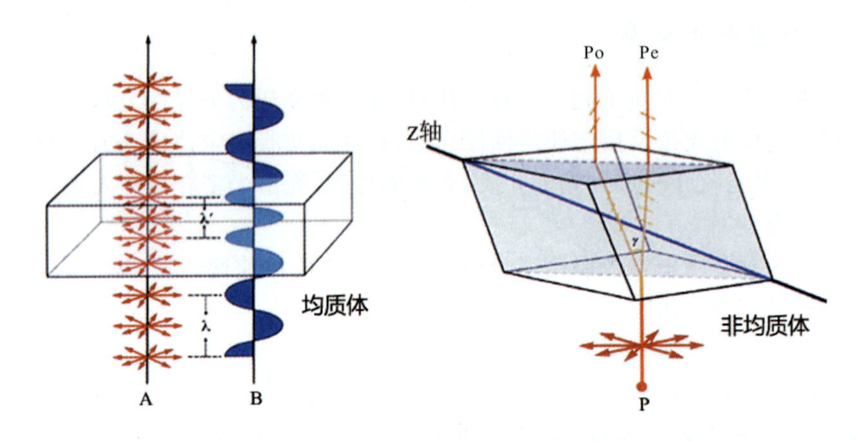

图 4-9　光波在均质体和非均质体中传播及双折射示意图

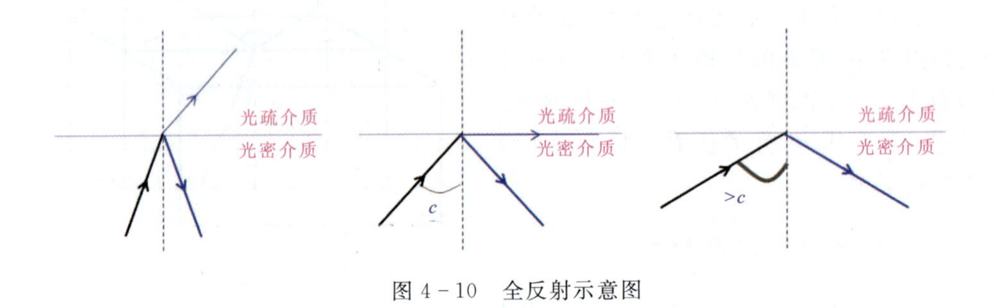

图 4-10　全反射示意图

四、宝石矿物的颜色

1. 定义

从光学的角度上讲,颜色不是物质固有的特征,它只是光作用于人的眼睛而在人的头脑中产生的一种感觉。

产生宝石矿物颜色的三要素:光源、宝石和观察者(图 4-11)。

2. 可见光光谱

可见光是一种电磁波,在整个电磁波谱中,能引起人眼视觉的仅占很小部

图 4－11　颜色产生示意图

分。物理学上将波长在 400～700nm 之间可以被人的肉眼感知的光称为可见光(图 4－12)。可见光区 400～700nm 范围内,从长波一端向短波一端的顺序为:红(630～700nm)—橙(590～630nm)—黄(550～590nm)—绿(500～550nm)—蓝(460～500nm)—青(430～460nm)—紫(400～430nm)。

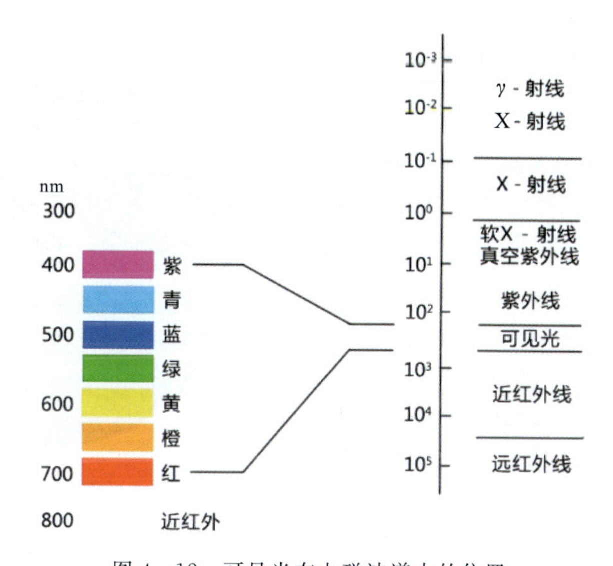

图 4－12　可见光在电磁波谱中的位置

3. 颜色三要素

根据中国颜色体系国家标准,表征颜色的 3 个重要的物理量分别为:色相、明度、饱和度。

1)色相

色相是颜色的主要标志量,是各颜色之间相互区别的重要参数,红、橙、黄、绿、蓝、青、紫及其他的一些混合色名均是由色相的不同而加以区分。

2)明度

明度(也称亮度)指光对宝石的透、反射程度,对光源来讲,即相当于它的亮度。明度是人眼对宝石表面的明暗感觉,一般而言,宝石的光反射率越高,明度越高。

3)饱和度

饱和度指彩色的浓度或彩色光所呈现颜色的深浅和鲜艳程度。

对于同一色相的彩色光,其饱和度越高,颜色就越深,或越纯;反之饱和度越小,颜色就越浅,或纯度越低。

高饱和度的彩色光可因掺入白光而降低纯度或变浅,变成低饱和度的色光。彩色光中灰色成分越多,其饱和度越低。

饱和度以可见光谱中单色光为最高或最大,作为100/100=1,当混入其他色光后变不纯,其数值变小,纯白色的饱和度等于零。

4. 宝石矿物颜色成因分类

宝石矿物的颜色是宝石矿物对入射可见光中不同波段光波选择性吸收后,透射和反射的各种波长可见光的混合色。

自然光呈白色,由红、橙、黄、绿、蓝、青、紫7种色光组成。不同颜色的光波长各不相同。不同颜色的互补关系如图4-13所示,对角扇形区为互补色。

图4-13　光的互补色

当宝石矿物对白光中不同波长的光波同等程度地均匀吸收时,宝石矿物呈现的颜色取决于吸收程度。如宝石矿物对光全部吸收时,宝石矿物呈黑色;对所有波长的色光均匀地吸收一部分,视其吸收量的多少,宝石矿物呈不同程度的灰色;基本上都不吸收则为无色或白色;选择性吸收白光中某些特定波长的色光,宝石矿物就会呈现彩色。

对于透明宝石矿物,颜色是光波被宝石矿物吸收后,透射出的光波的混合色,显示被吸收色光的补色,也叫体色,如橄榄石吸收紫光而呈橄榄绿色(图4-13)。

对于不透明宝石矿物,由于它对光波的吸收非常强,入射光难以深入宝石矿物内部,其颜色主要是宝石矿物表层对入射光吸收后再辐射出的光波的混合色,也称为表面色或反射色。

宝石矿物呈现颜色主要是由于其组成中的原子或离子之外层电子发生跃迁，选择性地吸收可见光中一定波长的光波所致；也可以是由于光的反射、衍射、干涉、散射等物理光学作用造成的呈色现象。

宝石矿物的颜色根据其产生的原因，通常可分为自色、他色和假色3种。

1)自色

自色是由宝石矿物本身固有的化学成分和内部结构所决定的颜色，如红宝石的红色、祖母绿的绿色。对同种宝石矿物而言，自色一般相当固定，因而是鉴定宝石矿物的重要依据之一。

宝石矿物的自色大多是由于组成宝石矿物的原子或离子受可见光的激发，发生电子跃迁或电荷转移而形成的，其呈色机理主要有以下4种。

(1)过渡金属阳离子内部电子跃迁。这是含过渡型离子的矿物呈色的主要方式。过渡型离子具有不饱和的外电子层结构，受配位体的作用，d轨道或f轨道会发生能级分裂，能级间的能量差与可见光中的某种波长的光波能量相当。当自然光照射时，矿物将吸收这部分色光而呈现其补色。由于电子跃迁发生在过渡型离子的d轨道或f轨道内部，因此称为d-d跃迁或f-f跃迁。例如以类质同象方式进入刚玉(Al_2O_3)中的Cr^{3+}，其3个电子位于能量较低的d轨道上，当吸收了以绿光为主的光波能量，这些电子即跃迁到能量较高的d轨道上去。由于绿光被吸收，晶体即呈现绿色的补色——红色。

(2)元素或离子间的电荷转移。当晶体中存在较易变价的离子(主要是过渡型金属阳离子)，在外加能量的激发下，宝石矿物晶体结构中变价元素的相邻离子之间可以发生电子跃迁(称为电荷转移)，而使矿物呈色。例如：蓝闪石即是由于结构中存在Fe^{2+}和Fe^{3+}之间的电荷转移而呈蓝色。

(3)能带间电子跃迁。根据能带理论，晶体中的电子按能量高低分别位于各能带中。为电子占满的能带称为满带，未占满的为导带。各能带间有一能量间隙称为禁带。电子可以由满带向导带跃迁，但必须吸收超过中间的禁带宽度所代表的能量才能发生。许多自然金属矿物或硫化物矿物的呈色，可以从能带理论得到解释。如辰砂(HgS)的禁带宽度为3.2×10^{-16}J，相当于620nm的波长，故宝石矿物能吸收除红光以外的其他色光而呈现红色。

(4)色心。色心是一种能选择性吸收可见光波的晶格缺陷，它能引起相应的电子跃迁而使宝石矿物呈色。当宝石矿物中某种元素的含量过剩或存在杂质离子以及晶格的机械变形等均可形成色心。

大部分碱金属和碱土金属化合物的呈色主要与色心有关。最常见的是由于晶格中阴离子的空位而产生F心。由于宝石矿物晶格中阴离子空位，局部正电荷过剩，能捕获电子，发生相应的电子跃迁，选择性吸收某种色光，导致宝石矿物呈现其补色。如萤石(CaF_2)的紫色、石盐(NaCl)的蓝色即分别是因晶格中 F^- 空位和 Cl^- 空位所引起的 F 心所致。

2)他色

他色是指宝石矿物因含外来带色的杂质、气液包裹体等所引起的颜色，它与宝石矿物本身的成分、结构无关，不是宝石矿物固有的颜色。

3)假色

假色是由物理光学效应所引起的颜色，是自然光照射到宝石矿物表面或进入到矿物内部所产生的干涉、衍射、散射等而引起的颜色。假色只对个别宝石矿物有辅助鉴定意义。

宝石矿物中常见的假色主要有以下几种。

(1)晕色。某些透明宝石矿物内部的解理面或裂隙对光连续反射，引起光的干涉，而使宝石矿物表面呈现出一种彩虹般的色带称为晕色[图 4-14(a)]。这在白云母、冰洲石、透石膏等无色透明晶体的解理面上常见到。

(2)晕彩。光波因薄膜反射或洐射而发生干涉作用，致使某些光波减弱或消失，某些光波加强，而产生的颜色现象称为晕彩效应。如拉长石的晕彩[图 4-14(b)]，由于拉长石在某个方向上可以闪现出像太阳光谱的七彩而得名为“光谱石”，这只是一种特殊的光学效应，偏离这个方向时就难以观察到。

(3)乳光。乳光是指宝石矿物中见到的一种类似于蛋清般略带柔和淡蓝色调的乳白色浮光[图 4-14(c)]。它是由于宝石矿物内部含有许多远比可见光波长微小的其他矿物或胶体微粒，使入射光发生漫反射而引起的。如月光石和乳蛋白石均可见到这种乳光。

(a)　　(b)　　(c)

图 4-14　矿物的假色

(a)冰洲石的晕色；(b)拉长石的晕彩；(c)月光石的乳光

五、宝石矿物的透明度

宝石矿物的透明度是指宝石矿物允许可见光透过的程度。物理学中用吸收系数来说明物体的透明度，吸收系数大的宝石矿物，其透明度就低。在宝石矿物肉眼鉴定时，通常依据宝石矿物的透光程度，将宝石矿物的透明度划分为3级。

1. 透明

能允许绝大部分光透过，宝石矿物条痕常为无色或白色或略呈浅色。如石英、方解石和普通角闪石。

2. 半透明

允许部分光透过，宝石矿物条痕呈各种彩色（如红、褐色等）。如辰砂、雄黄和黑钨矿等。

3. 不透明

基本不允许光透过，宝石矿物具黑色或金属色条痕。如方铅矿、磁铁矿和石墨等。

六、宝石矿物的光泽

宝石矿物的光泽是指宝石矿物表面对可见光的反射能力。宝石矿物反光的强弱主要取决于宝石矿物对光的折射，折射越强，宝石矿物反光能力越大，光泽越强，反之则光泽弱。

宝石矿物光泽的强弱用反射率 R 来表示。反射率是指光垂直入射宝石光面时的强度（I_o）与反射光强度（I_γ）的比值，即 $R=I_o/I_\gamma$；宝石矿物反射率的大小主要取决于折射率（n）和吸收系数（K）。

宝石矿物的光泽可分为6级。

1. 金属光泽

反光能力很强，似平滑金属磨光面的反光，$R>25\%$，其折射率值一般大于2.4。如自然铜、方铅矿和自然金等（图4-15），宝石极少具金属光泽。

2. 半金属光泽

反光能力较强，似未经磨光的金属表面的反光，$R=25\%\sim19\%$，折射率值一般为 1.85～2.40，如赤铁矿、黑钨矿。如赤铁矿、铁闪锌矿和黑钨矿等(图 4－15)。

3. 金刚光泽

反光较强，似金刚石般明亮耀眼的反光。具金刚光泽的宝石矿物，其 R＝19%～10%，表面金刚石般的光亮，透明—半透明。以钻石为代表，通常折射率值在 2.0～2.6 之间，在非金属宝石矿物中金刚光泽最强(图 4－15)。

方铅矿的金属光泽　闪锌矿的半金属光泽　金刚石的金刚光泽　锆石亚金刚光泽

图 4－15　金属光泽、半金属光泽、金刚光泽和亚金刚光泽

4. 亚金刚光泽

折射率一般为 1.8～2.0，接近于金刚光泽的反光，如：锆石、榍石等(图 4－15)。

5. 玻璃光泽

反光能力相对较弱，呈平板玻璃表面的反光。玻璃光泽的宝石矿物，其 R＝10%～4%，折射率在 1.3～1.8 之间，表面玻璃般的光亮，透明—半透明。如祖母绿、水晶、黄玉等宝石(图 4－16)。

6. 变异光泽

在宝石矿物不平坦的表面或集合体表面上，宝石矿物的光泽常会呈现出各种各样的特点，这种情况下呈现的光泽叫变异光泽。变异光泽主要有以下几种。

(1)丝绢光泽：一些透明的原具玻璃光泽或金刚光泽的宝石矿物，当它们呈纤维状集合体的形式出现时，或一些具完全解理的矿物表面所见到的一种像蚕丝和丝织品那样的光泽，如木变石、虎睛石等(图 4－16)。

(2)油脂光泽：由于极微细的粗糙表面(抛光面或断面)使光线漫反射而显示油脂般的反光现象。如软玉、蛇纹石玉、石英断口等(图 4－16)。

(3)树脂光泽：一些颜色为黄—黄褐色的宝石，断面上可以见到一种类似于松香等树脂所呈现的光泽，如琥珀(图 4 - 16)。

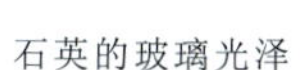

石英的玻璃光泽　虎睛石的丝绢光泽　软玉的油脂光泽　琥珀的树脂光泽

图 4 - 16　玻璃光泽、丝绢光泽、油脂光泽和树脂光泽

(4)珍珠光泽：在珍珠的表面或一些解理发育的浅色透明宝石矿物表面，所见到的一种柔和多彩的光泽，如珍珠、白云母等。

(5)沥青光泽：解理不发育的半透明或不透明黑色矿物，其不平坦的断口上常具有乌亮沥青状光泽，如沥青铀矿和富含 Nb、Ta 的锡石等。

(6)蜡状光泽：在一些透明—半透明玉石矿物的隐晶质或非晶质致密块体上，由于反射面不平坦，产生一种比油脂光泽暗些的光泽，如块状叶蜡石的光泽。

(7)土状光泽：一些细分散的多孔隙的宝石矿物因对光的漫反射或散射而呈现一种暗淡的土状光泽，如风化程度较高的劣质绿松石。

光泽在鉴定宝石矿物中的意义。①光泽是宝石矿物的重要性质之一。在宝石矿物的肉眼鉴定中，光泽可以提供一些重要的信息。②光泽在宝石矿物鉴定中的另一个应用是对拼合石的鉴定(如石榴石、玻璃拼合石)，包括对贴皮翡翠毛料的识别。③光泽可以反映玉石类宝石矿物的质地细腻均匀度，也是玉石类宝石矿物(尤其是翡翠等玉石)质量判定的依据。④光泽能够反映宝石矿物的加工精细度，抛光精良的宝石矿物光泽好。

七、宝石矿物的多色性

非均质体彩色宝石矿物的光学性质随方向而异，在二色镜或单偏光镜下转动非均质体宝石矿物，其颜色及颜色的深浅会发生变化，这种由于光波在晶体中振动方向不同而使彩色宝石矿物呈现不同颜色的现象称为多色性。

均质体宝石(非晶质体、等轴晶系)，各向同性，对光波无吸收差异，不具有多色性。

非均质体宝石，各向异性，对光波有吸收差别，可具有多色性：

一轴晶彩色矿物宝石(四方、三方、六方晶系)可以有两种主要的颜色,具二色性,它们分别与常光、非常光的方向相当。如蓝宝石 Ne=蓝绿色,No=深蓝色。

二轴晶彩色宝石(斜方、单斜、三斜晶系)可以有3个主要颜色,具三色性,它们分别与光率体3个主轴 Ng、Nm、Np 相对应,在平行光轴面的切面中多色性最明显。如堇青石 Ng=紫蓝色,Nm=淡蓝色,Np=黄褐色。

八、宝石矿物的色散

不同波长的色光,在同一种宝石矿物中传播速度不同,相应的折射率值也不同,折射角大小也有差异,从而可将白光分解成七色光,类似三棱镜的色散效应(图4-17)。表示宝石矿物色散能力强弱的物理量为色散值,理论上是指可见光谱中波长最长的红光和波长最短的紫光在通过宝石时的折射率之差。

$$色散值=|N_{430.8nm}(紫光)-N_{686.7nm}(红光)|$$

色散对宝石矿物来说,是一种十分可贵的光学性质,色散产生的色光,会增加宝石矿物的内在美,尤其是无色宝石矿物会显得华贵而高雅。钻石之所以受人喜爱,除它耐久、稀少而外,尚有一个主要因素就是它具有明显的色散(图4-18)。用肉眼能看到色散的宝石矿物有钻石、锆石、榍石、锰铝榴石、钇铝榴石、立方氧化锆、钛酸锶、金红石等。常见宝石矿物色散值见表4-5。

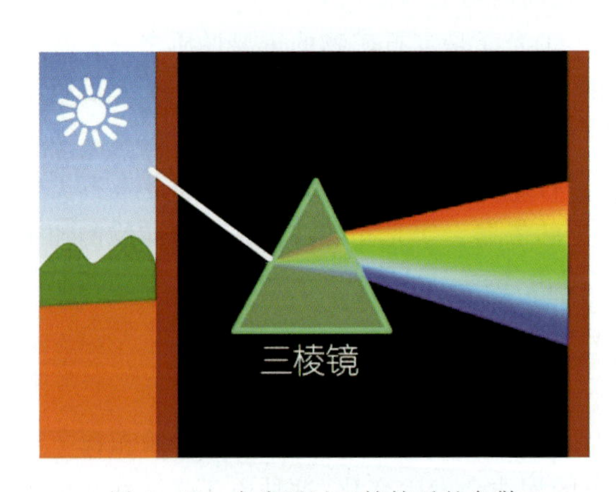

图4-17　白光通过三棱镜后的色散

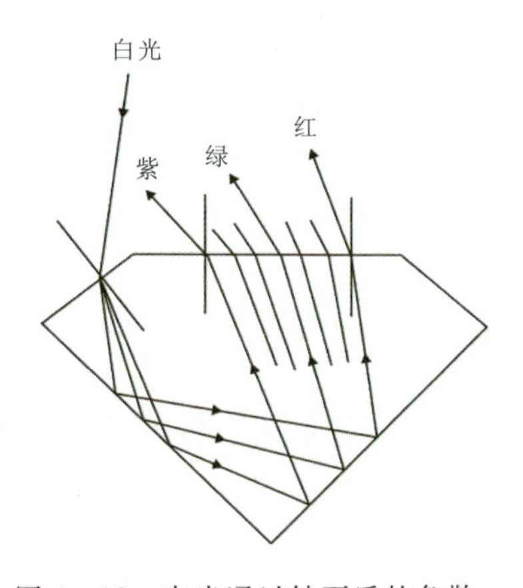

图4-18　白光通过钻石后的色散

九、宝石矿物的特殊光学效应

表 4－5　宝石矿物色散值

序号	宝石矿物	色散值
1	锰铝榴石	0.027
2	钇铝榴石	0.028
3	锆石	0.039
4	铅玻璃	0.041
5	金刚石	0.044
6	榍石	0.051
7	翠榴石	0.057
8	立方氧化锆	0.065
9	钛酸锶	0.19
10	合成金红石	0.28

由于宝石矿物内部保存了结晶过程中遗留下来的某些痕迹，如包裹体、双晶、微细球状结构等。当光线与宝石矿物这些特殊的内在因素发生作用时，则造成光的干涉、散射、衍射等现象，使宝石矿物显现特殊的光学效应，增加了宝石的奇特感，提高了宝石的价值。常见的特殊光学效应有星光效应、猫眼效应、变彩效应、变色效应、月光效应、晕彩效应和砂金效应等。

1. 猫眼

猫眼指某些宝石矿物加工成弧面型后，在其弧形表面可以呈现出一条明亮的光带，并且对着光带转动宝石时，光带也随之平行移动的光学现象。

产生猫眼必须具备 3 个条件。

(1)宝石矿物内含有丰富的平行排列的管状、纤维状内含物。

(2)琢磨宝石矿物时底面平行于内含物的方向。

(3)宝石矿物琢磨成弧面型。

可以具有猫眼效应的宝石矿物不少，如金绿宝石、石英(包括虎睛石)、碧玺、绿柱石、电气石、磷灰石、方柱石、透辉石、顽火辉石、红柱石、硅线石(图 4－19)等，但猫眼石指的是具猫眼效应的金绿宝石，其他具猫眼效应的宝石矿物，则须在“猫眼”前，冠以相应的宝石矿物名称，如石英猫眼、碧玺猫眼等。

金绿宝石猫眼　磷灰石猫眼　碧玺猫眼

图 4－19　具有猫眼的宝石矿物

2. 星光

某些宝石矿物当加工成弧面型后，在其弧形表面可以呈现出多条相互交叉的光带，构成四射、六射或十二射的放射状星光图案的光学现象。

星光产生的条件如下。

(1)宝石具有二组或二组以上定向排列的包裹体。

(2)琢磨宝石使其底面平行于包裹体的平面。

(3)宝石矿物琢磨成弧面型。

可以呈现星光效应的宝石矿物有：星光红宝石和星光蓝宝石（六射、十二射）、星光芙蓉石（六射）、星光绿柱石（六射）、星光铁铝榴石（四射）、星光尖晶石（四射）、星光透辉石（四射）、星光顽火辉石（四射）、星光透闪石（四射）、星光堇青石（四射）等（图 4 - 20）。

蓝宝石星光

红宝石星光

芙蓉石星光

图 4 - 20 具有星光的宝石矿物

3. 变彩

变彩是指当光从薄膜或从贵蛋白石所特有的结构反射时，由于光的干涉或衍射作用而产生的颜色或一系列颜色。其特点是在同一宝石表面呈现出多种光谱色，呈不规则的各种彩片分布，色彩随着转动宝石矿物而变幻。如欧泊的变彩效应（图 4 - 21）。

4. 变色

宝石矿物的颜色随入射光光谱能量分布或入射光波长的改变而改变的现象称为变色效应。变色效应与宝石中致色离子对光的选择性吸收有关。如：变石在日光下为蓝绿色，在白炽灯下为红色（图 4 - 22）。合成刚玉仿变石日光下为灰蓝绿色，白炽灯下为紫红色。

图 4-21　欧泊的变彩效应

日光下为蓝绿色　　白炽灯下呈红色

图 4-22　变石的变色效应

5. 月光效应

月光效应也称为光彩效应，它指在一个弧面型的长石戒面上转动宝石矿物时，可见到一种波形的银白色或淡蓝色浮光，形似柔和的月光（图 4-23）。是宝

图 4-23　月光石的月光效应

石矿物内部的包裹体或特殊结构对光所产生的一种漫反射效应。

6. 晕彩效应

光波因薄膜反射或衍射而发生干涉作用，致使某些光波减弱或消失、某些光波加强而产生的颜色现象称为晕彩效应。如拉长石的晕彩（图 4-24）。由于拉长石在某个方向上可以闪现出像太阳光谱的七彩而得名为“光谱石”，这只是一种特殊的光学效应，偏离这个方向时就难以观察到。

图 4-24　拉长石的晕彩效应

7. 砂金效应

透明的宝石内部有许多不透明的固态包裹体，如小云母片、黄铁矿、赤铁矿和小金属片等，当观察宝石时，包体对光的反射作用呈现许多星点状反光点，宛如水中的砂金，称之为砂金效应。如日光石（图 4-25）。

图 4-25　日光石的砂金效应

十、宝石矿物的发光性

自然界某些宝石矿物在外加能量的激发下发出可见光的性质称为宝石矿物的发光性。

能使宝石矿物发光的外加能量主要有紫外线、阴极射线、X 射线、γ 射线和高速质子流等各种高能辐射。

宝石矿物发光的实质是宝石矿物晶格中的原子或离子的外层电子受外加能量的激发时，首先从基态跃迁到较高能级的激发态，由于激发态不稳定，受激电子随即会自发地分段向基态跃迁，同时将吸收的部分能量以一定波长的可见光的形式释放出来。

根据发光持续时间的长短，可分为荧光（fluorescence）和磷光（phosphorescence）。发光体一旦停止受激（8～10s），发光现象消失，所发的光为萤光，在外界能量撤除以后（8～10s），还能发的光叫磷光。

第三节　宝石矿物的其他性质

一、宝石矿物的磁性

宝石矿物的磁性是指宝石矿物在外磁场作用下被磁化所表现出能被外磁场吸引、排斥或对外界产生磁场的性质。

宝石矿物的磁性按其在外磁场中磁化的强弱可分为以下几种。

1. 磁性矿物

磁性矿物包括铁磁性（如自然铁等）和亚铁磁性（磁黄铁矿和磁铁矿等）矿物。在外磁场被强烈磁化，磁化方向与外磁场方向相同时，既可被永久磁铁所吸引，又能吸引铁质物体。

2. 电磁性矿物

电磁性矿物包括反铁磁性（赤铁矿、自然铂和方锰矿等）和顺磁性（如黑云母、普通辉石和黑钨矿等）。在外磁场中磁化微弱，与外磁场磁化方向相同时，只能被电磁铁吸引。

3. 抗磁性或逆磁性矿物

抗磁性或逆磁性矿物磁化方向与外磁场方向相反，微略表现出被排斥的性质（如方解石、萤石和自然银等）。

肉眼鉴定矿物时，根据被马蹄形磁铁或磁化小刀吸引的强弱，将矿物分为三类。

(1)强磁性：矿物块体或较大的颗粒能被吸引。如磁铁矿。

(2)弱磁性：矿物粉末能被吸引。如铬铁矿。

(3)无磁性：矿物粉末也不能被吸引。如黄铁矿。

二、宝石矿物的电学性质

1. 导电性和介电性

宝石矿物的导电性是指宝石矿物对电流的传导能力。它主要取决于化学键类型及内部能带结构特征。

一般来说具有金属键的自然元素矿物和某些金属硫化物为电的良导体，如自然铜、石墨、辉铜矿和镍黄铁矿等。离子键或共价键矿物具弱导电性或不导电。非金属矿物为绝缘体，如石棉、白云母、石英和石膏等。大部分深色硫化物、硫盐和氧化物，当温度升高时，导电性增强，温度降低时则不导电，为半导体，如闪锌矿、黄铁矿及Ⅱ型金刚石等。

宝石矿物的介电性是指不导电的或导电性极弱的宝石矿物在外电场中被极化产生感应电荷的性质。常通过测定其介电常数(即电容率)来研究。宝石矿物介电常数的大小主要取决于阴、阳离子的类型、半径、极化率及矿物的内部结构。硫化物和氧化物的介电常数较大。

2. 压电性

压电性是指某些电介质的单晶体，当受到定向压力或张力的作用时，能使晶体垂直于应力的两侧表面上分别带有等量的相反电荷的性质。若应力方向反转时，则两侧表面上的电荷易号。如：天然单晶水晶和合成单晶水晶均具良好的压电性能。

宝石矿物晶体的压电性具有重要的经济价值，可广泛用于无线电、雷达和超声探测等现代技术和军事工业中，可作谐振片、滤波器和超声波发生器等。

第五章　宝石矿物化学成分和物理性质的关系

宝石矿物的物理性质主要分为力学性质和光学性质，包括密度、硬度、颜色、透明度、光泽、折射率、双折射率和变色效应等。化学成分和其中大多数物理性质之间存在一定关系，特别是宝石矿物的颜色、折射率和密度。因此宝石矿物的物理性质与化学成分是密切相关的，其中化学成分的类质同象替代是影响同一品种宝石矿物物理性质的最主要因素。

第一节　宝石矿物化学成分对颜色的影响

绝大多数宝石矿物在化学成分纯净时都是无色的，其能呈现各种美丽的颜色主要是由于少量类质同象混入物导致的。下面举几个代表性的类质同象替代对宝石矿物颜色影响的实例。

一、刚玉

刚玉的化学成分为 Al_2O_3，可含微量的 Fe、Ti、Cr、Mn、V 和 Si 等类质同象替代。纯净的刚玉是无色的，当其中 Al^{3+} 被微量 Cr^{3+} 替代时则呈现玫瑰红—红色色调，称红宝石；当其中 Al^{3+} 被微量 Ti^{4+} 和 Fe^{2+} 等替代时则呈现漂亮的蓝色，称蓝宝石；当含 Ni、Cr 时则呈橙红色；当含 Co、V 时则呈绿色。

二、绿柱石

绿柱石的化学成分为 $Be_3Al_2[Si_6O_{18}]$。纯净的绿柱石是无色的，当绿柱石的 Be、Al 被不同元素替代时，可以呈现不同的颜色，如绿色、黄绿色、蓝色、黄色和粉红色等。当绿柱石中含有 Cr^{3+} 时，就呈现美丽的翠绿色，即祖母绿；当含有 Fe^{2+} 和 Cs^{+} 等离子时呈现海水的蓝色，即海蓝宝石；当含 Mn^{2+} 离子时则呈现粉红色，即摩根石；铯绿柱石因含 Cs 而呈玫瑰色；黄透绿柱石因含 U 而呈黄色。

三、电气石

电气石的化学成分通式为 $NaR_3Al_6[Si_6O_{18}][BO_3]_3(OH,F)_4$，R 位置类质同象替代广泛，主要有 4 个端员成分：镁电气石(R＝Mg)、黑电气石(R＝Fe)、锂电气石(R＝Li＋Al)和钠锰电气石(R＝Mn)。镁电气石—黑电气石之间以及黑电气石—锂电气石之间形成两个完全类质同象系列，镁电气石和锂电气石之间为不完全类质同象。当 R 位以 Fe 为主时，则电气石呈深蓝色甚至黑色；当 R 位以 Mg^{2+} 为主时则电气石呈黄色—褐色；当电气石富含 Li 和 Mn 时则呈玫瑰色或浅蓝色；当电气石富含 Cr 时则呈深绿色。

四、翡翠

翡翠主要由硬玉矿物组成，硬玉的化学组成为 $NaAl[Si_2O_6]$。当硬玉化学组成中的 Al 被不同元素替代时，则显示不同的颜色：①当硬玉化学组成中的 Al 被 Cr、V 替代时，则翡翠呈诱人的绿色，绿色的深浅与替代程度有关，当 Cr 的质量分数在 1%～2%之间时，翡翠的颜色最美丽，呈浓艳的绿色，且为半透明，但当 Cr 含量很高时，翡翠则呈不透明的黑绿色，即所谓的干青种翡翠。②当硬玉化学组成中的 Al^{3+} 被 Fe^{3+} 替代时，则翡翠呈发暗的绿色(不像含 Cr 翡翠那么鲜艳、明快，而是呆板、缺乏灵气)，若 Fe^{3+} 只是少量替代 Al^{3+}，翡翠呈浅绿色，若 Fe^{3+} 大量替代 Al^{3+}，则翡翠呈暗绿色，甚至墨绿色。③当硬玉化学组成中的 Al^{3+} 同时被 Fe^{3+} 和 Cr^{3+} 替代时，翡翠的颜色则视 Fe^{3+} 和 Cr^{3+} 相对比例而定。Cr^{3+} 较多则绿色鲜艳一些，Fe^{3+} 较多时则绿色偏暗一些。④当硬玉化学组成中的 Al^{3+} 同时被 Fe^{2+} 和 Fe^{3+} 替代时，则翡翠呈紫色，也有人认为翡翠的紫色是由于含有 Mn 或 K 造成的。

第二节　宝石矿物化学成分对折射率、硬度和密度的影响

类质同象不但使宝石矿物的化学成分发生一定程度的改变，而且也在一定程度上影响它的折射率和相对密度等物理性质。现举几个实例加以说明。

一、电气石

如前所述，电气石的颜色基本上受类质同象的种类和程度的影响，实际上电

气石的相对密度和折射率也与类质同象有密切联系。镁电气石 $NaMg_3Al_6[Si_6O_{18}][BO_3]_3(OH)_4$ 中的 Mg^{2+} 和锂电气石 $Na(Li,Al)_3Al_6[Si_6O_{18}][BO_3]_3(OH,F)_4$ 中的 Li^{+}、Al^{3+} 都有可能被 Mn^{2+} 和 Fe^{2+} 替代。研究表明，随着电气石成分中 Mn、Fe 的增加，电气石的密度（3.03～3.25g/cm^3）、折射率（No＝1.635～1.675，Ne＝1.610～1.650）和双折射率（0.016～0.033）都随之增大。

二、绿柱石

在绿柱石 $Be_3Al_2[Si_6O_{18}]$ 的组成中，当 Be^{2+} 被 Li^{+} 替代时，所亏损的电荷主要由半径较大的 Cs^{+} 进入绿柱石的结构通道来平衡。$Cs(Cs_2O)$ 的质量分数最高可达 4.13%，含 Cs 越高，则绿柱石的密度（2.6～2.9g/cm^3）、折射率（No＝1.566～1.602，Ne＝1.562～1.594）和双折射率（0.004～0.009）也越高。

三、橄榄石

在橄榄石 $(Mg,Fe)_2[SiO_4]$ 的化学组成中，Fe 和 Mg 可以呈完全类质同象（Mg^{2+}～Fe^{2+}），随着其中 Fe 含量增加，不但橄榄石的颜色加深，而且它的密度（3.32～3.37g/cm^3）和折射率（1.65～1.69）也逐渐增大，摩氏硬度（6.5～7）也略有增加。

四、黄玉

在黄玉 $Al_2[SiO_4](F,OH)_2$ 的化学组成中，F^{-} 作为附加阴离子有时可被 OH^{-} 所替代，最高时可达 F 含量的 1/3（与黄玉形成时的温度有关）。研究表明，随着 OH^{-} 对 F^{-} 替代程度的增加，黄玉的密度（3.5～3.6g/cm^3）逐渐增大，折射率（1.603～1.638）也逐渐增大。

五、翡翠

翡翠是由多种矿物组成的一种岩石，其主要矿物为硬玉 $NaAl[Si_2O_6]$，其次是绿辉石 $(Ca,Na)(Mg,Fe^{2+},Fe^{3+},Al)[Si_2O_6]$ 和钠铬辉石 $NaCr[Si_2O_6]$，这三种矿物之间存在着类质同象。当环境富钠时形成硬玉，其密度 3.24～3.34g/cm^3，折射率 1.654～1.666；当环境富镁时形成绿辉石，其密度 3.35g/cm^3，折射率 1.673～1.691；当环境富铬时形成钠铬辉石，其密度 3.6g/cm^3，折射率 1.748～1.765。可见组成翡翠三种矿物含量的多少导致其密度和折射率均会发生变化。

第三节　宝石矿物化学成分对变色效应的影响

宝石矿物有一种特殊的光学现象——变色效应。就是宝石矿物的颜色随入射光光谱能量分布或入射光波长的改变而改变的现象。而这一特殊的现象也是与宝石矿物中类质同象替代有关。变石的化学成分为 $BeAl_2O_4$，纯净时无色，当 Cr^{3+} 替代 Al^{3+} 时，其 Cr^{3+} 周围的配位体电场强度约为 2.17eV，可吸收可见光中处在大约 620～590nm 之间的橙黄色光，使红光和蓝绿光这两个有明显相间分布的几乎大小相等的色光透过宝石。当入射光的能量分布有变化时，宝石的颜色也发生相应的变化，在日光下变石呈绿色，在白炽灯下呈红色。类似的变色宝石，如：变色蓝宝石（含 Cr、V）在日光下呈蓝色或灰蓝色，在白炽灯下呈暗红色；变色尖晶石（含 Fe、Cr、V）在日光下呈紫蓝色，在白炽灯下呈红紫色；变色蓝晶石（含 Cr、Fe）在日光下呈绿蓝色，在白炽灯下呈红色；变色萤石（含 Y、Ce 等）在日光下呈蓝色，在白炽灯下呈淡紫色。这些宝石变色效应的产生均是成分中类质同象替代的结果。

总之，宝石矿物化学成分中的微量元素，在适当的条件下可以发生类质同象替代，导致宝石矿物的密度、硬度、颜色、透明度、光泽、折射率、双折射率和变色效应等物理性质发生变化，使得宝石世界变得丰富多彩。

第六章　宝石矿物的成因

宝石矿物是自然界地质作用的产物，其形成、稳定和变化均受热力学条件所制约，同时环境的物理化学条件的差异又导致宝石矿物在成分、结构、形态及物理性质上的细微变化。因此宝石矿物成因的研究一直是宝石矿物学中的一个非常重要的课题。

第一节　形成宝石矿物的地质作用

形成宝石矿物的地质作用按照作用性质和能量来源不同分为内生作用、外生作用和变质作用，图 6－1 为形成宝石矿物的地质作用分类图。

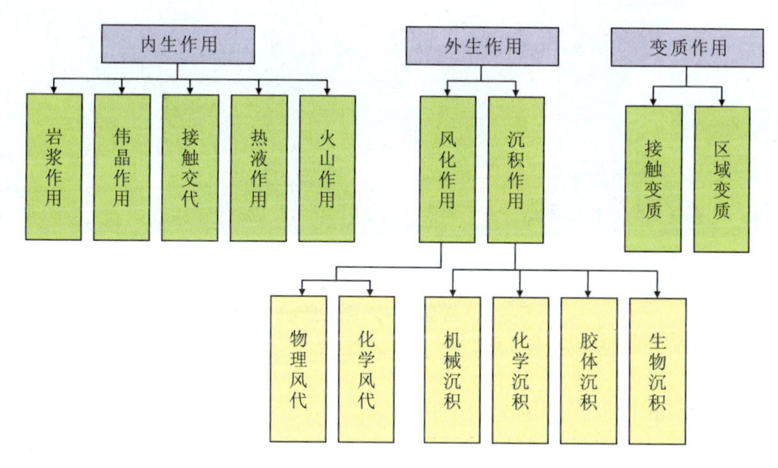

图 6－1　形成宝石矿物的地质作用分类图

一、内生作用

内生作用主要指由地球内部热能所导致宝石矿物形成的各种地质作用，包括岩浆作用、火山作用、伟晶作用和热液作用。

1. 岩浆作用

岩浆作用是指由岩浆冷却结晶形成矿物的作用。岩浆是形成于上地幔或地壳深处以硅酸盐为主要成分并富含挥发组分的高温(700℃～1 300℃)高压(5×10^8～20×10^8 Pa)的熔融体。在地壳运动过程中,地下深处的岩浆沿深大断裂上侵,由于温度、压力的降低,首先从岩浆中结晶析出的是一些含量多、熔点高的矿物。随着温度、压力的缓慢降低及组分相对浓度的不断改变,相继析出颗粒较粗的各种宝石矿物晶体。

在岩浆作用过程中矿物结晶的一般顺序为:橄榄石—辉石—角闪石—黑云母,斜长石—钾长石—石英等造岩矿物,形成各种矿物组合,构成不同的岩石类型,如基性岩、中性岩和酸性岩等。此外还可形成金刚石及铂族自然元素、铬铁矿、磁铁矿及Cu、Fe、Ni的硫化物等金属矿物。岩浆作用可形成的宝石矿物有金刚石、红宝石、蓝宝石、橄榄石和锆石等(图6-2)。

金刚石　　红宝石　　橄榄石

图6-2　岩浆岩中宝石矿物晶体

2. 火山作用

火山作用实际上是岩浆作用的一种形式,为地下深处的岩浆沿地壳脆弱带上侵至地面或直接喷出地表,迅速冷凝的全过程。

火山作用的产物是各种类型的火山岩。火山作用形成的矿物以高温、淬火、低压、高氧、缺少挥发分的矿物组合为特征,甚至形成非晶质的火山玻璃。由于挥发分的逸出,火山岩中往往产生许多气孔,并常为火山后期热液作用形成的沸石、蛋白石、玛瑙、方解石和自然铜等矿物所充填(图6-3)。在火山喷气孔周围,常形成自然硫、雄黄、雌黄、石盐等凝华矿物。

玛瑙　欧泊　方解石

图 6-3　火山岩中宝石矿物晶体

3. 伟晶作用

伟晶作用是指在地表以下较深部位(3～8km)的高温(400℃～700℃)高压(1×10^8～3×10^8Pa)条件下所进行的形成伟晶岩及其有关宝石矿物的作用。

伟晶作用中形成的宝石矿物最明显的特点是:晶体粗大,富含 SiO_2、K_2O、Na_2O 和挥发分(F、Cl、B、OH 等),如石英、长石、白云母、黄玉和电气石等(图 6-4)。还有稀有、稀土和放射性元素(Li、Be、Cs、Rb、Sn、Nb、Ta、TR、U、Th 等)矿物,如锂辉石、绿柱石、天河石和铌钽铁矿等。这些宝石矿物常可富集成有独特经济意义的工业矿床。

绿柱石晶体　石英晶体　电气石晶体

图 6-4　伟晶岩中宝石矿物晶体

4. 热液作用

热液作用是指从岩浆期后的气水溶液到热水溶液过程中形成宝石矿物的作用。在岩浆演化的后期,由于外压减小,热液遂沿着围岩裂隙向上运移,并从围岩中淋滤和溶解部分成矿物质，在适当的条件下，这种含矿热液便沉淀出各种矿物。

热液作用按温度大致分为高温、中温和低温3种。

(1)高温热液作用：温度为300℃～500℃，可形成自然金、绿柱石、黄玉、电气石、石英和萤石等宝石矿物(图6-5)。

(2)中温热液作用：温度为200℃～300℃，可形成自然金、石英、萤石、重晶石和方解石等宝石矿物。

(3)低温热液作用：温度为50℃～200℃，可形成自然金、石英、蛋白石、方解石等宝石矿物。

黄玉　　萤石　　方解石

图6-5　热液作用形成的宝石矿物晶体

二、外生作用

外生作用是指在地表或近地表较低的温度和压力下，由于太阳能、水、大气和生物等因素的参与而形成宝石矿物的各种地质作用，包括风化作用和沉积作用。

1. 风化作用

在地表或近地表环境中，由于温度变化及大气、水、生物等的作用，使矿物、岩石在原地遭受机械破碎，同时也可发生化学分解而使其组分转入溶液被带走或改造为新的矿物和岩石，这一过程称风化作用。

不同矿物抗风化的能力各不相同。一般地，硫化物、碳酸盐最易风化，硅酸盐、氧化物较稳定，尤其是具层状结构、富含水及高价态的变价元素的氧化物和氢氧化物、硅酸盐，以及自然元素在地表最为稳定。

风化作用过程中可形成许多在地表条件下稳定的矿物，通常是氧化物、氢氧化物、黏土矿物以及含氧盐，如铝土矿、水锰矿、高岭石、蒙脱石、孔雀石、蓝铜矿等。矿物集合体常呈土状、多孔状、皮壳状、钟乳状等。

岩石风化后还可残留一些稳定的原生宝石矿物，如石英、自然金、自然铂、金刚石、锆石等，这些矿物可富集成有经济价值的残坡集砂矿床。

2. 沉积作用

沉积作用是指地表风化产物及火山喷发物等被流水、风、冰川和生物等介质挟带，搬运至适宜的环境中沉积下来，形成新的矿物或矿物组合的作用。沉积作用主要发生在河流、湖泊及海洋中。

沉积物通常以难溶的矿物碎屑、岩屑、真溶液或胶体溶液方式被介质搬运，相应的沉积方式有机械沉积（碎屑和岩屑沉积）、化学沉积（真溶液或胶体溶液因蒸发、浓缩、化学反应、电性中和等而沉积）和生物化学沉积（生物作用有关的沉积）。

机械沉积一般不会形成新的矿物，但随流水等介质搬运的稳定矿物如自然金、自然铂、金刚石、锡石、锆石等，在适当条件下可聚集成沉积砂矿床。

化学沉积可以形成 K、Na、Mg、Ca、Fe、Mn、Al、Si 等元素的氧化物、氢氧化物、碳酸盐、硫酸盐、卤化物等矿物，如石盐、钾盐、石膏、方解石、白云石、菱镁矿、菱铁矿、赤铁矿、软锰矿、铝土矿、蛋白石、玉髓等（图 6－6），有的可以聚集成巨大的沉积矿床。

生物化学沉积可以形成方解石、硅藻土、磷灰石等矿物以及煤、油页岩、石油等可燃有机矿产。

白云石　　蛋白石　　赤铁矿

图 6－6　沉积作用形成的宝石矿物

三、变质作用

变质作用是指在地表以下较深部位，已形成的岩石，由于地壳构造变动、岩浆活动及地热流变化的影响，其所处的地质及物理化学条件发生改变，致使岩石在基本保持固态的情况下发生成分、结构上的变化，而生成一系列变质矿物，形成新的岩石的作用。

变质作用可分为接触变质作用和区域变质作用。

1. 接触变质作用

接触变质作用是指由岩浆活动引起的发生于地下较浅深度(2～3km)的岩浆侵入体与围岩的接触带上的一种变质作用。

接触变质作用的规模不大。根据变质因素和特征的不同,又分为热变质作用和接触交代作用两种类型。

(1)热变质作用:是指岩浆侵入围岩,由于受岩浆的热力的影响,使围岩矿物发生重结晶、颗粒增大(如石灰岩变质成大理岩),或发生变质结晶、组分重新组合形成新的矿物。温度升高是热变质作用的主要因素,围岩与岩浆之间基本没有化学组分的交换,所形成的变质矿物多是一些高温低压矿物,常见的有红柱石、堇青石、硅灰石和透长石等(图 6－7)。

红柱石　　菫青石　　透长石

图 6－7　接触热变质作用形成的宝石矿物晶体

(2)接触交代作用:是指岩浆侵入与围岩接触时,岩浆结晶作用的晚期析出的挥发分及热液使接触带附近的围岩和侵入体之间发生明显的化学组分交换而形成新的矿物和岩石的作用。接触交代作用最易发生在中酸性侵入体与碳酸盐岩的接触带附近,侵入体中的 FeO、Al_2O_3、SiO_2 等组分向围岩中扩散,而围岩中的 CaO、MgO、CO_2 等组分被带进侵入体中,使接触带附近的岩石发生成分和结构构造的变化,并形成 Ca、Mg、Fe 质的硅酸盐矿物,如透辉石、石榴石、符山石、硅灰石、方柱石、金云母、阳起石、透闪石、绿帘石等(图 6－8)。这些矿物的集合体构成一种特殊的岩石——矽卡岩。伴随矽卡岩可形成磁铁矿、黄铜矿、白钨矿、辉钼矿、方铅矿、闪锌矿等金属矿物,这些矿物可聚集成有经济意义的矽卡岩型矿床。

石榴石　　符山石　　方柱石

图 6-8　接触交代作用形成的宝石矿物

2. 区域变质作用

区域变质作用是指区域构造运动引起的大范围内发生的变质作用。温度、压力、应力以及以 H_2O、CO_2 为主的化学活动性流体等主要物理化学因素的综合作用，使原岩的矿物成分和结构构造均发生改变，形成一系列新的岩石即各种区域变质岩。

区域变质作用形成的变质矿物及其组合主要取决于原岩的成分和变质程度。原岩的主要组分为 SiO_2、CaO、MgO、FeO，变质后易形成透闪石、阳起石、透辉石和钙铁辉石等矿物。原岩主要为由 SiO_2、Al_2O_3 组成的黏土岩，其变质产物中常出现石英、刚玉、红柱石、蓝晶石、矽线石等（图 6-9）。随着区域变质程度加深，其变质产物向着结构紧密、体积小、相对密度大、不含 OH^- 和 H_2O 的矿物演化。

石英

蓝晶石

矽线石

图 6-9　区域变质作用形成的矿物

第二节 宝石矿物生成的顺序

自然界各地质体中的宝石矿物可同时生成，也可在时间上有生成先后之分，称为宝石矿物的生成顺序，确定宝石矿物生成顺序的标志主要有以下几种。

一、宝石矿物的空间位置关系

一般地，位于地质体中心部位的宝石矿物比其外围的宝石矿物晚形成（图 6－10）。当一宝石矿物穿插或包围或充填其他宝石矿物时，被穿插或被包围或被充填的宝石矿物生成较早（图 6－11）。

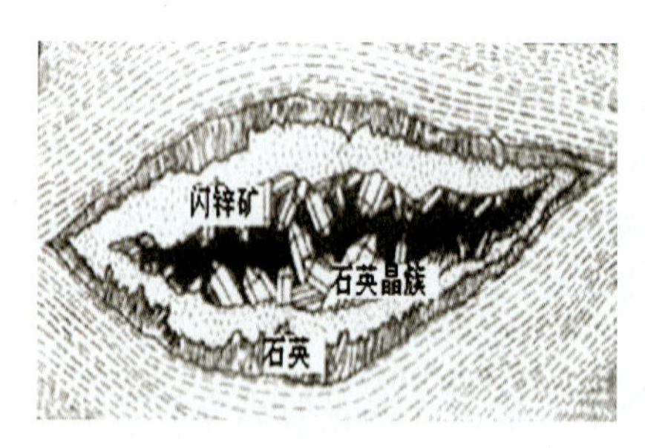

图 6－10 晶洞中矿物生成顺序
（转引自赵珊茸等，2011）

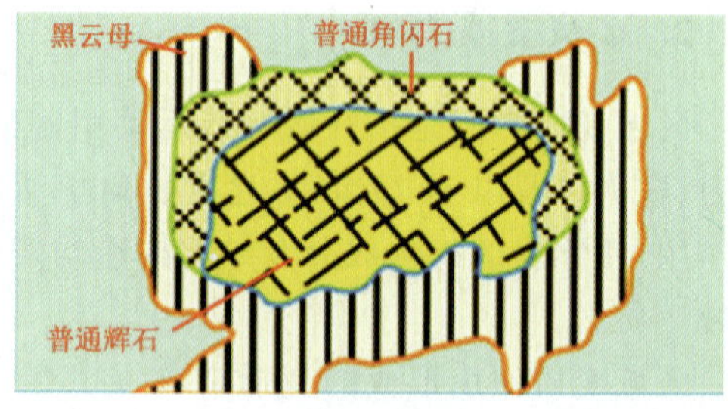

图 6－11 普通辉石被普通角闪石和黑云母所包围
（引自潘兆橹等，1993）

二、宝石矿物的自形程度

相互接触的宝石矿物晶体，自形程度（晶形的完整程度）高者一般生成较早（图 6－12），但应注意宝石矿物的结晶能力的影响。斑状结构中斑晶较基质先形成，然而变质岩中的变斑晶却往往可能比其周围的矿物晚生成，其晶形完整是由于这些宝石矿物的结晶能力强。

三、宝石矿物的交代关系

宝石矿物的交代作用首先沿颗粒的边缘或裂隙进行，被交代的宝石矿物形成较早（图 6－13）。

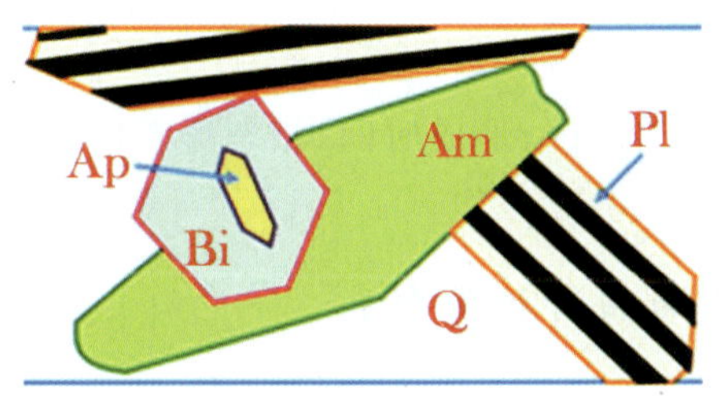

图 6-12　自形程度不同的矿物晶体生成顺序
磷灰石(Ap)→黑云母(Bi)→角闪石(Am)→斜长石(Pl)→石英(Q)(转引自赵珊茸等,2011)

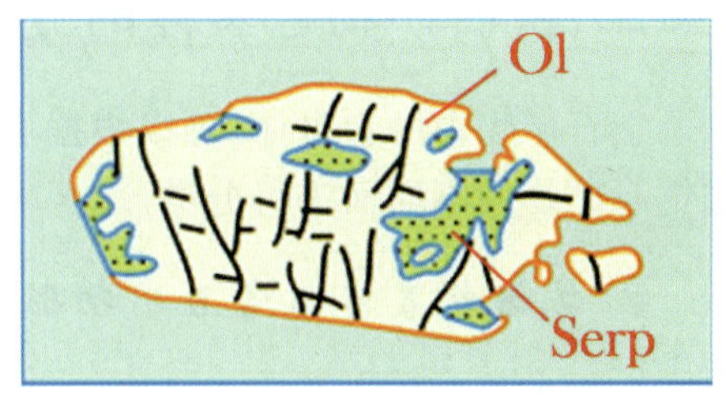

图 6-13　矿物交代顺序关系
橄榄石(Ol)被蛇纹石(Serp)所交代,前者较后者生成早

宝石矿物的世代是指在一个矿床中,同种宝石矿物在形成时间上的先后关系。它与一定的成矿阶段相对应。

一个矿床往往是经历了多个成矿阶段而形成的。由于各成矿阶段间均有一定的时间间隔,其成矿介质和物理化学条件会有所不同,反映在其所形成的同种宝石矿物的形态、物性及成分等方面也将表现出某些差异。因此,应按形成时间的先后顺序,将这些宝石矿物区分为第一世代、第二世代等。

显然,研究宝石矿物的世代,将有助于了解宝石矿物形成及成矿的阶段性。

第三节　宝石矿物的包裹体

一、宝石矿物包裹体的概念

宝石矿物中的包裹体指宝石矿物在生长过程中,由于自身或外部的原因所造成的宝石矿物内部的某些缺陷性特征,它包括宝石矿物中的包裹物、解理、裂隙、生长带、双晶、断口乃至与内部结构有关的表面特征等。显然,宝石矿物包裹体与矿物学、矿床学中矿物包裹体的定义有明显区别,矿物包裹体的定义为:矿物在生长过程中封闭于主体矿物内的单相或多相体系的包裹物。

宝石矿物的包裹体是宝石矿物在形成过程中产生的。一方面,它的存在在一定程度上影响了宝石矿物的质量。另一方面,它能够向我们透露许多有关宝石矿物形成过程和形成环境的信息。因此,宝石矿物包裹体在宝石矿物的鉴定中起着重要的作用,是区分天然与合成、优化处理宝石的重要特征。

二、宝石矿物包裹体的分类

宝石矿物中的包裹体，可以根据它们的成因、形成时间、相态形态以及与寄主宝石矿物的不同而进行分类。

1. 依据包裹体与宝石矿物形成的相对时间分类

1）原生包裹体

原生包裹体是指在寄主宝石矿物形成之前就已经存在，被包裹到后来形成的宝石矿物晶体中的包裹体。

均为固体包裹体，通常是各种造岩矿物，如阳起石、透闪石、云母、磷灰石、钻石、铬铁矿、锆石、金红石、透辉石、橄榄石、石榴石等。如斯里兰卡蓝宝石中的金红石针和红宝石中的磷灰石（图 6－14），金红石和磷灰石的形成时间均早于蓝宝石和红宝石。

斯里兰卡蓝宝石中的金红石针　　红宝石中的磷灰石

图 6－14　原生包裹体

2）同生包裹体

同生包裹体是指形成时间与寄主宝石矿物同时，在寄主宝石矿物晶体生长的过程中形成的包裹体。

主要为气、液、固态的内含物，以及生长带、色带等生长结构。例如海蓝宝石的管状包体[图 6－15(a)]、尖晶石的八面体负晶[图 6－15(b)]、水晶中的六方双锥状气液两相包裹体[图 6－15(c)]、刚玉中的六方生长色带[图 6－15(d)]、孔雀石环带构造[图 6－15(e)]等均为同生包裹体或者内含物。

3）次生包裹体

次生包裹体形成的时间晚于寄主宝石矿物，可因固溶体出溶作用、应力释

图 6 - 15　同生包裹体

放、机械破裂、交代作用、充填作用等形成。

主要有各种出溶体、裂隙，具有熔融、溶蚀特征的固体包体，具有特殊图案或者现象的充填裂隙。如橄榄石的圆盘状裂隙“睡莲叶”，琥珀内的气泡加热后爆裂成的太阳光芒，红宝石中金红石针出溶体(图 6 - 16)。

橄榄石的圆盘状裂隙“睡莲叶”　　琥珀内的太阳光芒　　红宝石中金红石针出溶体

图 6 - 16　次生包裹体示意图

2. 按相态分类

1)单相包裹体

可以为固态、气态或液态，呈单一相态出现，单相包裹体可单个出现，也可成群出现。如玻璃中的气泡、铁铝榴石中的磷灰石包裹体和水晶中的液态包裹体(图6-17)。

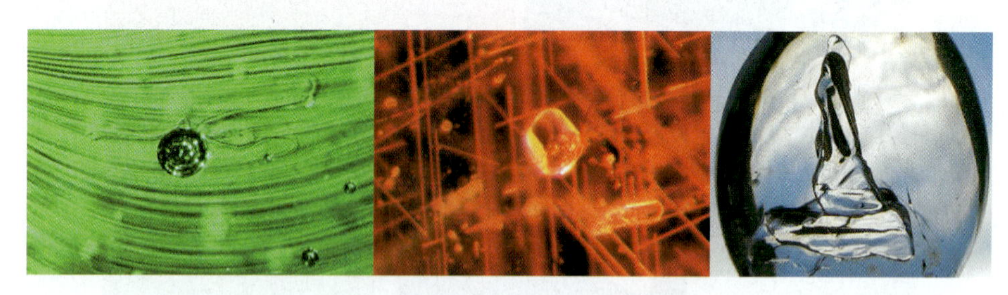

玻璃中的气泡　　铁铝榴石中的磷灰石包裹体　　水晶中的液态包裹体

图6-17　单相包裹体示意图

2)两相包裹体

多为气液两相包体，如水晶中的气液两相包裹体、蓝色黄玉中的气液两相包裹体、黄色绿柱石中的气液两相包裹体(图6-18)。

水晶中的气液两相包裹体　　蓝色黄玉中的气液两相包裹体　　黄色绿柱石中的气液两相包裹体

图6-18　两相包裹体示意图

3)三相包裹体

通常由固态、气态、液态共同组成。如祖母绿、黄玉和水晶中的气、液、固三相包裹体(图6-19)。

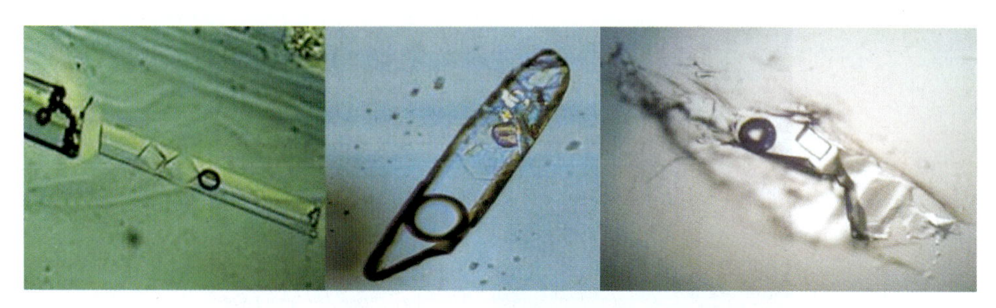

祖母绿中的三相包裹体　　黄玉中的三相包裹体　　水晶中的三相包裹体

图 6-19　三相包裹体示意图

3. 按形态分类

1）规则包裹体

包裹体呈各种比较规则的晶体形态，如缅甸红宝石中的金红石晶体，祖母绿中的黄铁矿晶体和尖晶石中的磷灰石均呈规则的晶体形态（图 6-20）。

红宝石中的金红石　　祖母绿中的黄铁矿　　尖晶石中的磷灰石

图 6-20　宝石矿物中规则包裹体示意图

2）不规则包裹体

包裹体沿着矿物晶体在生长过程中所产生的裂隙分布呈羽状、网状、指纹状和其他不规则状。如蓝宝石的指纹状包裹体和红宝石的煎蛋状包裹体（图 6-21）。

3）负晶形

包裹体与寄主矿物具有同样的形态。如尖晶石中的八面体负晶和水晶中的包裹体具有与水晶相同的六方柱状与菱面体聚形的外形（图 6-22）。

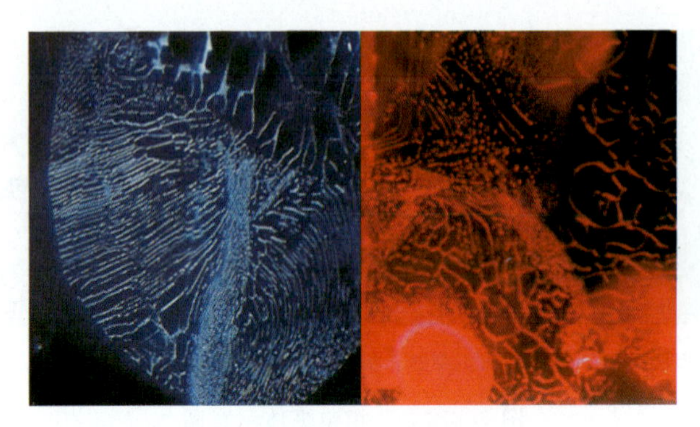

蓝宝石的指纹状包裹体　　红宝石的煎蛋状包裹体

图 6-21　宝石矿物中不规则包裹体示意图

尖晶石中的八面体负晶　　水晶中的负晶形包裹体

图 6-22　宝石矿物中负晶形示意图

4. 按包裹体的大小及可见程度分类

根据包裹体的大小及可见程度可将包裹体分为宏观包裹体、显微包裹体和超显微包裹体。

1)宏观包裹体

宏观包裹体是指在肉眼或 10 倍放大镜下可观察到的包裹体，这类包裹体是宝石矿物评价的主要部分，也是宝石矿物质量级别的参考依据。

2)显微包裹体

显微包裹体是指在大于 10 倍放大镜或宝石显微镜下才能观察到的包裹体。主要为气-液相流体包裹体，以及一些细小固体包裹体，微裂隙等。

3)超显微包裹体

超显微包裹体是指在常规光学显微镜下无法准确观察到,需在电子显微镜等大型放大设备下才能确定的极微小的包裹体。这类包裹体对宝石鉴定意义不大,但对宝石形成机理的研究却有一定意义。

以上的分类基本归纳和总结了包裹体的特征。此外,根据工作的需要,还可以有一些其他分类。例如按包裹体的组成是否为有机物可将包裹体分为有机包裹体和无机包裹体;按包裹体的形成方式可将包裹体分为天然包裹体与合成包裹体;按包裹体是否具有指示宝石种属意义可将包裹体分为一般包裹体和特征包裹体等。

三、宝石矿物包裹体研究意义

1. 鉴定宝石矿物的种类

有些宝石矿物中含有特定的包裹体,如翠榴石中的"马尾丝"状包裹体,月光石中的解理形成的"蜈蚣状"包裹体(图 6－23)。根据这些包裹体的特征,就可以帮助我们鉴定宝石矿物的种类。

翠榴石中的"马尾丝"状包裹体　　月光石中的解理形成的"蜈蚣状"包裹体

图 6－23　翠榴石和月光石中的包裹体

2. 区分天然、合成宝石矿物

天然宝石矿物和合成宝石矿物在各自的生长环境中都留下了生长痕迹,正是这些生长过程中留下的痕迹,我们才能有效地区分它们。如根据生长色带来区分天然与合成红宝石(图 6－24)。

天然红宝石的六方生长色带　　合成红宝石的弯曲生长色带和气泡

图 6－24　天然红宝石和合成红宝石的不同内含物

3. 检测某些人工优化处理的宝石矿物

宝石矿物优化处理方法很多,每种宝石矿物都可以用不同的方法对其颜色、外观进行改造,在进行这些改造的同时,会造成新的内含物特征,给鉴定提供依据。如玻璃充填钻石呈现的黄橙色、蓝色的片状闪光效应和 B 货翡翠表面呈现的酸蚀网纹(图 6－25)。

玻璃充填钻石的闪光效应　　B货翡翠表面的酸蚀网纹

图 6－25　玻璃充填钻石的闪光效应和 B 货翡翠表面的酸蚀网纹

4. 宝石矿物质量和价格评价

宝石矿物包裹体的多少、颜色的深浅、颗粒大小、分布状况对宝石矿物质量起着很重要的作用。根据内含物的特征,可以帮助判定宝石矿物质量的高低。

5. 了解宝石形成的环境

通过包裹体的研究,可以帮助了解宝石矿物形成的环境,如生长温度、压力、介质成分等,还可以通过对内含物的同位素年龄测定了解宝石矿物形成的地质年代。

6. 鉴别宝石的产地

不同产地的红宝石、蓝宝石、祖母绿等宝石由于形成于各不相同的地质环境,各不相同的形成条件,常常具有特征的、有产地意义的包裹体,据此可以识别已经切磨的宝石的产地。如哥伦比亚祖母绿含有典型的三相包裹体,俄罗斯产祖母绿中竹节状的阳起石(图 6-26)。

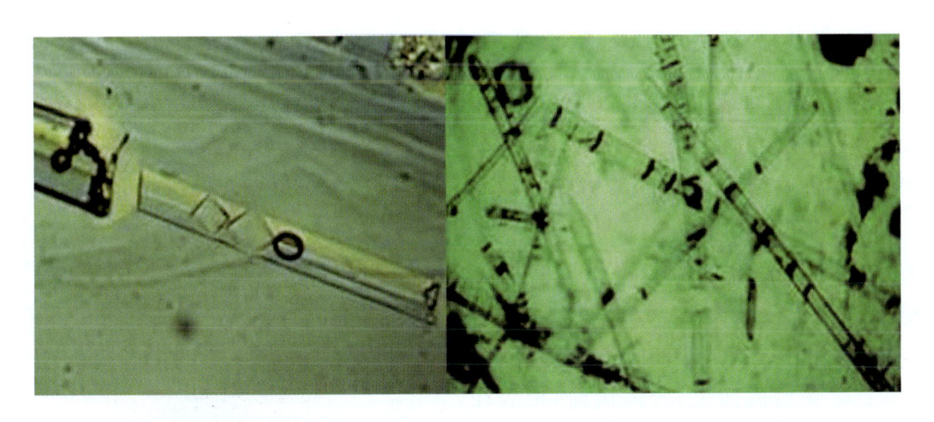

哥伦比亚祖母绿的三相包裹体　　俄罗斯祖母绿中竹节状的阳起石

图 6-26　不同产地祖母绿中的不同包裹体

7. 根据宝石矿物中包裹体特点对宝石合理加工

宝石矿物中具有一定光学效应者往往是因为适当的琢磨才能得以显现其光学效应,而未经过琢磨时其特殊的光学效应通常并不能得以表现。由于有特殊光学效应的宝石矿物琢磨时的方向、形状、大小与效果有重要关系,因此包裹体的特征分析显得尤其重要,因为宝石中特殊的光学效应的起因主要是其所含有规律的包裹体或包裹体群。如星光红宝石,琢磨宝石时使其底面平行于包裹体的平面(图 6-27)。

四、宝石矿物中包裹体研究方法

1. 肉眼及简单放大条件下可观察到的包裹物特征

(1)解理或解理纹。

(2)色带及生长纹。

(3)固体或金属矿物。

(4)宝石内部的双影。

(5)大的同生或次生包裹体。

(6)拼合石的胶合部位。

(7)一些明显的生长特征及缺陷。

(8)宝石中的一些特殊现象。

2. 宝石显微镜下,包裹体观察和鉴定的步骤

主要步骤如下。

(1)清洁宝石表面,以免将宝石表面的脏物当做是宝石包裹体。这是一个非常重要的步骤,很多初学者当表面清理不好时,往往会被吸附在表面上的灰尘欺骗,误以为是包裹体。

(2)用宝石显微镜的夹子夹住宝石,将宝石矿物台面向上,升降镜筒,聚焦在宝石的台面上。观察结晶质的包裹体最好用暗域照明,而观察气、液相包裹体可用亮域视场,金属矿物包裹体可用反射或顶光照明。

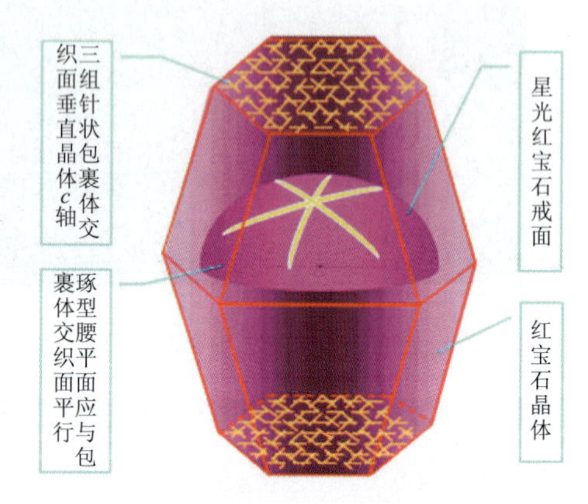

图 6-27　星光红宝石加工示意图

(3)先从最小的放大倍数开始观察,然后逐渐改变放大倍数。进行观察时必须把焦距调节于宝石内部。观察过程中要不断调节焦距以便能发现宝石内不同焦平面的包裹物。

(4)一旦发现典型的包裹体,便要记录其形状、颜色、大小、分布的位置、光性特征、折光率的相对大小、相态的特征及组合等,力求能确定其种类及性质(原生、同生或后生),为准确确定宝石的性状,甚至产地提供准确信息。

(5)当怀疑包裹体是否为表面的附着物时,可重新调节焦距。若显微镜准焦在宝石表面时"包裹体"才清楚,而稍调节焦距包裹体即变模糊,可怀疑为附着物,应重新清洁宝石表面,再作观察。

(6)若宝石表面较粗糙,则可将宝石放入到折光率与宝石接近的浸油中进行观察。常用的浸油有清水(1.33)、甘油(1.47)、丁香油(1.53)、三溴甲烷(1.59)、一溴萘(1.66)、二碘甲烷(1.74)(注意高折射率的浸油有毒和腐蚀性,应在通风的条件下观察;多孔的宝石如欧泊、青金石等不宜放在浸油中)。

第四节 宝石矿物形成后的变化

一、宝石矿物成分和结构的变化

宝石矿物形成之后,在后续的地质作用过程中,由于物理化学条件的改变,使宝石矿物的成分和结构变化而形成新的宝石矿物。例如,在风化作用中,钾长石变为高岭石:

$$4K[AlSi_3O_8]+4H_2O+2CO_2 \rightarrow Al_4[Si_4O_{10}](OH)_8+8SiO_2+2K_2CO_3$$

高岭石在区域变质作用中发生去水作用变为叶蜡石:

$$\underset{\text{高岭石}}{Al_4[Si_4O_{10}](OH)_8}+\underset{\text{石英}}{4SiO_2} \xrightarrow{310\sim390℃} \underset{\text{叶蜡石}}{2Al_2[Si_4O_{10}](OH)_2}+2H_2O$$

若变质作用温度继续升高,叶蜡石可变为蓝晶石(压力较大时)或红柱石(压力较小时):

$$\underset{\text{叶蜡石}}{Al_2[Si_4O_{10}](OH)_2} \xrightarrow{410\sim430℃} \underset{\text{蓝晶石}}{Al_2SiO_5}+\underset{\text{石英}}{3SiO_2}+H_2O$$

二、假象和副象

宝石矿物的变化还表现在因交代作用而形成的假象。交代作用通常沿矿物的边缘、裂隙、解理开始进行,若交代强烈时,原来的宝石矿物可全部被新形成的矿物所代替。当交代后宝石矿物成分已完全转变为新的宝石矿物,但仍保留原宝石矿物的外形,此现象称为假象。属于交代成因的称为交代假象,如褐铁矿呈黄铁矿假象或称假象褐铁矿;矿物发生同质多象转变后,新的矿物仍保留原矿物的外形,称为副象。

三、晶质化与非晶质化

一些非晶质宝石矿物在漫长的地质年代中逐渐变为结晶质，称为晶质化或脱玻化。如蛋白石转变为石英，火山玻璃的脱玻化形成石英、长石雏晶等。

与晶质化现象相反，一些晶质宝石矿物因获得某种能量而使晶格发生破坏，转变为非晶质宝石矿物，称为非晶质化或玻璃化。非晶质化的矿物称为变生宝石矿物。如晶质的锆石因含放射性元素，由于放射性元素蜕变，放出能量（α-射线）而非晶质化变为变生矿物水锆石，进一步变成曲晶石，与此同时矿物的一系列物理性质也随之变化。

宝石矿物各论

第一章　宝石矿物的分类和命名

第一节　宝石矿物的分类

在第二篇我们阐述了宝石和宝石矿物的概念以及必须具备的条件，目前世界上能被用作宝石的矿物、矿物集合体和岩石有一百多种。由于宝石具明显的商品特性，价值相差悬殊，存在有机与无机、矿物与岩石、单晶与集合体等之分，因此宝石矿物的分类需要从宝石学、矿物学以及其他一些因素综合考虑。本书按照以矿物的化学成分和晶体结构为依据的晶体化学分类体系，结合《中华人民共和国国家标准——珠宝玉石名称》(GB/T 16552－2010)，综合宝石矿物物质组成、矿物学特征、宝石的商品特性、工艺特性等，并考虑到国际的通用性、习惯性以及我国以玉为特色的传统，将宝石矿物作如下分类。需做说明的是天然有机宝石虽然不属于矿物，但考虑到分类的完整性，还是将其列入，并在宝石矿物各论中做简单阐述。根据上述原则，本教材将宝石矿物分类如下(仅列出大类)。

第一大类　自然元素宝石矿物

第二人类　氧化物宝石矿物

第三大类　含氧盐宝石矿物

第四大类　天然玉石

第五大类　天然有机宝石

第二节 宝石矿物的命名

一、宝石矿物命名概述

由于历史和地域差异等原因，目前有关宝石矿物的定名没有一个统一的原则和标准，可以说命名方法多种多样，有的甚至是含混不清的，概述起来大致有以下几种情况。

1. 以颜色直接命名宝石矿物

如红宝石、绿宝石、蓝宝石等。由于认识水平的限制，早期人们无法准确鉴别宝石矿物，只能以直观感觉来命名宝石矿物，于是造成了同一名称包含多个品种的混乱。如在绿宝石这一名称下就可能包含了祖母绿、绿色蓝宝石等所有绿色的宝石矿物品种，甚至包括绿色玻璃等。

2. 以特殊的光学效应直接命名

如用星光效应、猫眼效应和变色效应直接命名，便产生了星光宝石、猫眼和变石等名称。

3. 以产地命名

以产地直接命名，使产品带有地域特色，便于销售，久而久之，这些产地名演变成宝石品种的名称。以蛇纹石玉为例，产于辽宁岫岩的蛇纹石玉称为岫岩玉；产于广东信宜则称为南方玉或信宜玉；产于广西陆川又称为陆川玉等。

4. 采用矿物和岩石名称直接命名

这是宝石界普遍采用的一种命名方式，特别是一些新发现的宝石品种的命名，优点是准确性好。例如尖晶石、绿柱石、石榴子石、电气石、堇青石、锂辉石等。

5. 古代的一些传统名称

如翡翠、琥珀等，这些传统名称都与古代的一些传说有关。

6. 以生产厂家、生产方法、式样等直接命名宝石

例如用查塔姆祖母绿、林德祖母绿来命名合成祖母绿。还有用工艺名称、俗

称和商业名称等对宝石进行命名的。

二、宝石矿物命名原则

本书对宝石矿物的命名依据《中华人民共和国国家标准——珠宝玉石名称》(GB/T 16552－2010)，同时考虑到商业界和传统的名称习惯以及国际通用名称和规则。

《中华人民共和国国家标准——珠宝玉石名称》(GB/T 16552－2010)以矿物、岩石名称作为天然宝石材料的基本名称。部分传统名称源于矿物但又不完全等同于矿物名称，但这些名称已普遍被国际珠宝界接受，并成为某些宝石的特指名称，国家标准仍给予了采纳和继续使用，作为天然宝石材料的基本名称，如翡翠、软玉、玛瑙、钻石、祖母绿、红宝石等。考虑到我国传统珠宝业习惯，部分由产地命名的珠宝玉石名称从古代沿用至今已被广泛接受，且有确切对应的天然矿物岩石的名称，这些名称在国家标准中也被保留了下来，如和田玉与岫玉，它们分别指软玉和蛇纹石玉，但这些由产地演变而来的玉石名称已不再具有产地的含义。

《中华人民共和国国家标准——珠宝玉石名称》(GB/T 16552－2010)对珠宝玉石名称命名原则规定如下。

1. 天然宝石

直接使用天然宝石基本名称或其矿物名称，无需加“天然”二字，如：“金绿宝石”“红宝石”等。产地不参与定名，如不能称“南非钻石”“缅甸蓝宝石”等。

2. 天然玉石

直接使用天然玉石基本名称或其矿物(岩石)名称。在天然矿物或岩石名称后可附加“玉”字，无需加“天然”二字，如：翡翠、软玉等。“天然玻璃”除外。

3. 天然有机宝石

直接使用天然有机宝石基本名称，无需加“天然”二字，“天然珍珠”“天然海水珍珠”“天然淡水珍珠”除外。养殖珍珠可简称为“珍珠”，海水养殖珍珠可简称为“海水珍珠”，淡水养殖珍珠可简称为“淡水珍珠”。不以产地修饰天然有机宝石名称，如“波罗的海琥珀”。

4. 合成宝石

必须在其所对应天然珠宝玉石名称前加“合成”二字，如“合成红宝石”“合成祖母绿”等。禁止使用生产厂、制造商的名称直接定名,如“查塔姆(Chatham)祖母绿”“林德(Linde)祖母绿”等。禁止使用易混淆或含混不清的名词定名,如“鲁宾石”“红刚玉”“合成品”等。

5. 人造宝石

必须在材料名称前加“人造”二字,如“人造钇铝榴石”“玻璃”“塑料”除外。禁止使用生产厂、制造商的名称直接定名。禁止使用易混淆或含混不清的名词定名,如“奥地利钻石”等。不允许用生产方法参与定名。

6. 拼合宝石

逐层写出组成材料名称,在组成材料名称之后加“拼合石”三字,如“蓝宝石、合成蓝宝石拼合石”,或以顶层材料名称加“拼合石”三字,如“蓝宝石拼合石”。由同种材料组成的拼合石,在组成材料名称之后加“拼合石”三字,如“锆石拼合石”。对于分别用天然珍珠、珍珠、欧泊或合成欧泊为主要材料组成的拼合石,分别用拼合天然珍珠、拼合珍珠、拼合欧泊或拼合合成欧泊的名称即可,不必逐层写出材料名称。

7. 再造宝石

在所组成天然珠宝玉石名称前加“再造”二字。如“再造琥珀”等。

8. 仿宝石

在所模仿的天然珠宝玉石名称前冠以“仿”字,如“仿祖母绿”“仿珍珠”等。应尽量确定并给出模仿某种宝石所用的具体珠宝玉石的名称,且采用下列表示方式表达:如“玻璃”或“仿水晶(玻璃)”。当确定模仿某种宝石所用的具体珠宝玉石的名称时,应遵循本标准规定的其他各项命名规则。

第二章　自然元素宝石矿物

自然非金属

金刚石(Diamond)(钻石)

矿物学名称为金刚石,珠宝界统称为钻石。

[**化学成分**]　C,钻石是自然非金属元素碳(C)的同质多象变体之一,成分中可含有微量的 N、B、Si、Al、Na、Ba、Fe、Cr、Ti、Ca、Mg、Mn 等元素。其中 N 和 B 等元素的含量决定了钻石的类型、颜色及部分物理化学性质。天然钻石中含氮量可高达 2%。根据是否含 N 分为两类:一是含 N 者为Ⅰ型,Ⅰ型又据 N 的存在形式进一步分为Ⅰa 型和Ⅰb 型。Ⅰa 型中 N 含量在 0.1%~0.25%之间,氮原子以不同的聚合态形式存在于钻石的结构中,增强了钻石的硬度、导热性、导电性。天然钻石中 98%为Ⅰa 型。Ⅰb 型钻石在自然界中很少见,仅占天然钻石的 1%左右,N 含量很少,N 以单个原子形式置换钻石中的 C,Ⅰb 型绝大多数见于人造钻石中。二是不含 N 或含 N 量极微(<0.001%)的Ⅱ型,又根据是否含 B 进一步分为Ⅱa 型和Ⅱb 型。Ⅱa 型一般不含 B。天然的钻石中Ⅱa 型含量很少,具良好的导热性是Ⅱa 型钻石的特性。Ⅱb 型含 B 元素,往往呈天蓝色,具半导体性能,Ⅱb 型钻石在自然界中也罕见。

[**晶体结构**]　等轴晶系。a_0=0.356nm,Z=8。钻石的晶体结构中 C 分布于立方晶胞的 8 个角顶和 6 个面中心,在将晶胞平均分为 8 个小立方体时,其中的 4 个相间的小立方体中心分布有 C(图 2-1)。钻石结构中碳原子形成 4 个共价键,键角 109°28′16″。钻石具有紧密的结构,原子间以强共价键相连,这些特征造成了它具有高硬度、高熔点、不导电的特性。

[**形态**]　六八面体晶类,对称型 $3L^4 4L^3 6L^2 9PC$。晶形呈八面体(图 2-2)、菱形十二面体(图 2-3),较少呈立方体,依(111)成双晶。单形主要是八面体{111}、菱形十二面体{110}及它们的聚形,少数为八面体{111}、菱形十二面体{110}与立方体{100}、四六面体{$hk0$}成聚形。由于熔蚀作用常见晶体呈浑圆状,晶面弯曲(图 2-4),并出现蚀像,不同的单形有不同的蚀像(图 2-5),如八面体晶面出现三角形、立方体晶面出现四边形熔蚀坑。自然界中钻石大多数呈单晶产出,常见不同变形程度的粒状或碎粒。

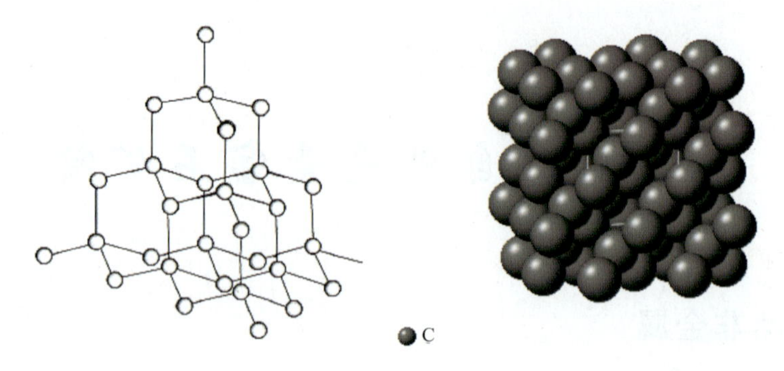

图 2-1　钻石晶体结构

图 2-2　钻石八面体晶形

图 2-3　菱形十二面体钻石

图 2-4　曲面八面体钻石

图 2-5　钻石双晶和蚀像

[物理性质]　纯净者透明无色，常因含微量杂质而呈蓝、黄、灰、黑等各色。典型的金刚光泽，断口油脂光泽。平行{111}解理中等。摩氏硬度 10。密度 3.52(±0.01)g/cm^3。性脆，折射率 2.417，无双折射。光性均质体。具强色散性，色散值 0.044。纯净钻石导热性良好，室温下其导热率几乎是铜的 5 倍。

无色、浅黄色钻石在紫区 415.5nm 处有一条吸收带。在紫外线下，多数钻石有不同程度的蓝色荧光；有些钻石有不同程度的黄色、紫色、粉红色或白色荧光；有一部分钻石没有荧光。

常见的钻石琢型有圆多面型、心型、椭圆型、马眼型、梨型、祖母绿型、公主方型和辐射型等(图 2-6)。

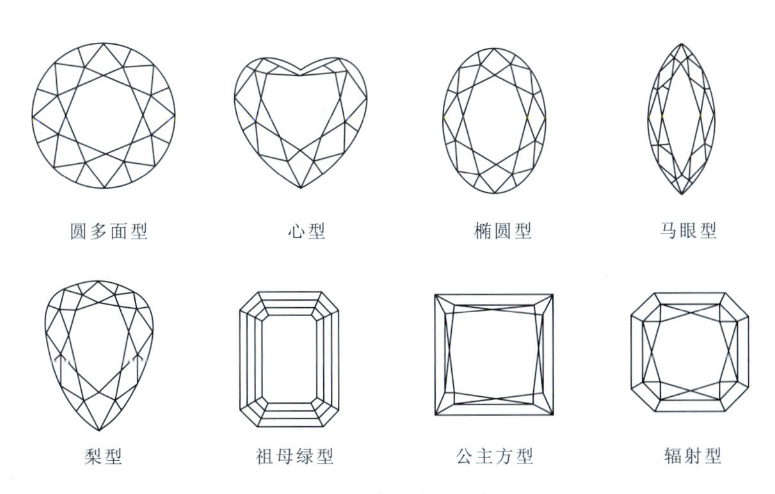

图 2-6　常见钻石琢型

[产状和产地]　钻石是在高温、极高压及还原(即缺氧)环境下缓慢结晶的。其温度为900℃～1 300℃,压力为4 000～6 000个大气压(相当于地表之下150～200km的深度),这个深度相当于上地幔。碳元素在漫长的地质作用过程中从熔融体中缓慢结晶出来,含有钻石等结晶矿物的熔浆沿(切入上地幔的)深大断裂被挤到地表浅处或喷出地表,形成超基性火山岩或次火山岩,形成了原生钻石矿。

钻石目前仅见产于超基性岩的金伯利岩(角砾云母橄榄岩)、钾镁煌斑岩及高级变质岩榴辉岩中。原生矿在外生作用下岩石发生风化、分解,经雨水及河流的冲刷、分选、搬运作用,形成残积、坡积、冲积等类型的砂矿。

世界上著名钻石产地有南非、博茨瓦纳、刚果、澳大利亚、俄罗斯等。我国山东、辽宁等地相继发现钻石的原生矿床,湖南也发现有钻石砂矿。

[鉴定特征]　以极高的硬度,标准金刚光泽,具(111)四组完全解理,表面常具有蚀像为鉴定特征。

[用途]　钻石具有很高的经济价值。根据用途不同可分为宝石级钻石和工业级钻石。前者主要利用其光彩诱人的色泽和极高的硬度,经人工琢磨成各种多面体后就成为首饰用“钻石”,钻石至今仍然是最紧俏、最名贵的宝石,质优粒大者价格更为昂贵。后者主要利用其各种特性,如利用Ⅰ型钻石的高硬度制作仪表轴承、各类刀镶钻头;用Ⅱb型钻石制作固体微波器及激光器件散热片,利用其优良的红外线穿透性制造卫星窗口和高功率激光器的红外窗口,利用其半导体性能制作整流器、三极管等。随着科学技术的迅速发展,钻石的用途越来越广泛。

第三章　氧化物宝石矿物

第一节　氧化物类

(一)刚玉(Corundum)(红宝石、蓝宝石)

[化学组成]　Al_2O_3,Al 53.2%,O 46.8%,有时含微量的 Fe、Ti、Cr、Mn 等,含 Cr 者呈红色,称为红宝石;含 Fe、Ti 而呈蓝色者称为蓝宝石。

[晶体结构]　三方晶系。$a_0=0.477nm$,$c_0=1.304nm$,$Z=6$。晶体结构特点为:沿垂直三次轴方向上 O^{2-} 成六方层最紧密堆积,而 Al^{3+} 则在两组 O^{2-} 层之间,充填 2/3 的八面体空隙。两个较为靠近的 Al^{3+} 产生了斥力,因而两组 O^{2-} 层之间的 Al^{3+} 并不在同一水平面内(图 3-1)。

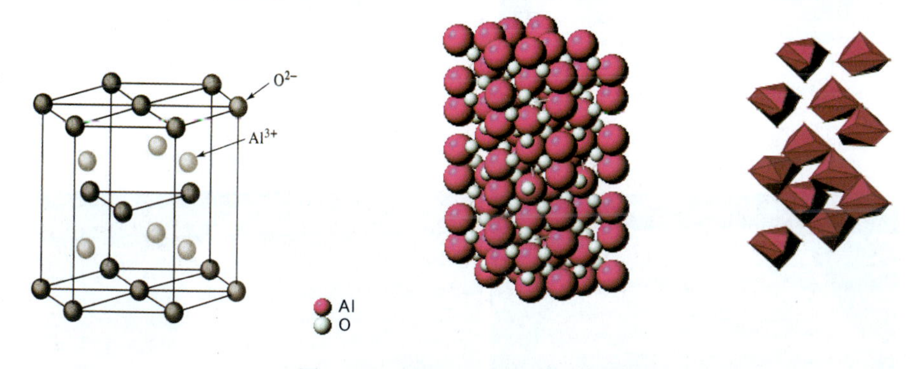

图 3-1　红宝石、蓝宝石晶体结构

[形态]　复三方偏三角面体晶类,对称型 $L^3 3L^2 3PC$。一般呈近似腰鼓状、柱状,少数呈板状或片状(图 3-2),常依菱面体{$10\bar{1}1$},较少依{0001}成聚片双晶,以致在晶面上常出现相交的几组条纹(图 3-3)。

[物理性质]　红宝石一般为红、橙红、紫红、褐红色;蓝宝石一般呈蓝色、蓝绿、绿、黄、橙、粉、紫、黑、灰、无色。玻璃光泽至亚金刚光泽,透明,无解理,常因

图 3-2　红宝石、蓝宝石鼓状、板状晶体

图 3-3　红宝石、蓝宝石晶面条纹

聚片双晶或细微包裹体产生{0001}或{$10\bar{1}1$}的裂理。

红宝石和蓝宝石的摩氏硬度为 9，平行光轴面的硬度略大于垂直光轴面的硬度。多数红宝石和蓝宝石的密度变化于 3.99～4.00g/cm^3 之间，Cr、Fe 等杂质元素含量影响着密度值的大小，含量越高，密度越大。

折射率为 1.762～1.770(+0.009，−0.005)，双折射率为 0.008～0.010，一轴晶负光性。红宝石和蓝宝石均具有二色性，二色性的强弱以及色彩变化均取决于自身颜色和颜色深浅程度。

长短波紫外线下红宝石均可发现红色荧光，且长波下的荧光强度高于短波下的荧光强度，日光也可激发其红色荧光，但含 Fe 高者荧光较弱。蓝宝石一般无荧光，但含 Cr 的斯里兰卡蓝宝石和美国蒙大拿州蓝宝石有时呈粉色荧光。而斯里兰卡产的一些黄色蓝宝石可具杏黄色或橙黄色荧光。

红宝石和蓝宝石常见刻面琢型有圆型、椭圆型、阶梯形等(图 3-4)。

图 3-4　各种琢型的红宝石和蓝宝石

[品种]　刚玉宝石矿物品种的划分主要依据颜色和特殊光学效应。

1. 依据颜色划分品种

红宝石即红色的刚玉，它包括了红色、橙红色、紫红色、褐红色的刚玉宝石。蓝宝石即除去红宝石以外的所有刚玉宝石，它包括蓝色、蓝绿色、绿色、黄色、橙色、粉色、紫色、灰色、黑色、无色等多种颜色。

2. 依据特殊光学效应划分品种

依据特殊光学效应，刚玉宝石矿物可以划分为星光红宝石、星光蓝宝石、变色蓝宝石等品种。

红、蓝宝石可含丰富的金红石包体，在垂直于 Z 轴的平面内出溶三组金红石针状包体，互成 60°角相交，加工成弧面形宝石后显示六射星线，称星光红宝石或星光蓝宝石（图 3-5），都是名贵的宝石。

少数蓝宝石具变色效应，它们在日光下呈蓝色、灰蓝色，在灯光下呈暗红色、褐红色，变色效应一般不明显，颜色也不十分鲜艳。

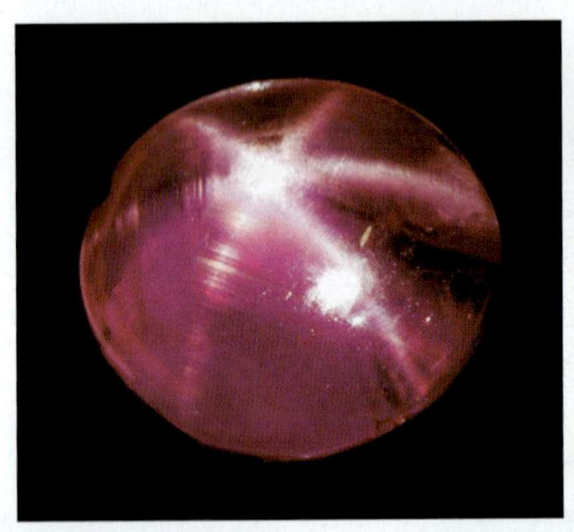

图 3-5　星光红宝石和星光蓝宝石

[产状和产地]　红宝石和蓝宝石可以形成于岩浆作用、火山作用、接触变质作用和区域变质作用过程中。岩浆作用中红宝石和蓝宝石形成于富 Al_2O_3 贫 SiO_2 的环境下，因而多见于刚玉正长岩和斜长岩中或刚玉正长岩质伟晶岩中。火山作用主要有碱性玄武岩型，新生代碱性玄武岩型是最重要的蓝宝石原生矿床，澳大利亚、泰国的著名蓝宝石矿床和我国山东昌乐、福建明溪等蓝宝石产地都属于这一类型。权威的研究结果表明，碱性玄武岩中的蓝宝石（刚玉）成因是玄武岩浆喷出地表以前在地壳深处形成的高压巨晶，蓝宝石巨晶的寄主岩主要是强碱性的碱性橄榄玄武岩和碧玄岩。接触交代作用形成的红宝石和蓝宝石，见于火成岩与灰岩的接触带中。黏土质岩石经区域变质作用则可以形成刚玉结晶片岩。由于红宝石和蓝宝石具有很好的化学稳定性，各种成因的含红宝石和蓝宝石矿床或岩石，遭受风化破坏时，红宝石和蓝宝石往往转入砂矿之中。

红宝石的著名产地有缅甸的抹谷、阿富汗、莫桑比克、马达加斯加、巴基斯坦北部的罕萨（HunZa）、坦桑尼亚的翁巴地区、澳大利亚、泰国以及柬埔寨、越南等。蓝宝石的著名产地有澳大利亚的新南威尔士州、中国山东昌乐地区、泰国、柬埔寨、老挝和越南南部地区、印度克什米尔地区、斯里兰卡、美国蒙大拿州。

[鉴定特征]　以其晶形、双晶条纹和高硬度、较高密度作为鉴定特征。

[主要用途]　由于硬度高，可作为研磨材料和精密仪器的轴承。晶形好、晶

体粗大、色泽美丽且无瑕者，为高档宝石，如红宝石、蓝宝石、星光红宝石、星光蓝宝石等。人工合成红宝石可作为激光材料。

（二）石英（Quartz）

［化学组成］　SiO_2，含 Si 46.7%，成分较纯。在石英中常含不同数量的气态、液态和固态物质的机械混入物。

［晶体结构］　三方晶系。$a_0=0.491nm$，$c_0=0.541nm$，$Z=3$。其中硅氧四面体以角顶相联，平行于 c 轴呈线状分布，按同一方向围绕三次轴旋转排列（图 3－6）。

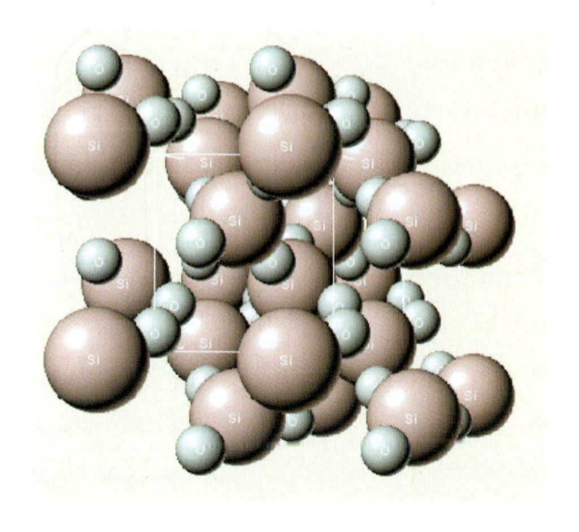

图 3－6　石英的晶体结构

［形态］　三方偏方面体晶类，对称型 $L^3 3L^2$。完好晶形常见，通常呈六方柱{$10\bar{1}0$}和菱面体{$10\bar{1}1$}、{$01\bar{1}1$}等单形所成之聚形，集合体呈粒状、致密块状或晶簇（图 3－7）。柱面上常具横纹。有时还出现三方双锥{$11\bar{2}1$}和三方偏方面体{$51\bar{6}1$}（右形）或{$6\bar{1}\bar{5}1$}（左形）单形的小面。

图 3－7　石英晶体和集合体

石英有左晶和右晶的区别，其识别标志是根据三方偏方面体所在的位置来决定，如果三方偏方面体位于柱面{$10\bar{1}0$}的右上角，单形符号为{$51\bar{6}1$}者，是为右形；三方偏方面体位于柱面的左上角，单形符号为{$6\bar{1}\bar{5}1$}者，是为左形。相应地，整个晶体就有左形晶体和右形晶体之分（图 3－8）。

石英常呈双晶，正确鉴别它具有实用意义，因为双晶的存在直接影响到石英

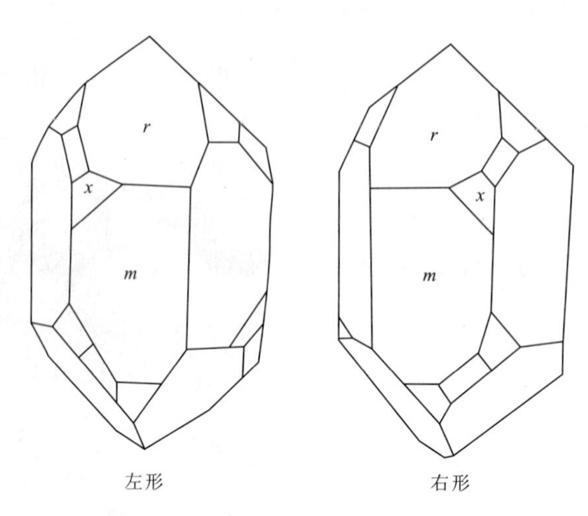

图 3-8　石英的左形和右形

m 六方柱，r 菱面体，x 三方偏方面体

的用途，石英双晶也是宝石收藏爱好者喜欢的品种。常见双晶有道芬双晶、巴西双晶和日本双晶(图 3-9)。

[**物理性质**]　石英的颜色可有无色、紫色、黄色、粉红色、褐色至黑色。玻璃光泽，断口呈油脂光泽。透明至半透明。无解理。贝壳状断口。硬度为 7。密度为 2.66(+0.03,-0.02)g/cm^3。折射率为 1.544～1.553，双折率为 0.009。一轴晶正光性。多色性弱，与体色深浅有关。无紫外荧光。具压电性。

[**品种**]　石英品种可分为三大类：晶质石英、隐晶质石英和多晶质石英岩。

1. 晶质石英

晶质石英依据颜色，可将其划分为水晶、紫晶、黄晶、烟晶、芙蓉石等；依据特殊的光学效应，又可将其划分为星光水晶、石英猫眼；依据包体特征，又可将其划分为发晶、绿幽灵、水胆水晶等。

(1)水晶：水晶是无色透明的纯净的二氧化硅晶体(图 3-10)，内部可含丰富的包裹体，常见的包裹体有负晶、流体包裹体及各种固体包裹体。水晶中的固体包裹体主要有金红石、电气石、阳起石、绿泥石、磷灰石、角闪石、绿帘石、方解石和云母等。

(2)紫水晶：紫水晶的颜色从浅紫到深紫色，可带有不同程度的褐色、红色、蓝色，巴西所产高品质紫水晶呈较深的紫色(图 3-11)。紫水晶成分中含有微量的铁，经辐照作用，Fe^{3+} 离子的电子壳层中成对电子之一受到激发，产生空穴

（a）道芬双晶

（b）巴西双晶

（c）日本双晶

图 3－9　水晶的道芬双晶、巴西双晶和日本双晶

图 3 - 10　水晶晶体和手链

图 3 - 11　紫水晶晶簇和刻面紫水晶

色心 FeO_4^{4-}，空穴主要在可见光 550nm 处产生吸收，而使水晶产生紫色。在加热或阳光暴晒下紫晶中的色心会遭到破坏，发生褪色。

(3)芙蓉石：一种淡红色至蔷薇红色石英，也称“蔷薇水晶”，因成分中含有微量的 Mn 和 Ti 而致色(图 3 - 12)。在空气中加热至 575℃时，红色即消褪。在日光下长期暴露时红色即逐渐变淡。有些蔷薇石英中含有细微的金红石包体，具透星光和表面星光效应。蔷薇石英常成巨大块体出现于某些花岗伟晶岩的核心部位。

(4)烟晶：一种烟色至棕褐色的水晶，也称“茶晶”(图 3 - 13)，成分中含有微量的 Al，Al^{3+} 代替 Si^{4+}，受到辐照后产生$[AlO_4]^{4-}$空穴色心，而使水晶产生烟色。加热至 225℃以上时即开始褪色，但极为缓慢，随着温度的增高，褪色速度逐渐加快。

(5)黄水晶：一种黄色的水晶(图 3 - 14)，成分中含有微量的 Fe 和结构水

图 3 - 12　蔷薇石英晶簇和宝石

图 3 - 13　烟晶单晶和宝石

图 3 - 14　黄水晶晶体

H_2O。颜色可能与晶体中成对占位的 Fe^{2+} 有关，常见的颜色有浅黄色、黄色、金黄色、褐黄色、橙黄色。黄水晶在自然界产出较少，常同紫晶及水晶晶簇伴生，市面上流行的黄水晶部分是由紫晶加热处理而成或为合成黄水晶。

(6)星光水晶：当水晶中含有两组以上定向排列的针状、纤维状包体时，其弧面形宝石表面可显示星光效应，一般为六射星光，也可有四射星光(图 3－15)。具有星光效应的石英主要见于芙蓉石，有时也见有无色的及淡黄色的星光石英。我国星光石英主要产于新疆阿尔泰地区。

(7)石英猫眼：通常为半透明，浅灰到灰褐色，当石英中含有大量平行排列的纤维状包体，如石棉纤维时，其弧面形宝石表面可显示猫眼效应，称为石英猫眼(图 3－15)。石英猫眼的主要产地有斯里兰卡、印度和巴西。

图 3－15　星光水晶和石英猫眼

(8)发晶：无色透明的石英晶体中含有纤维状、针状、丝状、放射状的金红石、电气石、角闪石、阳起石、绿帘石等包体(图 3－16)。这些包体常呈定向排列，犹如发丝，传统上把这类水晶称为发晶。包体的颜色不同，所形成的发晶也不尽相同，常见的颜色有黑色、金黄色、铜红色、银白色、绿色等。

(9)绿幽灵：是指在水晶的生长过程中，包含了绿泥石矿物质，在通透的白水晶里，浮现出聚宝盆、水草、漩涡、金字塔、满天星、千层等天然异象，又被称为异象水晶，多层重叠的千层绿幽灵被称为幻影水晶(图 3－17)。内包物颜色为绿色的则称为绿幽灵水晶，同样道理，因火山灰颜色的改变，也会形成红幽灵、白幽灵、紫幽灵、灰幽灵水晶等。

(10)水胆水晶：透明水晶晶体的内部含有较大的液态包体，称作水胆水晶(图 3－18)。有些大型水胆水晶的晶体在摇晃时，还能看到液体的滚动。

图 3 - 16　发晶

图 3 - 17　绿幽灵

2. 隐晶质石英

隐晶质石英可分为玉髓和玛瑙。

化学成分为 SiO_2，可含有 Fe、Al、Ti、Mn、V 等元素。隐晶质结构，为超显微隐晶质石英集合体。多呈块状产出。单体呈纤维状，杂乱或略定向排列，粒间微孔内充填水分和气体（图 3 - 19）。常见白色、红色、绿色和蓝色（图 3 - 20）。油脂光泽至玻璃光泽。无解理，贝壳状断口。摩氏硬度 6.5～7。密度 2.60

图 3－18　水胆水晶

(＋0.10,－0.05)g/cm³。折射率 1.535～1.539,点测法 1.53 或 1.54。双折射率集合体不可测。隐晶质集合体。通常无紫外荧光,有时可显弱至强的黄绿色荧光。放大检查可见隐晶质结构和特殊图纹。

图 3－19　玉髓致密块状集合体

具有不同颜色而呈带状分布的玉髓称玛瑙(图 3－21)。通常沿岩石的空洞或空隙周围向中心填充,形成同心层状或平行层状的块体。按其花纹和颜色的不同而有带状玛瑙、苔纹玛瑙、碧石玛瑙等名称。成因同玉髓。

市场上目前比较热门的南红、战国红和黄龙玉(图 3－22),也都是石英的隐晶质集合体。

图 3-20　各种颜色的玉髓

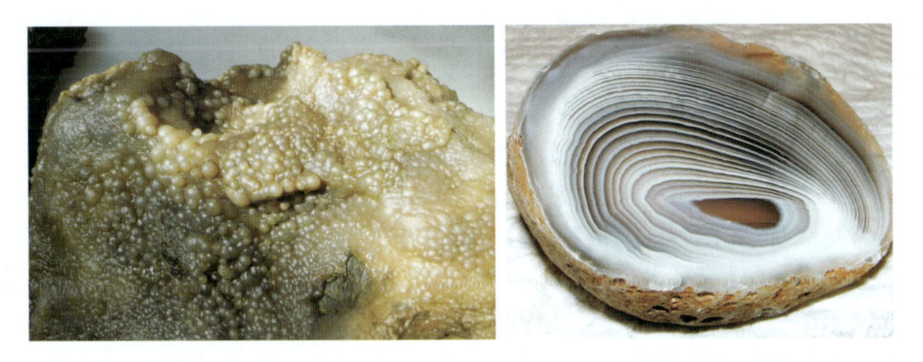

图 3-21　玛瑙

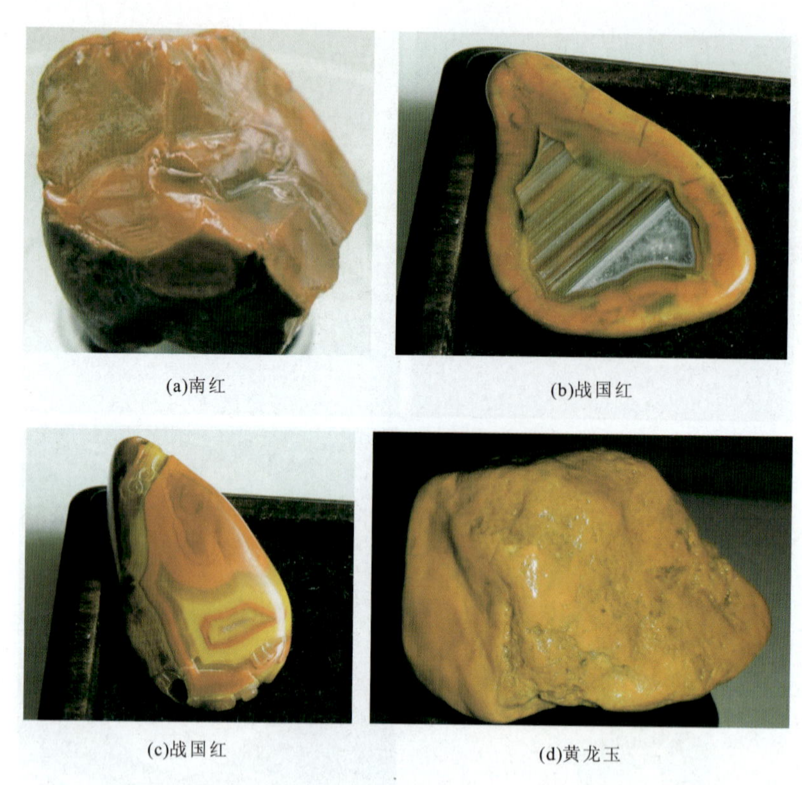

(a)南红　(b)战国红　(c)战国红　(d)黄龙玉

图 3-22　南红、战国红和黄龙玉

3. 多晶质石英岩

化学组成主要是 SiO_2，另外可含有少量 Ca、Mg、Fe、Mn、Ni、Al、Ti、V 等元素。主要矿物为石英，可含有云母类矿物、绿泥石、褐铁矿、赤铁矿、针铁矿、黏土矿物等。

粒状结构、纤维状结构、隐晶质结构。石英岩呈显微隐晶质—显晶质集合体。石英岩呈块状、团块状、条带状、皮壳状、钟乳状结构(图 3-23)。

常见绿色、灰色、黄色、褐色、橙红色、白色、蓝色等。东陵石为具砂金效应的石英岩，含铬云母等呈绿色(图 3-24)；含蓝线石呈蓝色；含锂云母呈紫色。玻璃光泽至油脂光泽。无解理。摩氏硬度 7。密度 2.64～2.71 g/cm^3。非均质集合体。多色性集合体不可测。折射率 1.544～1.553，点测法常为 1.54。双折射率集合体不可测。紫外荧光一般无，含铬云母石英岩无至弱，灰绿或红。吸收光谱不特征，含铬云母的石英岩可具 682nm、649nm 吸收带。放大检查可见粒状

图 3-23　石英岩原石

图 3-24　绿色东陵石

结构，可含云母或其他矿物包体。东陵石具砂金效应。含铬云母石英岩在查尔斯滤色镜下呈红色。

石英质玉石的产地多、产状各异。原生矿主要产于中酸性岩的侵入体中和火山岩、凝灰岩的气孔、裂隙中，由富含二氧化硅的胶体溶液充填冷凝而成。次生矿床由原生矿床风化淋滤、搬运而成。石英质玉石矿的产地很多，几乎世界各地都有产出。

石英岩以其玻璃光泽、密度和折射率为鉴定特征。东陵石的石英颗粒比较粗，其内所含的片状矿物相对较大，在阳光下片状矿物可呈现一种闪闪发光的砂金效应。

[产状和产地]　水晶在自然界分布极广，它形成于各种地质作用，是花岗伟

晶岩脉和大多数热液脉的主要矿物成分。世界各地几乎都有水晶矿的产出。而彩色水晶的著名产地主要有巴西的米纳斯、吉拉斯，马达加斯加、美国的阿肯色州、俄罗斯的乌拉尔、缅甸等。我国的水晶资源丰富，25个以上的省区有水晶产出。江苏是中国优质水晶的主要产地，其中以东海最为著名，被称为中国的“水晶之乡”。此外海南、新疆、四川也是高品质水晶的产地。

［鉴定特征］ 水晶以其晶形、无解理、贝壳状断口、硬度7为鉴定特征。水晶的垂直光轴干涉图中分割干涉色色环的黑十字臂达不到中心，形成一种中空的图案，俗称牛眼干涉图(图3－25)。

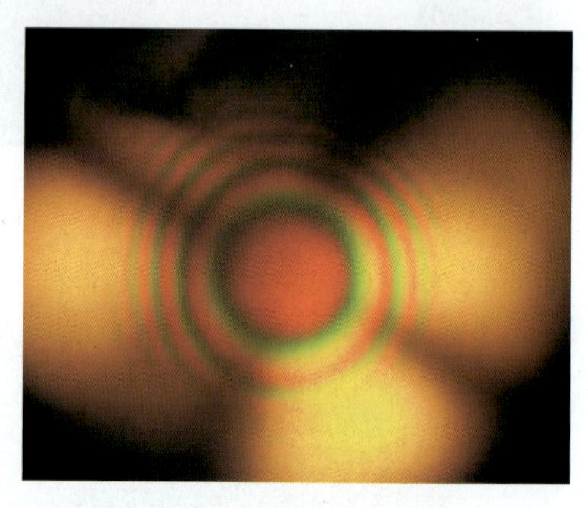

图3－25　水晶的牛眼干涉图

［主要用途］ 水晶的用途很广。水晶中没有任何包裹体、双晶或裂缝的部分可作压电石英，用于国防工业、无线电工业等方面；水晶还用于制造透镜、棱镜等光学仪器。熔炼水晶用于制造水晶灯泡、耐酸和耐高温的化学器材，也是搪瓷、陶瓷、玻璃及高科技领域中某些新材料的最重要的原料。

（三）金绿宝石(Chrysoberyl)

［化学组成］ $BeAl_2O_4$，BeO 19.8%，Al_2O_3 80.2%，常含有Fe、Cr、Ti等。不同的微量元素使金绿宝石矿物产生不同的颜色。

［晶体结构］ 斜方晶系。$a_0=0.548$nm，$b_0=0.443$nm，$c_0=0.941$nm，$Z=4$。金绿宝石晶体结构与橄榄石等结构：Be占据Si的位置，Al占据Fe和Mg的位置(图3－26)。

［形态］ 斜方双锥晶类，对称型$3L^2 3PC$。原生矿物晶体常呈板状、短柱状晶形。晶面常见平行条纹，晶体常形成假六方的三连晶穿插双晶(图3－27)。

［物理性质］ 金绿宝石通常为浅一中等的黄色至黄绿色、褐色至黄褐色以及很罕见的浅蓝色，猫眼主要为黄色一黄绿色、褐色一褐黄色；变石通常在日光下为带有黄色色调、褐色色调、灰色色调或蓝色色调的绿色(例如：黄绿、褐绿、灰绿、蓝绿)，而在白炽灯光下则呈现橙色或褐红色一紫红色；变石猫眼呈现出蓝绿色和紫褐色。

玻璃光泽至亚金刚光泽。透明至不透明。猫眼的光泽多为玻璃光泽，呈亚透明至半透明。金绿宝石晶体可出现三组不完全解理，变石和猫眼一般无解理。

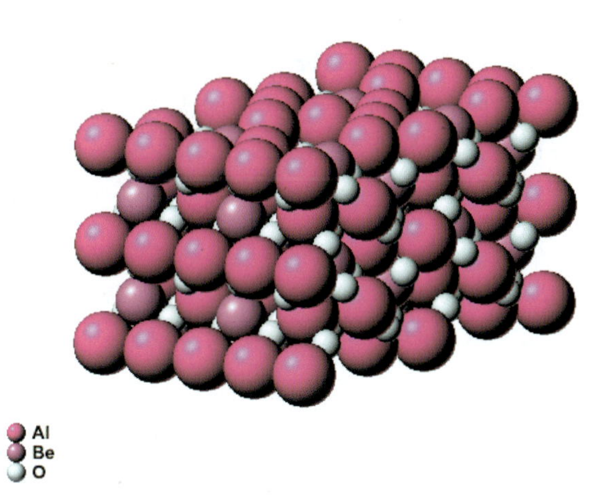

图 3-26　金绿宝石晶体结构

图 3-27　金绿宝石板状晶体和三连晶穿插双晶

金绿宝石常出现贝壳状断口，断口呈现玻璃—油脂光泽。摩氏硬度一般为8～8.5。密度为3.73（±0.02）g/cm^3。折射率为1.746～1.755（+0.004，−0.006），双折率为0.008～0.010。二轴晶，正光性。具三色性，呈弱至中等的黄、绿和褐色。金绿宝石在紫外荧光灯下，长波时无荧光，短波时，黄色和绿黄色金绿宝石一般为无至黄绿色荧光。

[品种] 金绿宝石根据其特殊光学效应的有无可分为以下品种。

1. 金绿宝石

指没有任何特殊光学效应的金绿宝石（图3－28）。

2. 猫眼

具有猫眼效应的金绿宝石称之为猫眼（图3－29）。在光线照射下，金绿宝石猫眼表面呈现一条明亮光带，光带随着宝石或光线的转动而移动。目前，只有这种金绿宝石的猫眼无须注明矿物种而直称“猫眼”。猫眼可呈现多种颜色，如蜜黄、黄绿、褐绿、黄褐、褐等色。猫眼宝石在聚光光源下，宝石的向光一半呈现其体色，而另一半则呈现乳白色。

图3－28 金绿宝石刻面宝石

图3－29 金绿宝石猫眼

3. 变石

具有变色效应的金绿宝石称之为变石（图3－30）。也称亚历山大石，在日光或日光灯下呈现以绿色色调为主的颜色，而在白炽灯光下或烛光下则呈现出以红色色调为主的颜色。

图 3-30　变石刻面宝石

4. 变石猫眼

变石猫眼是同时具有变色效应及猫眼效应的金绿宝石。变石猫眼既含有产生变色效应的铬元素，又含有大量丝状包体以产生猫眼效应。变石猫眼是一种更珍贵、更稀有的宝石品种。

［产状和产地］　主要产在老变质岩地区的花岗伟晶岩、蚀变细晶岩中，以及超基性岩的蚀变岩——云母岩中。而真正具工业意义的金绿宝石矿大多产于砂矿中。

金绿宝石的主要产地有俄罗斯的乌拉尔地区、斯里兰卡、巴西、缅甸、津巴布韦等。最好的变石，即具有强烈变色效应的变石产于俄罗斯的乌拉尔地区。而斯里兰卡砂矿中则产出黄绿色大颗粒变石及高质量的猫眼宝石。除斯里兰卡外，目前主要的金绿宝石产地是巴西，巴西发现了金绿宝石类宝石的各个品种，包括透明的黄色、褐色金绿宝石，很好的猫眼及高质量的变石。

［鉴定特征］　金绿宝石和猫眼的吸收光谱具有相似的特点，主要产生了以445nm为中心的强吸收带。变石在可见光吸收光谱上具有如下特点：680.5nm和678.5nm两条强吸收线，665nm、655nm和645nm三条弱吸收线，580～630nm的部分吸收，476.5nm、473nm及468nm的三条弱吸收线，紫区通常完全吸收。

变石以其本身独特的光学效应及其物理化学性质区分于大多数天然宝石。

在鉴定变石时要考虑与以下具有变色效应的宝石相鉴别：变色石榴石、变色尖晶石、变色蓝宝石、变色萤石。另外具有强多色性的红柱石也易与变石相混淆。

[主要用途] 贵重的宝石品种之一。

（四）尖晶石（Spinel）

[化学组成] 化学通式为 AB_2O_4，A 为二价的 Mg^{2+}、Fe^{2+}、Zn^{2+}、Mn^{2+} 等；B 为三价的 Fe^{3+}、Al^{3+}、Cr^{3+} 等。尖晶石（$MgAl_2O_4$）与铁尖晶石（$FeAl_2O_4$）之间存在着完全类质同象的关系。

[晶体结构] 等轴晶系。a_0＝0.808 1～0.808 6nm，Z＝8。晶体结构为：O^{2-} 呈立方最紧密堆积，单位晶胞中有 64 个四面体空隙和 32 个八面体空隙。整个结构可视为[AO_4]四面体和[BO_6]八面体连接而成（图 3－31）。

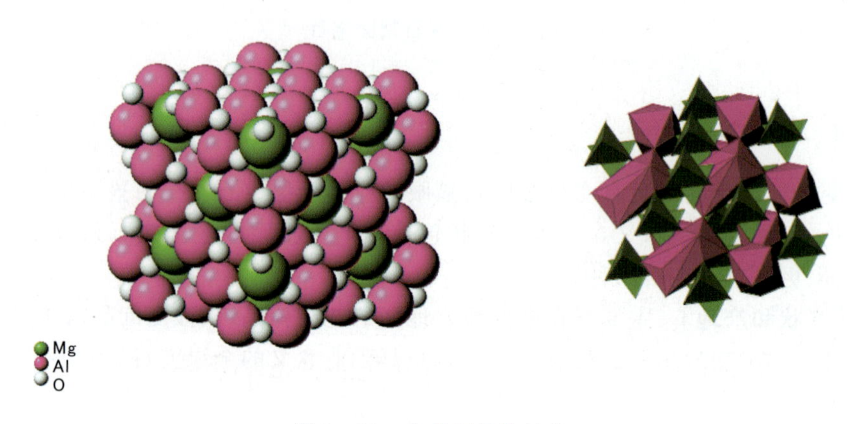

图 3－31 尖晶石晶体结构

[形态] 六八面体晶类，对称型 $3L^44L^36L^29PC$。单晶体常呈八面体形（图 3－32），有时八面体{111}与菱形十二面体{110}组成聚形。双晶依尖晶石律（111）成接触双晶（图 3－33）。

[物理性质] 颜色丰富，通常呈红色（含 Cr）、绿色（含 Fe^{3+}）、褐黑色（含 Fe^{2+} 和 Fe^{3+}）、蓝色和无色。玻璃光泽，透明，无解理，偶有平行（111）裂理，贝壳状断口，硬度为 8，密度为 3.58～3.61g/cm^3（尖晶石）、3.63～3.90g/cm^3（铁镁尖晶石）、3.58～4.06g/cm^3（镁锌尖晶石）。折射率为 1.718（尖晶石）、1.74（富铬的红色尖晶石）、1.77～1.80（铁镁尖晶石）、1.725～1.753（镁锌尖晶石）。均质体。

图 3－32　尖晶石八面体晶体

图 3－33　尖晶石律接触双晶

红色、橙色尖晶石在长波紫外光下呈弱至强红色、橙色荧光，短波下呈无至弱红色、橙色荧光；黄色尖晶石在长波紫外光下呈弱至中等强度褐黄色荧光，短波下呈无至褐黄色荧光；绿色尖晶石在长波紫外光下呈无至中的橙—橙红色荧光。无色尖晶石无荧光。

红色和粉红色尖晶石由铬致色，在黄绿区以 550nm 为中心有宽吸收带，紫区吸收，红区有 685nm、684nm 强吸收线及 656nm 弱吸收带。蓝色尖晶石由铁或偶由钴致色，主要吸收带在蓝区，以 458nm 吸收带为最强，还有 478nm 等几条较弱的带。锌尖晶石的吸收光谱与蓝色尖晶石的相似，只是弱些。

有四射和六射星光的尖晶石，有时还出现变色的尖晶石。

常见刻面宝石如图 3 - 34 所示。

图 3 - 34　各种颜色的刻面尖晶石

[产状和产地]　尖晶石常产于侵入岩与白云岩或镁质灰岩的接触交代带中，与镁橄榄石、透辉石等共生。在富铝贫硅的泥质岩的热变质带也可产出尖晶石。作为副矿物见于基性、超基性火成岩中。由于化学性质稳定且硬度大，亦常见于砂矿中。

尖晶石主要产地有缅甸抹谷、斯里兰卡、肯尼亚、尼日利亚、坦桑尼亚等国家。

[鉴定特征]　以其晶形、双晶和硬度大为鉴定特征。放大可见尖晶石、方解石、磷灰石等矿物包裹体以及气液充填的孔洞等。

[主要用途]　透明色美者作为宝石。尖晶石也是优质的耐火材料，在陶瓷中主要用来生产铬砖和陶瓷颜料。此外还可用于等离子体电弧喷涂等。

（五）锡石（Cassiterite）

[化学组成]　SnO_2，可含有 Fe、Nb、Ta 等元素。这些元素往往以自己的固体矿物相（如铌-钽铁矿）形成超显微包裹体状态存在于锡石中。

[晶体结构]　四方晶系。$a_0=0.474$nm，$c_0=0.319$nm，$Z=2$。晶体结构属金红石型（图 3 - 35）。

[形态]　复四方双锥晶类，对称型 $L^4 4L^2 5PC$。常呈由四方双锥、四方柱所组成的双锥柱状聚形，柱面上有细的纵纹，集合体常呈不规则粒状，也有致密块状（图 3 - 36）。锡石的形态随形成温度、结晶速度、所含杂质的不同而异（图 3 - 37）。伟晶岩中产出的锡石呈双锥状；气化-高温热液矿床中产出的锡石呈双锥柱状；锡石硫化物矿床中产出的锡石往往呈长柱状或针状。

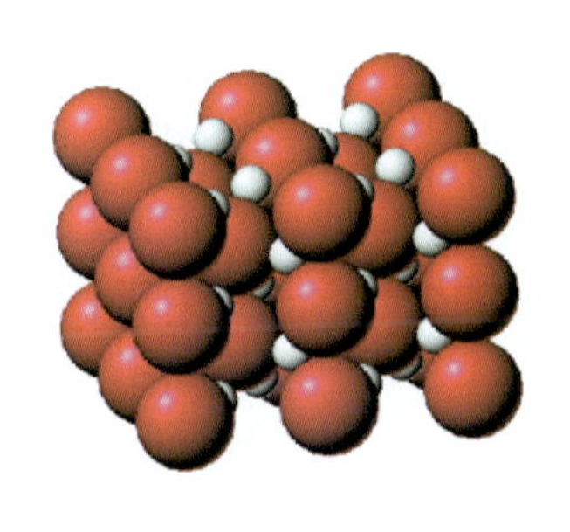

图 3-35　锡石晶体结构

图 3-36　锡石的晶体和集合体

[物理性质]　常见黄棕色至深褐色，富含 Nb 和 Ta 者，为沥青黑色。金刚光泽，断口油脂光泽。透明度随颜色的深浅而异，为半透明至不透明。解理{100}和{110}不完全。贝壳状断口。性脆。摩氏硬度 6～7。密度 6.95(±0.08)g/cm^3。折射率 1.997～2.093(+0.009，-0.006)，双折率 0.096～0.098。一轴晶，正光性。多色性弱至中，浅至暗褐。色散强，为 0.071。无荧光。放大检查常见色带，强的双折射线。

锡石刻面宝石内部裂隙较多，完美者较少(图 3-38)。

[产状和产地]　锡石矿床在成因上与酸性火成岩，尤其与花岗岩有密切的关系，其中以气化-高温热液成因的锡石石英脉和热液锡石硫化物矿床最有价值。锡石的化学性质非常稳定，当原生锡石矿床经风化破坏后，常形成砂矿。我国盛产锡石，主要产地在云南及南岭一带，如云南个旧锡矿，素有“锡都”之称。

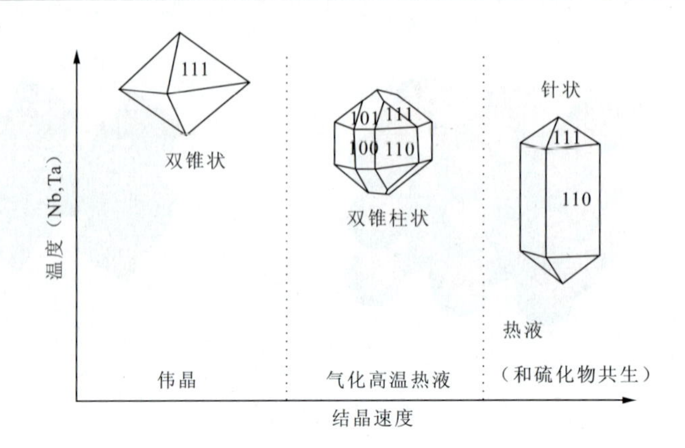

图 3-37　温度和结晶速度对锡石晶体生长的影响

[鉴定特征]　锡石的晶形和颜色与金红石很相似，但可据其解理、相对密度和化学反应区别开。

[主要用途]　提炼锡的最重要矿物原料。在陶瓷釉中和搪瓷中作为重要的乳浊剂。在玻璃中是重要的添加剂，对玻璃有抗溶解性。也用于制造特殊用途的耐火材料。色泽美丽透明者也用作宝石原料。

图 3-38　锡石戒面

(六)塔菲石(Taaffeite)

[化学组成]　$MgBeAl_4O_8$，可含有 Ca、Fe、Mn、Cr 等元素。1956 年首先在我国湖南发现。

[晶体结构]　六方晶系。$a_0=0.572$nm，$c_0=1.838$nm，$Z=4$。塔菲石晶体结构特点为：O 成八层六方最紧密堆积，Al 位于八面体空隙中，[AlO_6]八面体以棱相连组成垂直于 c 轴的六分环状层，Mg 位于四面体空隙中与[AlO_6]八面体共角顶，Be 也位于四面体空隙中。

[形态]　复六方单锥晶类，对称型 $L^6 6P$。常见六方双锥晶形或六方桶状晶形，呈粒状集合体(图 3-39)。

[物理性质]　常见颜色有无色、绿色、蓝色、紫色、紫红色；当含 Cr 时，呈粉红或红色。玻璃光泽，透明。无解理。摩氏硬度 8～9。密度 3.61(±0.01)g/cm^3。折射率 1.719～1.723(±0.002)。双折射率 0.004～0.005。非均质体，一轴晶，负光性。多色性随颜色变化。紫外荧光无至弱，绿色。吸收光谱不典型，可有

图 3-39 塔菲石晶体

458nm 弱吸收带。放大检查可见矿物包体、气液包体。图 3-40 为塔菲石常见刻面宝石。

图 3-40 塔菲石刻面宝石

[产状和产地] 我国湖南的塔菲石产于泥盆纪白云岩及白云质石灰岩与花岗岩接触带的矽卡岩中。主要产地有斯里兰卡、美国、中国湖南香花岭。

[鉴定特征] 以六方双锥晶形或六方桶状晶形、一轴晶、负光性为其鉴定特征。

[主要用途] 颜色和净度好者可用作刻面宝石。

(七)赤铁矿(Hematite)

[化学组成] Fe_2O_3，含 Fe 69.94%，O 30.06%。有时含 TiO_2、SiO_2、Al_2O_3等混入物。

[晶体结构] 三方晶系。a_{rh}=0.542nm,Z=2。赤铁矿晶体结构同刚玉。可看成由Fe^{3+}替代刚玉结构中Al^{3+}的位置而成(图3-41)。

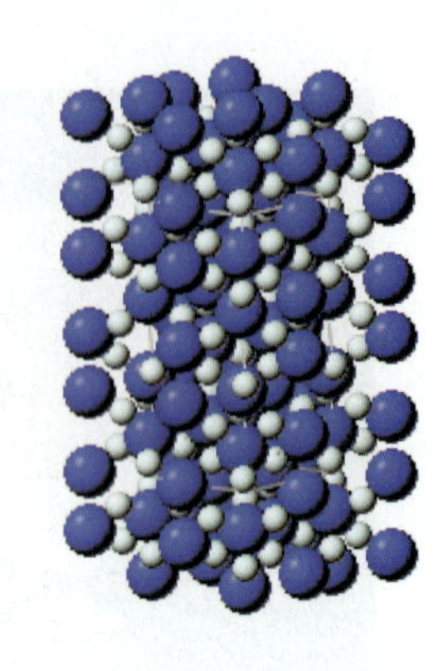

图3-41 赤铁矿晶体结构

[形态] 复三方偏三角面体晶类。对称型$L^3 3L^2 3PC$。单晶体呈板状习性的菱面体[图3-42(a)]。在{0001}面上有三组平行于{0001}交棱方向的条纹和三角形的凹坑或生长锥等晶面花纹。集合体呈各种形态:常见者有片状集合体、鳞片状集合体、鲕状集合体[图3-42(b)]、放射状集合体[图3-42(c)]、块状集合体[图3-42(d)]。

(a) 菱面体赤铁矿

(b) 鲕状集合体

(c) 放射状集合体

(d) 块状集合体

图3-42 各种形态的赤铁矿

[物理性质]　结晶质的赤铁矿呈铁黑至钢灰色，隐晶质的鲕状或肾状者呈暗红色，块状或粉末状者呈褐黄色。金属光泽至半金属光泽，或土状光泽，不透明。无解理，锯齿状断口，断口光泽弱。摩氏硬度5～6，土状者显著降低。性脆。密度5.20(+0.08，-0.25)g/cm^3。折射率2.940～3.220(-0.070)，双折射率0.280。一轴晶，负光性。无多色性。无色散。无荧光。

[产状和产地]　赤铁矿是氧化条件下形成的矿物，广泛产于各种成因类型的岩石和矿石中。规模巨大的赤铁矿床多与热液作用或沉积作用有关。主要产于美国、英国、挪威、巴西、瑞典等国。中国的湖南、江西、四川、云南、河北等省均有赤铁矿床。

[鉴定特征]　矿物鉴定时，樱红色条痕是鉴定赤铁矿的最主要特征(图3-43)。此外，菱面体的晶形可与磁铁矿、钛铁矿相区别。

[主要用途]　为提炼铁的最主要矿物原料之一。晶体较好者可打磨成珠链作为首饰(图3-44)。

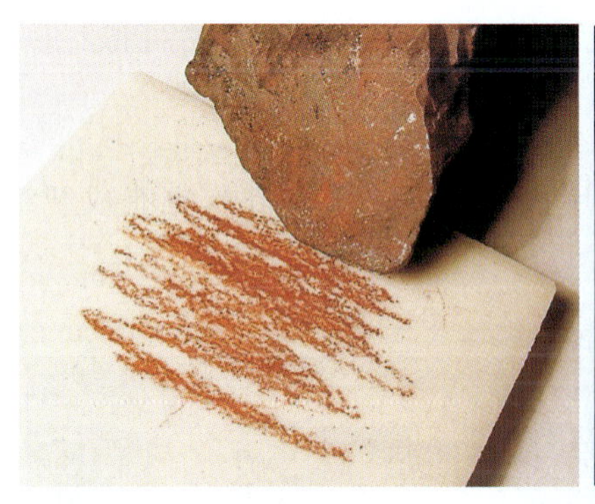

图3-43　赤铁矿的樱红色条痕色

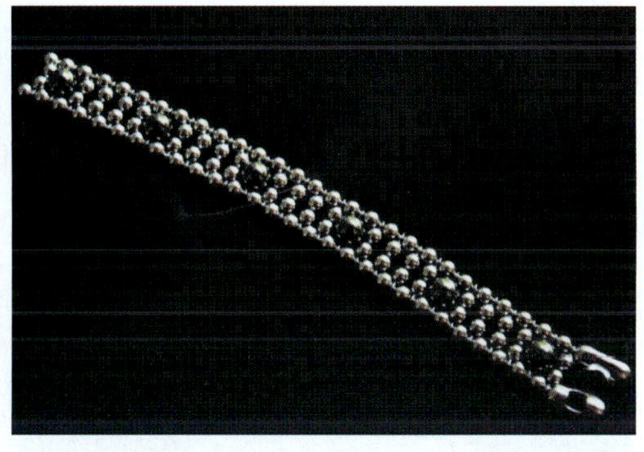

图3-44　赤铁矿手链

第二节　氢氧化物

水镁石(Brucite)

[化学组成]　$Mg(OH)_2$，MgO 69.12%，H_2O 30.88%。成分中可有Fe、Mn、Zn类质同象替换Mg，有时含FeO可达10%，MnO可达20%，ZnO可达4%。

[晶体结构]　三方晶系。对称型$L^3 3L^2 3PC$。a_0 = 0.313nm，c_0 = 0.474nm，Z=1。晶体结构属层状结构(图3-45)。两层羟离子呈六方最紧密

堆积,镁离子充填于全部八面体空隙,构成配位八面体的结构层;结构层与结构层之间相接触的两层羟离子也呈近似六方最紧密堆积,但所形成的八面体空隙未充填阳离子。结构层内为离子键,结构层间以氢键相联。水镁石的层状结构决定了它的片状形态和极完全的{0001}解理。

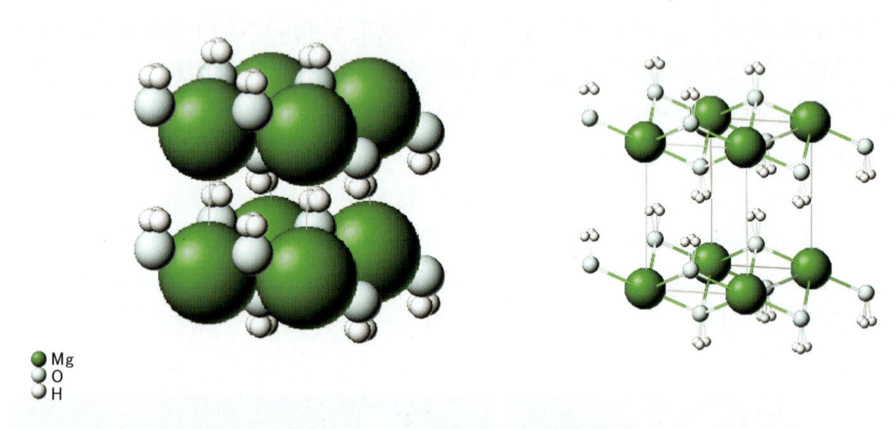

图 3-45　水镁石晶体结构

［形态］　单晶体呈厚板状。常见者为片状集合体(图 3-46),也有成纤维状集合体者称纤维水镁石。

图 3-46　水镁石集合体

［物理性质］　白至淡绿色,含有锰或铁者呈红褐色。断口现玻璃光泽,解理面为珍珠光泽。解理平行{0001}极完全。摩氏硬度 2～3。密度 2.38～3.40g/cm^3。折射率 1.57(点测法)。双折射率集合体不可测。一轴晶,正光性,但可显二轴晶。紫外荧光无。吸收光谱不典型。放大检查呈板状,结构细腻。薄片具挠性。

[产状和产地]　水镁石是蛇纹岩或白云岩中的典型低温热液蚀变矿物。我国水镁石产地为辽宁丹东地区。

[鉴定特征]　以其形态、低硬度和{0001}极完全解理为鉴定特征。根据其易溶于酸与滑石、叶蜡石相区别。

[主要用途]　大量聚积时可作提炼镁的矿物原料。在耐火材料中作为硬烧菱镁矿的来源，也是焊条涂层的成分。透明、颜色和净度好者可做宝石。

第四章　含氧盐宝石矿物

第一节　硅酸盐类

一、岛状硅酸盐

(一)锆石(Zircon)

[化学组成]　$Zr[SiO_4]$，ZrO_2 67.01%，SiO_2 32.99%。常含有 Hf、Th、U、TR 等混入物。当含有较高量的 TR、Th、U 和 Hf 等杂质，而 ZrO_2 和 SiO_2 的含量相应降低时，其物理性质也发生变化，硬度和比重降低，且转变为非晶质状态，从而形成锆石的各种变种。如山口石(Tr_2O_3 10.93%；P_2O_5 17.7%)、水锆石(含水量一般为 3%～10%)、曲晶石(含较高的 TR 及 U，放射性使晶面弯曲而得名)、富铪锆石(HfO_2 可达 24%)等。

[晶体结构]　四方晶系。$a_0=0.662$nm，$c_0=0.602$nm，$Z=4$。结构中$[SiO_4]$四面体呈孤立状，彼此间借 Zr^{4+} 联结起来，且二者在 c 轴方向相间排列。Zr^{4+} 的配位数为 8，呈由立方体特殊畸变而成的$[ZrO_8]$配位多面体，整个结构也可视为由$[SiO_4]$四面体和$[ZrO_8]$多面体联结而成(图 4-1)。

[形态]　复四方双锥晶类，对称型 $L^4 4L^2 5PC$。晶体通常呈四方双锥、柱状、板状(图 4-2)，可依{001}成膝状双晶，但少见。锆石的形态具有标型意义，如在碱性岩中，锆石的四方双锥{111}很发育，在酸性花岗岩中，锆石的四方双锥和四方柱{100}、{110}均较发育，晶体外形呈柱状；在基性岩、中性岩或偏基性的花岗岩中，锆石的柱面发育而锥面相对不发育。

[物理性质]　红棕色、黄色、灰色、绿色甚至无色(图 4-3)。金刚光泽，断口为油脂光泽。透明至不透明，只有透明的可用作宝石。{110}解理不完全。高型锆石硬度 7～7.5，密度 3.90～4.73 g/cm³，折射率 1.925～1.984(±0.040)，双折率 0.040～0.0603；中型锆石密度 4.10～4.60 g/cm³，折射率 1.875～1.905(±0.030)，双折率 0.010～0.040；低型锆石硬度可低至 6，密度 3.90～4.10g/cm³，折

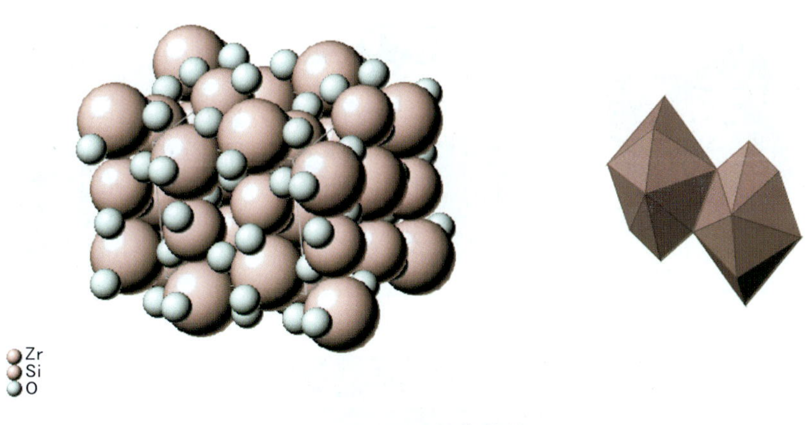

图 4-1 锆石晶体结构

射率 1.810～1.815(±0.030)，双折率无至很小。非均质体，一轴晶，正光性。多色性主要限于高型锆石，一般不明显，但热处理产生的蓝色锆石多色性较强，为蓝和棕黄至无色。色散强，其值为 0.039。

图 4-2 锆石晶体

紫外荧光，不同颜色品种有差异，且荧光色常带有不同程度的黄色。绿色锆石一般无荧光、蓝色锆石有无至中等浅蓝色荧光、橙至褐色锆石有弱至中等强度的棕黄色荧光、红色锆石具中等紫红到紫褐色荧光。

宝石级锆石有特征吸收光谱，除红区 653.5nm 特征诊断线外，还伴有不同

图 4-3 各种颜色切割后的锆石

色区多达 40 条清晰的黑色吸收线。

锆石可含愈合裂隙及矿物包裹体，如磁铁矿、黄铁矿、磷灰石等。

［品种］

1. 锆石根据其结晶程度分为高型、中型和低型三种。

1)高型锆石

受辐射少或未受辐射，晶格没有或很少发生变化的锆石。四方晶系，晶体常呈四方柱四方双锥聚形，颜色多呈深黄色、褐色、深红褐色，经热处理可变成无色、蓝色或金黄色。具较高的折射率、双折射率、密度和硬度，是锆石中最重要的宝石品种。主要产于柬埔寨、泰国等地。

2)中型锆石

结晶程度介于高型和低型之间的锆石，其物理性质也介于高型和低型锆石之间。常呈黄绿色、绿黄色、褐绿色、绿褐色，深浅不一，主要呈现黄色和褐色的色调。中型锆石在加热至 1 450℃时，可向高型锆石转化，部分可具有高型锆石的物理特征，但处理后的中型锆石，常呈混浊、不透明状，不太美观，所以市场上很少出现这类锆石，仅供收藏。目前中型锆石仅出产于斯里兰卡。

3)低型锆石

由不定型的氧化硅和氧化锆的非晶质混合物组成,其结晶程度低、晶格变化大,折射率、双折射率、密度和硬度均较低。低型锆石经一段时间的高温加热,可重新获得高型锆石的特征。宝石级的低型锆石主要产于斯里兰卡,内部有大量的云雾状包体,常见颜色有绿色、灰黄色、褐色等。

2. 按颜色划分

商贸中常根据锆石的颜色划分品种(图 4-3),主要晶种如下。

1)无色锆石

锆石中常见品种,为高型锆石,可带一些灰色色调,有天然产出的,也有经热处理转变的。无色锆石主要采用圆钻型切磨,但一般在亭部多出八个面,常称为锆石型切工,可得到很好的火彩效果,因而曾一度被作为钻石的天然仿制品,流行一时。主要产于泰国、越南和斯里兰卡。

2)蓝色锆石

常经热处理而成。可有纯蓝色、铁蓝色、天蓝色、浅蓝色、稍带绿的浅蓝色。以铁蓝色为最好,这是其他宝石中所没有的颜色,但不常见。热处理的主要原料来源于柬埔寨与越南的交界处。

3)红色锆石

主要呈红色、橙红、褐红等不同色调的红色。其中以纯正的红色为最佳。红色锆石称为"风信子石",常是碱性玄武岩中的深源矿物包体或片麻岩中的变质矿物,主要产出于斯里兰卡、泰国、柬埔寨、法国等。中国海南文昌也有红色锆石产出,具高型锆石的特征。

4)金黄色锆石

与蓝色锆石一样,同属于热处理产生的颜色。其他色调的黄色可有浅黄、绿黄等。常切成圆形、椭圆形或混合形。具高型锆石的特征。

5)绿色锆石

常为结晶程度较低的锆石。低型锆石常见有绿色,中型锆石可具绿黄、黄色、褐绿、绿褐等不同色调的绿色。

[产状和产地] 锆石是在酸性和碱性岩中分布广泛的副矿物,在基性和中性岩中也有产出。在伟晶岩中锆石常与稀有元素矿物等密切共生,在沉积岩和变质岩中也较常见。

锆石分布范围很广,但宝石级的锆石主要产于斯里兰卡、缅甸、法国、挪威、英国、坦桑尼亚和中国。

[鉴定特征] 锆石以其晶形、高硬度、金刚光泽、高折射率、高双折射率、高密度、高色散及众多的吸收谱线等为鉴定特征。与金红石的区别是锆石具较大

的硬度以及较高的密度，无{110}完全解理，无 Ti 的反应。与锡石的区别是密度较小，锡石有 Sn 之反应。

[主要用途] 提取锆和铪的主要矿物原料，色泽绚丽且透明无瑕者，可作宝石原料。金属锆由于具有耐高温、抗腐蚀、高的机械程度、吸收气体及吸收中子的能力，故金属锆及其锆合金和锆的化合物在工业上及国防尖端技术中应用广泛。

（二）石榴石（Garnet）

石榴石族宝石矿物的统称，因形似石榴籽而得名。

[化学组成] 石榴石族宝石矿物的化学成分通式为 $A_3B_2[SiO_4]_3$，其中 A 代表二价阳离子 Mg^{2+}、Fe^{2+}、Mn^{2+}、Ca^{2+} 等，B 代表三价阳离子 Al^{3+}、Fe^{3+}、Cr^{3+}、V^{3+} 和少量的 Ti^{4+}、Zr^{4+} 等。石榴石的类质同象替代可分为两大系列。一类是 B 位置以三价阳离子 Al^{3+} 为主，A 位置以半径较小的 Mg^{2+}、Fe^{2+}、Mn^{2+} 等二价阳离子之间进行类质同象替代所构成的系列，称为铝榴石系列，常见品种有镁铝榴石、铁铝榴石、锰铝榴石；另一类是 A 位置以大半径的二价阳离子 Ca^{2+} 为主，B 位置以 Al^{3+}、Cr^{3+}，Fe^{3+} 等三价阳离子之间进行类质同象替代所构成的系列，称为钙质系列，常见的有钙铝榴石、钙铁榴石、钙铬榴石。

铝榴石系列：

镁铝榴石(Pyrope)　$Mg_3Al_2[SiO_4]_3$

铁铝榴石（Almandite）　$Fe_3Al_2[SiO_4]_3$

锰铝榴石（Spessartite）　$Mn_3Al_2[[SiO_4]_3$

铝榴石系列的三个品种均可做宝石。

钙榴石系列：

钙铝榴石（Grossularite）　$Ca_3Al_2[SiO_4]_3$

钙铁榴石（Andradite）　$Ca_3Fe_2[SiO_4]_3$

钙铬榴石（Uvarovite）　$Ca_3Cr_2[SiO_4]_3$

钙铝榴石中的宝石品种有铁钙铝榴石、铬钒钙铝榴石(沙弗莱石)、水钙铝榴石；钙铁榴石中的宝石品种有翠榴石；钙铬榴石也可做宝石。

A 类、B 类中及相互间类质同象广泛发育，故自然界中纯端元组分的石榴石很少见，一般都是若干端元的“混合物”。

[晶体结构] 等轴晶系。$a_0=1.146\sim1.248$nm，$Z=8$。晶体结构中，孤立的$[SiO_4]$四面体由 B 类阳离子（Al^{3+}、Fe^{3+}、Cr^{3+}、V^{3+} 等）所组成的配位八面体$[BO_6]$联结；其间形成一些较大的可视为畸变立方体空隙由 A 类阳离子占据，成畸变的立方体配位多面体$[AO_8]$。它的每个角顶都由 O^{2-} 离子所占据，中心位

置为二价金属离子 Ca^{2+}、Mg^{2+}、Fe^{2+} 等，每个二价离子为八个氧所包围（图 4-4）。

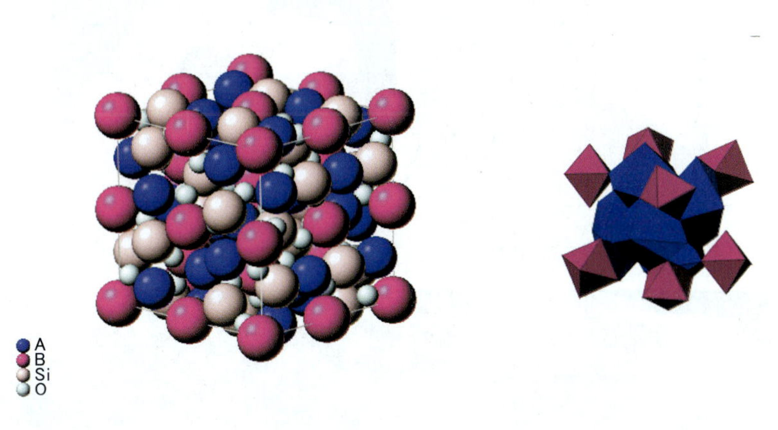

图 4-4　石榴石晶体结构

［**形态**］　六八面体晶类，对称型 $3L^4 4L^3 6L^2 9PC$。常呈完好晶形，菱形十二面体，四角三八面体及聚形。菱形十二面体晶面上常有平行四边形长对角线的聚形纹，集合体常为致密粒状或致密块状（图 4-5）。

［**物理性质**］　石榴石的颜色千变万化，除蓝色以外的各种颜色几乎均有出现。这与其广泛的类质同象替代有密切的联系。作为宝石矿物的石榴石，常见的颜色如下。

（1）红色系列：包括红色、粉红、紫红、橙红等色。

（2）黄色系列：包括黄、橘黄、蜜黄、褐黄等色。

（3）绿色系列：包括翠绿、橄榄绿、黄绿等色。

石榴石为玻璃光泽，断口油脂光泽。无解理。有脆性（如薄片中常见的石榴石裂纹发育，由脆性引起）。摩氏硬度为 7～8，与类质同象替代有关，不同品种硬度略有不同。密度为 3.50～4.30g/cm³，类质同象替代进入晶格的阳离子原子量越大，密度值也相对越高，石榴石密度与折射率值成正比。

石榴石是均质体矿物，其折射率值随成分变化而略有不同，无双折射率。从矿物学角度来看，铝系列的石榴石折射率值在 1.710～1.830 之间，钙系列的石榴石折射率值在 1.734～1.940 之间，详见表 4-1。均质体，常见异常消光。无多色性。石榴石族矿物特别是作为宝石级的石榴石，在紫外线下为惰性。

图 4-5　石榴石单晶

表 4-1　不同品种石榴石折射率值

品种名称	折射率
镁铝榴石	1.714～1.742,常见 1.742
铁铝榴石	1.760～1.820
锰铝榴石	1.790～1.814
钙铝榴石	1.730～1.760
钙铁榴石	1.855～1.895
钙铬榴石	1.820～1.880

常见石榴石的晶体和切磨后的宝石见图 4-6。

吸收光谱:不同的石榴石品种吸收光谱差别较大,石榴石的颜色多样性是由于不同的致色元素造成的,其中最主要的还是类质同象替代改变了其对光的吸收,因而产生截然不同的吸收谱。

内含物:石榴石的不同品种具有不同的内含物,如铁铝榴石可见针状金红

（a）镁铝榴石

（b）铁铝榴石

（c）锰铝榴石

（d）钙铝榴石

(e) 钙铁榴石

(f) 钙铬榴石

(g) 铬钒钙铝榴石（沙弗莱石）

图 4 - 6　常见石榴石晶体和切割后的宝石

石，锰铝榴石可见羽状包体，铁钙铝榴石可见不规则或浑圆状晶体包体，绿色钙铁榴石（翠榴石）中可见“马尾状”包体（图 4－7）。

（a）铁铝榴石金红石针状包体　（b）锰铝榴石波纹状羽状包体

（c）铁钙铝榴石圆形晶体包体　（d）翠榴石“马尾状”包体

图 4－7　不同品种石榴石常见包体

［**产状和产地**］　石榴石在自然界可于各种地质作用中形成，可出现于岩浆岩和变质岩中，石榴石由于性质稳定，可作为重矿物在沉积岩中出现，在砂矿中也分布广泛。

石榴石当受后期热液蚀变和遭受强烈的风化作用后，可转变成绿泥石、绢云母、褐铁矿等。

石榴石的物理性质亦具标型意义。如我国山东含金刚石的金伯利岩中紫色系列镁铝榴石，其相对密度值一般大于 3.75。

镁铝榴石的主要产地有美国亚利桑纳州、捷克的波西米亚等地。铁铝榴石最著名的产地是印度。锰铝榴石最著名的产地是亚美尼亚的 Rutherford 矿区，以及美国弗吉尼亚州。钙铝榴石的主要产地是斯里兰卡、墨西哥、巴西和加拿大等国家，沙弗莱石主要产地是肯尼亚、坦桑尼亚。钙铁榴石中的翠榴石主要产于乌拉尔。钙铬榴石主要产于俄罗斯乌拉尔地区（与翠榴石共生），法国、挪威等地也有产出。

[鉴定特征] 据其等轴状的特征晶形、断口油脂光泽、缺乏解理及硬度高很易认出。但准确鉴定矿物种需作X射线衍射分析及测定成分、相对密度和折射率等。对于切磨后的石榴石和已镶嵌的石榴石,精确测定折射率值,准确观察其特征吸收谱及内部包裹体则是鉴定关键。

[主要用途] 利用其高硬度作研磨材料。晶粒粗大(大于8mm,绿色者可小至3mm),且色泽美丽、透明无瑕者,可作宝石原料。

(三)橄榄石(Olivine)

[化学组成] $(Mg,Fe)_2[SiO_4]$,成分中除Mg、Fe呈完全类质同象外,还有Fe^{3+}、Mn、Ca、Al、Ti、Ni等次要的类质同象代替。在富铁的成员中有时有少量的Ca^{2+}及Mn^{2+}取代其中的Fe^{2+},而富镁的成员则可有少量的Cr^{3+}及Ni^{2+}取代其中的Mg^{2+}。按其中铁含量高低可分成六个亚种:镁橄榄石、贵橄榄石、透橄榄石、镁铁橄榄石、铁镁橄榄石、铁橄榄石,但是用作宝石材料的橄榄石只有镁橄榄石和贵橄榄石,作为宝石种可统称为橄榄石。

[晶体结构] 斜方晶系。$a_0=0.598\sim0.611$nm,$b_0=0.476\sim0.482$nm,$c_0=1.020\sim1.040$nm,$Z=4$。橄榄石晶体结构特点为:硅氧骨干为孤立的硅氧四面体$[SiO_4]$,氧离子平行(010)成近似的六方最紧密堆积,硅离子充填1/8的四面体空隙,(Mg,Fe)充填1/2的八面体空隙,$[(Mg,Fe)O_6]$八面体平行a轴联结成锯齿状链(图4-8)。

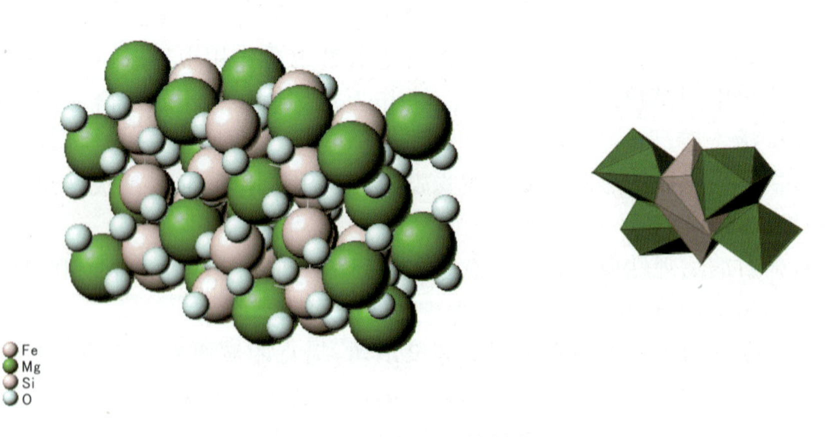

图4-8　橄榄石晶体结构

［形态］　斜方双锥晶类，对称型 $3L^2 3PC$。晶体沿 c 轴呈柱状或短柱状，完好晶形者少见，一般呈不规则他形晶粒状集合体（图 4－9）。

图 4－9　橄榄石单晶和集合体

［物理性质］　镁橄榄石为白色、淡黄色或淡绿色［图 4－10(a)］，随成分中 Fe^{2+} 含量的增高颜色加深而成深黄色至墨绿色或黑色的铁橄榄石［图 4－10(b)］。玻璃光泽或油脂光泽。贝壳状断口。{010}、{100}解理不完全。硬度为 6.5～7。密度为 3.2～4.4g/cm³。镁橄榄石的密度为 3.222 g/cm³，铁橄榄石为 4.392 g/cm³，锰橄榄石为 3.78～4.1g/cm³。非均质体，二轴晶，正光性或负光性。多色性弱，黄绿色－绿色。折射率为 1.654～1.690(±0.020)。双折射率为 0.035～0.038，常为 0.036。无紫外荧光。吸收光谱具有 453nm、473nm、493nm 强吸收带。特殊光学效应可见星光效应、猫眼效应（稀少）。

橄榄石的刻面宝石见图 4－11。

［产状和产地］　橄榄石主要产于富 Mg 贫 Si 的超基性、基性岩浆岩及矽卡岩、变质岩中。是地幔岩的主要组成矿物之一，也是陨石的主要组成。其中镁橄榄石是镁矽卡岩的重要矿物。橄榄石受热液作用和风化作用容易蚀变，常见蚀变产物是蛇纹石。野外所见橄榄石多已蛇纹石化，成为残晶或假象。

世界宝石级橄榄石主要产于埃及、缅甸、巴基斯坦、印度、美国、巴西、墨西哥、哥伦比亚、阿根廷、智利、巴拉圭、挪威、俄罗斯以及中国的河北和吉林两省。

［鉴定特征］　橄榄石以其特有的橄榄绿色、粒状、解理差、具贝壳状断口为鉴定特征。与绿帘石的区别是绿帘石有沿 b 轴延伸作长柱状的形态。与硅镁石的区别，应依据光性方位的不同。

橄榄石宝石鉴定中，以其独特的橄榄绿色和物理性质较易鉴定。较大的双

(a) 镁橄榄石

(b) 铁橄榄石

图 4－10　镁橄榄石和铁橄榄石

图 4－11　橄榄石刻面宝石

折射率为其特征，在放大镜下可见刻面棱双影，其特有的睡莲状包裹体也是显著的特征(图 4－12)。

图 4-12　橄榄石中的睡莲状包体

［主要用途］　贫铁富镁的纯橄榄岩或橄榄岩及其蚀变产物的蛇纹岩，可用作耐火材料。透明色美者作为宝石。

（四）黄玉（Topaz）（托帕石）

［化学组成］　$Al_2[SiO_4](F,OH)_2$，成分变化大的是 F∶OH 比值，其比值随黄玉的生成条件（产出的温度）而异，为 3∶1 到 1∶1。一般来讲，形成温度越高，则 F 含量越高。伟晶岩中托帕石 OH 含量很低，F 含量接近于理论值（20.7%）；云英岩中的托帕石 OH 含量增加到 5%～7%；热液成因的托帕石 F 与 OH 的含量接近相等。此外托帕石还含有微量的 Li、Be、Ga、Ti、Nb、Ta、Cs、Fe、Co、Mg、Mn 等元素。

［晶体结构］　斜方晶系。$a_0=0.465$nm，$b_0=0.880$nm，$c_0=0.840$nm，$Z=4$。晶体的结构是由 O^{2-}、F^-、OH^- 共同作 ABCB 的四层最紧密堆积（也称“双六方”堆积），堆积层平行于（010）。Al^{3+} 占据八面体空隙，组成$[AlO_4(F,OH)_2]$八面体；Si^{4+} 占据四面体空隙，组成$[SiO_4]$四面体呈孤立状，借助$[AlO_4(F,OH)_2]$八面体相联系（图 4-13）。

［形态］　斜方双锥晶类，对称型 $3L^2 3PC$。柱状晶形，常见单形为斜方柱{110}、{120}、{021}；斜方双锥{111}，{221}；平行双面{001}，{010}。柱面常有纵纹。也经常呈不规则粒状、块状集合体（图 4-14）。

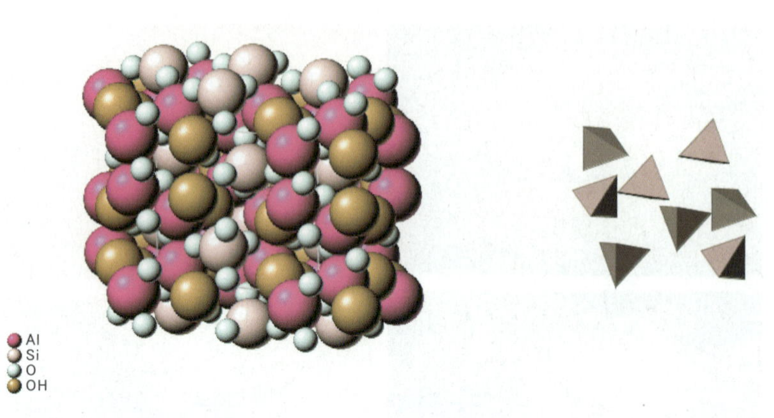

图 4-13　黄玉晶体结构

图 4-14　黄玉各色晶体

［**物理性质**］　无色或微带蓝绿色、黄色、乳白色、黄褐色或红黄色等(图4－15)。红色品种较为罕见,因铬致色。玻璃光泽,透明。解理平行{001}完全。摩氏硬度为8。密度为3.52～3.57g/cm^3。

图4－15　切割后的各色刻面托帕石

不同颜色者折射率略为不同。通常无色、褐色和蓝色黄玉折射率为1.619～1.627,双折射率为0.008～0.010;红色、橙色、黄色黄玉折射率为1.63～1.64,双折射率为0.008。非均质体,二轴晶,正光性。黄玉具有弱到明显的多色性。蓝色者具有浅蓝到无色多色性;棕黄色者棕黄到黄色多色性;粉红色者浅红到黄红色多色性;绿色者蓝绿到浅绿色多色性。色散低,其值为0.014。在长波紫外光下,黄色、浅黄褐色和粉红色者显橙至黄色荧光;粉红色者在短波紫外光下有明显的浅绿色荧光;蓝色和无色者无荧光或显微弱的绿黄色荧光。吸收光谱不典型。放大检查可见气-液二相包体、气-液-固三相包体、矿物包体和负晶。少数可见猫眼效应。

[产状和产地] 黄玉是典型的气成热液矿物。黄玉主要产于花岗伟晶岩中，其次产于云英岩和高温气成热液脉及酸性火山岩的气孔中，共生矿物有石英、电气石、萤石、白云母、黑钨矿和锡石等。砂矿型黄玉矿床也是很重要的成因类型。

世界上绝大部分黄玉产在巴西花岗伟晶岩中。另外在斯里兰卡、俄罗斯乌拉尔山、美国、缅甸和澳大利亚等地也有发现。我国内蒙古、江西、云南和广东等地也产黄玉。

[鉴定特征] 柱状晶形，横断面为菱形，柱面有纵纹，解理{001}完全，高硬度，以此可与类似的石英区分。

[主要用途] 透明色美者可作宝石原料。其他可作研磨材料、精细仪表的轴承等。

（五）符山石（Vesuvianite）

[化学组成] $Ca_{10}(Mg,Fe)_2Al_4[Si_2O_7]_2[SiO_4]_5(OH)_4$，符山石的化学组成中类质同象代替较为复杂，钙可被铈、锰、钠、钾等所替代，镁可被 Fe^{2+}、锌和铜所替代，铝可被 Fe^{3+}、铬和钛所替代。

[晶体结构] 四方晶系。$a_0=1.566$nm，$c_0=1.185$nm，$Z=2$。符山石晶体结构特点为：八个$[SiO_4]$四面体两两相对位于四种不同高度围绕四次螺旋轴排列，成一八边形筒状，在筒中心轴线分布有$[SiO_4]$四面体和$[CaO_8]$多面体相间地共棱联结所组成的链。符山石结构中由于相互密接平行于 c 的八边形筒的存在，从而使晶体呈柱状（图 4－16）。

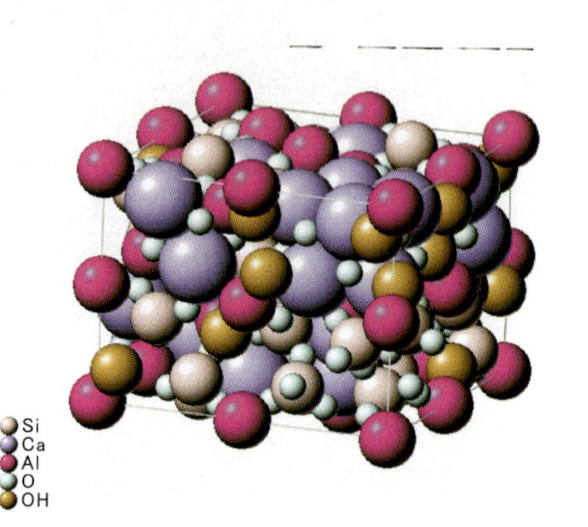

图 4－16　符山石晶体结构

[形态] 复四方双锥晶类，对称型 $L^4 4L^2 5PC$。晶体常呈平行于 c 轴的柱状，也常呈致密块状、粒状或柱状集合体（图 4－17）。

[物理性质] 常呈黄、灰、绿和褐色，与含杂质铁有关，含铬时呈绿色，含铜时呈蓝—绿蓝色（图 4－18）。玻璃光泽，透明。不完全解理。摩氏硬度 6～7。密度 3.40（＋0.10，－0.15）g/cm^3。折射率 1.713～1.718（＋0.003，－0.013），点测常为 1.71。双折射率 0.001～0.012。非均质体，一轴晶，正光性或负光性。多色性无至弱，因颜色而异。无紫外荧光。吸收光谱具 464nm 吸收线，

图 4－20　黝帘石晶体

图 4－21　与红宝石伴生的黝帘石(红绿宝)

图 4－22　坦桑石晶体和刻面宝石

(六)黝帘石(Zoisite)(坦桑石)

[化学组成]　$Ca_2Al_3(Si_2O_7)(SiO_4)O(OH)$，
SiO_2 39.5%，H_2O 2.0%。黝帘石的化学成分较
(Fe_2O_3 一般为 2%～5%)，偶有锰、钡等元素混入。

[晶体结构]　斜方晶系。$a_0=1.624$nm，b_0
$Z=4$。其晶体结构特点为：结构中存在两种不同的 A
成链，链沿 b 轴延伸，链间以$[Si_2O_7]$双四面体和$[SiO_4$

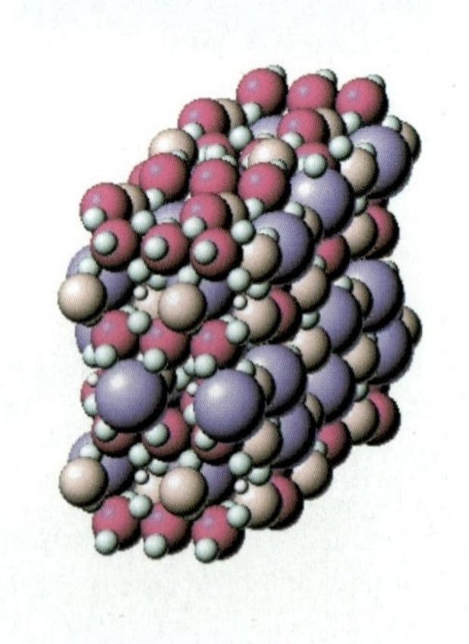

图 4-19　黝帘石晶体结构

[形态]　斜方双锥晶类，晶体呈柱状或板柱状(图
面上常具条纹。绿色黝帘石常与红宝石晶体及黑色角
态。与红宝石共生者商业上称为“红绿宝”(图 4-21)。

[物理性质]　常见颜色：坦桑石为蓝、紫蓝至蓝紫
色、黄绿色、粉色。玻璃光泽。一组完全解理。摩氏硬
-0.25)g/cm³。非均质体，二轴晶，正光性。三色性强
红色、绿黄色；褐色的为绿色、紫色和浅蓝色；而黄绿色
色。折射率 1.691～1.700(±0.005)。双折射率 0.00
吸收光谱，蓝色者 595nm 和 528nm、黄色者 455nm 吸收
包体，阳起石、石墨和十字石等矿物包体。有时可见猫眼

[产状和产地]　黝帘石主要为区域变质和热液蚀变
岩在中级区域变质作用下所产生的钙质硅酸盐的变粒
产于原岩为钙质页岩经区域变质作用所形成的方解石-

528.5nm 弱吸收线。放大检查可见气液包体、矿物包体。未见特殊光学效应。

图 4－17　符山石单晶和晶簇

图 4－18　符山石单晶和符山石玉

[产状和产地]　符山石是一种接触交代变质矿物，广泛发育于碳酸盐岩与中酸性火成岩的接触交代变质带，并与石榴石、透辉石、绿帘石等伴生。少数也见于蛇纹岩、绿泥片岩、片麻岩等变质岩中。

优质的宝石级晶体主要来自意大利维苏威、肯尼亚（产褐色和绿色晶体）、美国纽约州（产褐色晶体）、加拿大魁北克（产淡绿和鲜黄色晶体）、巴基斯坦（产绿色晶体）。

[鉴定特征]　以晶体具带状构造，无紫外荧光，具 464nm 吸收线为鉴定特征。

[主要用途]　除少数优质晶体可用作宝石外，无其他用途。

石云母片岩中。富钙的斜长石经热液蚀变作用产生的黝帘石常与富钠斜长石、绢云母和方解石共生。宝石级黝帘石的产地有坦桑尼亚、美国、墨西哥、格陵兰、奥地利、瑞士等。坦桑尼亚是世界上宝石级黝帘石(坦桑石)的主要出产国,其重要产地在里拉蒂马地区的梅勒拉尼。

[鉴定特征] 坦桑石以色浅和低双折射率区别于绿帘石,以二轴晶正光性和完全解理与符山石和磷灰石区别。晶面上明显可见的平行线状条纹是黝帘石外型上重要特征。

[主要用途] 色泽美丽,透明者可以作为宝石,其中以坦桑石最为著名。

(七)绿帘石(Epidote)

[化学组成] $Ca_2FeAl_2[Si_2O_7][SiO_4]O(OH)$,绿帘石和黝帘石呈完全类质同象系列,$Fe^{3+}$ 在绿帘石中的代替量可高达 1.2,为富铁绿帘石。类质同象替换除 Fe^{3+} 外,还有锰、镁、钛、钠、钾和 Fe^{2+} 。

[晶体结构] 单斜晶系。$a_0=0.888\sim0.898$nm,$b_0=0.561\sim0.566$nm,$c_0=1.015\sim1.030$nm,$Z=2$。绿帘石的晶体结构中包含有两种 AlO_6 八面体链,皆平行于 b 轴延伸。此两种链由双四面体$[Si_2O_7]$和孤立的四面体$[SiO_4]$联结成平行(100)的链层(图 4-23)。

图 4-23 绿帘石晶体结构

[形态] 斜方柱晶类,对称型 L^2PC。晶体常呈柱状,延长方向平行 b 轴。可依(100)成聚片双晶。绿帘石之所以经常出现延长方向平行 b 轴、{100}较发育之板状晶体与结构中平行 b 轴延伸的八面体链及其所构成的平行{100}的链层有关。另外常呈柱状、放射状、晶簇状集合体(图 4-24)。

图 4-24　绿帘石单晶和集合体

[物理性质]　黄色、黄绿色、绿褐色、灰色，或近于黑色（图 4-25）。颜色随 Fe^{3+} 含量增加而变深，少量 Mn 的类质同象替代使颜色呈不同程度的粉红色。玻璃光泽。透明。解理{001}完全。硬度 6～7。密度 3.38～3.49g/cm^3（随 Fe 含量增加而变大）。折射率 1.729～1.768（+0.012，-0.035），双折射率 0.019～0.045。二轴晶，负光性。多色性强，可见绿色、褐色、黄色。紫外荧光惰性。可见光光谱中可见 445nm 强吸收带，有时可具 475nm 弱吸收带，但不特征。放大检查可见气液包体、固态包体。

图 4-25　绿帘石晶体和刻面宝石

[产状和产地] 绿帘石在区域变质绿色片岩相中与钠长石、阳起石、绿泥石共生，在绿帘石-角闪岩相中与奥长石共生。在花岗岩类岩石中绿帘石化广泛发育，绿帘石交代角闪石、黑云母和钾长石等。绿帘石也可直接由热液结晶而成，产于晶洞、裂隙以及基性火山岩的杏仁体中。

主要产地有奥地利的萨尔茨堡、意大利、挪威、巴西等。

[鉴定特征] 柱状晶形、明显的晶面条纹、平行{001}的一组完全解理、特征的黄绿色可以与相似的橄榄石、角闪石相区别。

[主要用途] 一般只具有矿物学和岩石学意义。透明较大晶体可作宝石原料。

(八)硅铍石(Phenakite)

[化学组成] $Be_2[SiO_4]$，BeO 45.5%，SiO_2 54.5%，常含有少量的 Mg、Ca、Al、Na 等元素。

[晶体结构] 三方晶系。$a_0=1.245$nm，$c_0=0.823$nm，$Z=6$。硅铍石的晶体结构特点为：$[BeO_4]$四面体和$[SiO_4]$四面体以角顶互相联结而成。每两个$[BeO_4]$四面体和一个$[SiO_4]$四面体共角顶，沿三次螺旋轴(c 轴)联结成柱，六个柱以其四面体共角顶围绕中空的六方筒状(图 4-26)。

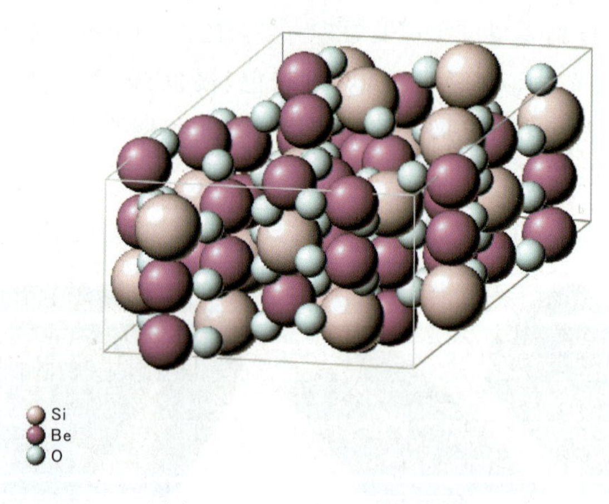

图 4-26 硅铍石晶体结构

[形态] 菱面体晶类，对称型 L^3C。呈菱面体或菱面体与柱面聚合而成的短柱状，或呈细粒状集合体(图 4-27)。

[物理性质] 常见颜色有无色、黄色、浅红色、褐色(图 4-28)。玻璃光泽。

一组中等解理，一组不完全解理。摩氏硬度 7～8。密度 2.95(±0.05)g/cm^3。非均质体，一轴晶，正光性。多色性弱至中等，因颜色而异。折射率 1.654～1.670(+0.026，−0.004)。双折射率 0.016。紫外荧光长、短波无至弱，粉色、浅蓝色或绿色。放大检查可见固体包体，常见片状云母或针硫铋铅矿。无特殊光学效应。

图 4-27　硅铍石单晶和集合体

图 4-28　硅铍石刻面宝石

［产状和产地］　硅铍石在缺少 Al_2O_3 和 SiO_2 的条件下形成，一般见于经过去硅作用的花岗伟晶岩的接触带中，与金绿宝石、黄玉、长石和云母等共生。主要产地有俄罗斯、美国、挪威、法国、墨西哥、巴西、捷克、坦桑尼亚、纳米比亚。

［鉴定特征］　以菱面体晶形，一轴晶，正光性，密度 2.95(±0.05)g/cm^3 为其鉴定特征。

[主要用途] 常和绿柱石一起作为铍矿石被开采，透明美丽者可作宝石。

(九)红柱石(Andalusite)

[化学组成] $Al_2[SiO_4]O$，SiO_2 36.8%，Al_2O_3 63.2%，可含有 V、Mn、Ti、Fe 等元素，其中 Al^{3+} 常被 Fe^{3+}、Mn^{2+} 替代，一些红柱石在生长过程中还可以捕获细小石墨及黏土矿物的颗粒，并可在红柱石内部呈定向排列，在其横断面上形成黑十字，而纵断面上呈与晶体延长方向一致的黑色条纹，这样的红柱石被称为空晶石(图 4-29)。

图 4-29 红柱石和空晶石晶体

[晶体结构] 斜方晶系。a_0 = 0.778nm，b_0 = 0.792nm，c_0 = 0.557nm，Z=4。红柱石晶体结构特点为：1/2 的 Al 配位数为 6，组成$[AlO_6]$八面体，它们以共棱的方式沿 c 轴联结成链，链间以另一半配位数为 5 的 Al 和$[SiO_4]$四面体相连接(图 4-30)。

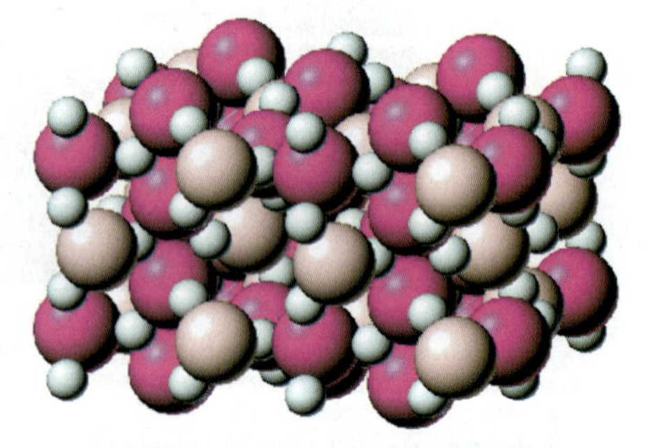

图 4-30 红柱石晶体结构

[形态] 斜方双锥晶类，对称型 $3L^2 3PC$。晶体呈柱状，横切面接近于四方形，很类似四方柱(图 4-29)。很少呈双晶，双晶面为(101)。集合体成放射状或粒状。

[物理性质] 常见颜色有褐绿

色、黄褐色，也有绿色、褐色、粉色、紫色等(图 4－31)。内有黑色十字者称为空晶石。玻璃光泽。一组中等解理。摩氏硬度7～7.5。密度 3.13～3.60g/cm^3，宝石级红柱石常见的密度实测值为 3.17 (±0.04) g/cm^3。折射率 1.634～1.643(±0.005)。双折射率 0.007～0.013。非均质体，二轴晶，负光性。三色性强，褐黄绿色一褐橙色一褐红色。紫外荧光无至中等的绿至黄绿色(短波)。绿色、淡红、褐色者吸收光谱在紫区可显 436nm 和较弱的 445nm 吸收线。放大检查可见针状包体，空晶石变种为黑色碳质包体呈十字形分布。未见特殊光学效应。

图 4－31 红柱石宝石

[产状和产地] 红柱石为富铝的岩石在低温高压变质作用下的产物，主要产于板岩、片岩或片麻岩当中。与矽线石、堇青石、石榴石等矿物共生。红柱石产于河床及山坡下的砂矿之中，由红柱石的变质岩经风化搬运富集而成。

红柱石的主要产地有巴西(绝大部分为深绿色富锰的品种)、美国(加利福尼亚州、科罗拉多州、新墨西哥州、宾夕法尼亚州、缅因州和马萨诸塞州)、东非、西班牙、斯里兰卡和缅甸。

[鉴定特征] 以柱状形态、解理交角近于垂直、常呈肉红色和强三色性为鉴定特征。

[主要用途] 经提纯的红柱石是陶瓷釉料熔块中氧化铝的极佳来源。晶体色彩上乘者可作宝石原料。

(十)蓝晶石(Kyanite)

[化学组成] $Al_2[SiO_4]O$，SiO_2 36.9%，Al_2O_3 63.1%。可含有 Cr、Fe、

Ca、Mg、Ti 等元素。

[晶体结构]　三斜晶系。$a_0=0.710$nm，$b_0=0.774$nm，$c_0=0.557$nm，$Z=4$。蓝晶石的晶体结构特点为：O 作近似立方最紧密堆积，Al 充填 2/5 的八面体空隙，Si 充填 1/10 的四面体空隙。两个[AlO_6]八面体链彼此共角顶及共棱相联形成平行(100)的八面体复杂层，层间以[SiO_4]四面体相联(图 4-32)。

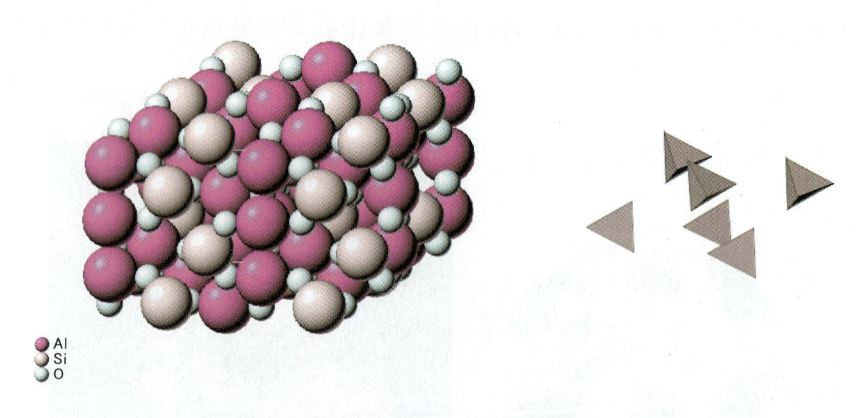

图 4-32　蓝晶石晶体结构

[形态]　平行双面晶类，对称型 C。单晶体常平行于结构中链的方向，因而多呈平行于{100}的长板状或刀片状。常见晶形如图 4-33 所示。双晶常见，通常以(100)为双晶面。

图 4-33　蓝晶石晶体

[物理性质]　一般呈蓝色，但也可呈白色、灰色、黄色、浅绿色(图 4-34)。

玻璃光泽，解理面上有时现珍珠光泽。

{100}解理完全，{010}解理中等到完全；另有平行{001}的裂理。硬度随方向不同而异，在(100)晶面上平行 c 轴方向的硬度为 4.5，垂直 c 轴方向为 6。密度 3.68(+0.01，−0.12)g/cm^3。折射率 1.716～1.731(±0.004)。双折射率 0.012～0.017。二轴晶，负光性。蓝色蓝晶石多色性中等，无色－深蓝色－紫蓝色。长波紫外线下具弱红色荧光，短波紫外线下表现为荧光惰性。吸收光谱具 435nm 和 445nm 吸收带。放大检查可见固体矿物包体、解理、色带。可见猫眼效应。

图 4-34　蓝晶石刻面宝石

[产状和产地]　蓝晶石是典型区域变质矿物之一，多由富铝的泥质岩变质而成，是结晶片岩中典型的变质矿物。在富铝岩石中，在中压区域变质作用下，蓝晶石产于低温部分而矽线石则在高温部分，此外，蓝晶石还产于某些高压变质带。蓝晶石主要产于印度、缅甸、瑞士、俄罗斯、巴西、肯尼亚、美国等。

[鉴定特征]　根据其颜色、刀片状或板状形态、硬度的各向异性、完好的解理，较易识别。

[主要用途]　蓝晶石具强耐火性，是高级耐火材料。也是用作卫生瓷、墙砖、精铸模、电瓷和过滤器的原料。晶体色彩上乘的可作宝石原料。

(十一)蓝柱石(Euclase)

[化学组成]　$BeAlSiO_4(OH)$，可含有 Fe、Cr 等元素。

[晶体结构]　单斜晶系。$a_0=0.463nm$，$b_0=1.427nm$，$c_0=0.476nm$，$Z=4$。蓝柱石晶体结构特点为：$[AlO_6]$八面体以共棱方式联结而成的链平行并平行 c 轴，链间存在孤立的$[SiO_4]$四面体(图 4-35)。

[形态]　晶体成柱状、长棱柱状，晶体表面或解理面上有平行的条纹(图 4-36)。

［物理性质］ 呈无色、白色、淡绿色或蓝色(图 4－37)。玻璃光泽。一组完全解理。摩氏硬度 7～8。密度 3.08(＋0.04,－0.08)g/cm^3。折射率 1.652～1.671(＋0.006－0.002)。双折射率 0.019～0.020。非均质体,二轴晶,负光性。蓝色多色性:蓝灰一浅蓝;绿色多色性:灰绿一绿。紫外荧光无至弱。吸收光谱具 468nm 和 455nm 吸收带,绿区、红区有吸收。放大检查可见颜色环带,红或蓝色板状包体。未见特殊光学效应。

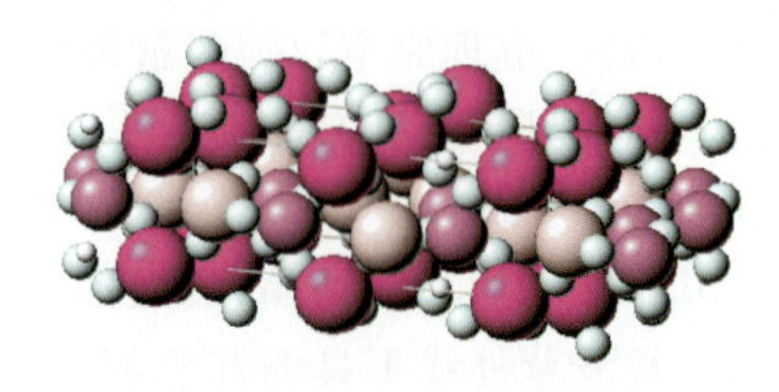

图 4－35　蓝柱石晶体结构

图 4－36　蓝柱石单晶和集合体

图 4－37　蓝柱石刻面宝石

［产状和产地］ 产于伟晶岩中，与黄色托帕石伴生。主要产地有巴西的米纳斯吉拉斯州，俄罗斯的乌拉尔山区、坦桑尼亚和哥伦比亚等地。

［鉴定特征］ 放大检查可见红色、蓝色板状包体及环带。

［主要用途］ 用于提取金属铍。可磨制成刻面宝石，一般琢磨成阶梯型或混合琢型，由于蓝柱石有极好的解理，所以在切割琢磨时要加倍小心。更多的是作为矿物标本收藏。

（十二）榍石(Sphene)

［化学组成］ $CaTi[SiO_4]O$，Ca 可被 Na、Mn、Sr、Ba、TR 代替；Ti 可被 Al、Fe^{3+}、Nb、Ta、Th、Sn、Cr 代替；O 可被(OH)、F、Cl 代替。

［晶体结构］ 单斜晶系。$a_0=0.655$nm，$b_0=0.870$nm，$c_0=0.743$nm，$Z=4$。榍石晶体结构特点为：结构中 Ca^{2+} 的配位数为 7，是其他矿物中很少见到的。孤立的$[SiO_4]$四面体和$[TiO_6]$八面体及$[CaO_7]$多面体联结，结构中有一种不与 Si 联结的 O^{2-}，作为附加阴离子可被(OH)、F 或 Cl 代替(图 4－38)。

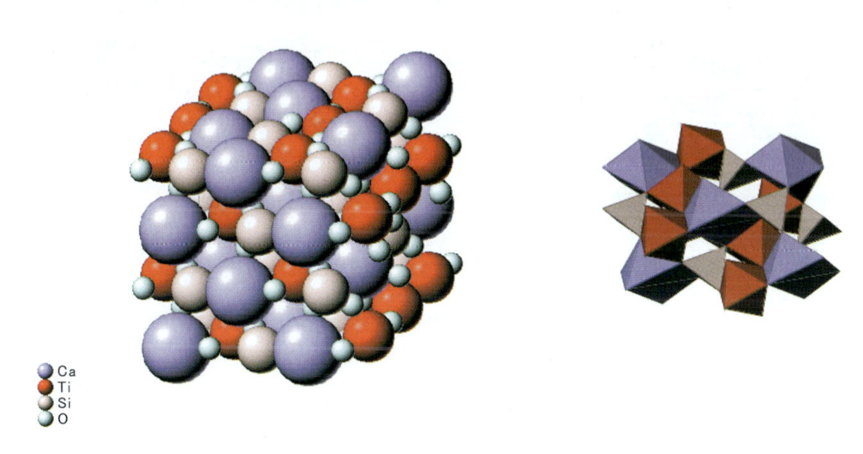

图 4－38　榍石晶体结构

［形态］ 斜方柱晶类，对称型 L^2PC。晶体形态多种多样，常见晶形为具有楔形横截面的扁平信封状晶体。有时为板状、柱状、针状、粒状集合体(图 4－39)。

［物理性质］ 蜜黄色、褐色、绿色、灰色、黑色，成分中含有较多量的 MnO 时，可呈红色或玫瑰色(图 4－40)。金刚光泽、油脂光泽或树脂光泽。解理{110}中等，具{221}裂开。摩氏硬度 5～5.5。密度 3.52(±0.02)g/cm^3。折射

图 4－39　榍石晶体

图 4－40　常见的榍石刻面宝石

率 1.900～2.034(±0.020)，双折射率 0.100～0.135。二轴晶，正光性。黄色至褐色榍石多色性为浅黄色、褐橙色和褐黄色。色散 0.051。紫外荧光惰性。吸收光谱有时见 580nm 双吸收线。放大检查可见双折射线清晰、指纹状包体、矿物包体和双晶。

[产状和产地]　榍石作为副矿物广泛分布于各种岩浆岩中，如见于花岗岩、正长岩中。在正长岩质的伟晶岩中可见大晶体产出。

主要产地有瑞士的圣哥达地区、法国、加拿大、墨西哥等。

[鉴定特征]　以其特有的扁平信封状晶形和楔形的横截面、金刚光泽和高双折射率与其他蜜黄色宝石矿物相区别。

[主要用途]　量大时可作钛矿石，亦可作为稀有元素矿床的找矿标志。色

泽美丽透明者也用作宝石原料。

二、环状硅酸盐

（一）绿柱石(Beryl)(祖母绿、海蓝宝石)

[化学组成]　$Be_3Al_2[Si_6O_{18}]$，BeO 14.1%，Al_2O_3 19.0%，SiO_2 66.9%。绿柱石中经常含有 Na、K、Li、Cs、Rb 等碱金属。除此之外，可有少量的铁、镁代替铝。

[晶体结构]　六方晶系。$a_0=0.919$nm，$c_0=0.919$nm，$Z=2$。晶体结构为硅氧四面体组成的六方环垂直 c 轴平行排列，上下两个环错动 25°，由 Al^{3+} 及 Be^{2+} 联结；铝配位数为 6，铍配位数为 4，均分布在环的外侧，所以在环中心平行 c 轴有宽阔的孔道，以容纳大半径的离子 K^+、Na^+、Cs^+、Rb^+ 以及水分子(图 4－41)。

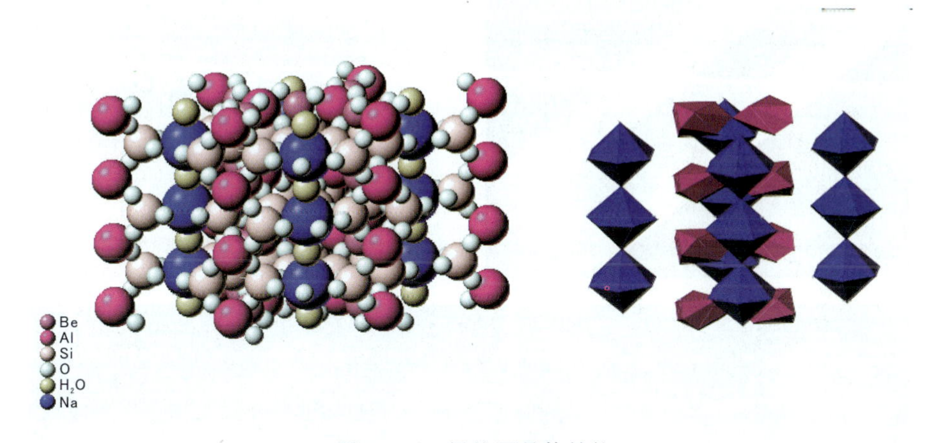

图 4－41　绿柱石晶体结构

[形态]　六方双锥晶类，对称型 $L^6 6L^2 7PC$。晶体多呈长柱状，富含碱的晶体则呈短柱状，或沿{0001}发育成板状(图 4－42)。柱面上常有平行 c 轴的条纹，不含碱的比含碱的绿柱石柱面上条纹明显。

[物理性质]　纯的绿柱石为无色透明，常见的颜色有绿色、黄色、浅橙色、粉色、红色、蓝色、棕色、黑色等，浅蓝色、绿蓝色至蓝绿色的称海蓝宝石，其蓝色由 Fe^{2+} 引起，碧绿翠色的称祖母绿，是一种极珍贵的宝石，其颜色由 Cr_2O_3 引起。粉色绿柱石(摩根石)因含 Mn 而呈粉红色。常见绿柱石分类见表 4－2。

图 4－42　绿柱石(海蓝宝石、祖母绿)晶体

表 4－2　绿柱石分类

品种	体色	致色离子	多色性
祖母绿	绿色	Cr^{2+}和少量 V^{2+}致色	中至强，蓝绿/黄绿
海蓝宝石	天蓝色	Fe^{2+}，或者 Fe^{2+}/Fe^{3+}	弱至强，蓝/浅蓝（或无色）
粉色绿柱石（摩根石）	粉色	含 Mn^{2+}或者 Cs^{1+}	弱至中，紫红/浅红
红色绿柱石	红色	Mn^{3+}致色	弱至中，红/粉红
金绿柱石	黄一金黄色	Fe^{3+}致色	弱，多变
绿色绿柱石	浅绿	$Fe^{2+}+Fe^{3+}$	弱至强，绿/无色
Maxixe 型绿柱石	蓝色	色心致色，不稳定	

不同种类绿柱石晶体和宝石参见图 4－43。

（a）祖母绿

（b）海蓝宝石

（c）透绿柱石

（d）摩根石

（e）红色绿柱石

（f）金绿柱石

（g）绿色绿柱石

（h）Maxixe型绿柱石
（Oleg Lopatkin@2008版权所有）

图 4 - 43　各种类绿柱石晶体和切面宝石

玻璃光泽。一组平行{0001}不完全解理，断口贝壳状。硬度7.5～8。密度2.68～2.72g/cm^3，折射率1.577～1.583(±0.017)，双折射率0.005～0.009，一般为0.006。一轴晶负光性，色散0.014。祖母绿具典型吸收光谱，主要呈现铬的吸收线。红区683nm、680nm强吸收线，662nm、646nm弱吸收线，橙黄区630～580nm间有部分吸收带，紫区全吸收。绿柱石常见管状包体，管状包体平行结晶c轴方向延伸，管状包体断续出现呈雨丝状排列，绿柱石中还常见负晶。

[产状和产地] 绿柱石主要产于花岗伟晶岩、云英岩及高温热液矿脉中。在未受交代的伟晶岩中，绿柱石成分基本不含碱，常与石英、钾长石(微斜长石)、白云母共生。伟晶岩中的绿柱石单晶体个体可以很大，重达数十吨。砂矿中有时也能发现绿柱石。

主要的商业产地有巴西、俄罗斯、马达加斯加、美国、印度、中国和非洲等地。

[鉴定特征] 根据晶形、硬度和解理不发育作为鉴定特征。与磷灰石相比，有较高的硬度且柱面上有纵纹出现。与金绿宝石相比，则密度较低。

[主要用途] 绿柱石是提炼铍的最主要矿物原料。色泽美丽且透明无瑕者可作高档宝石，其中以祖母绿为最佳，其加工后的价值不亚于钻石。

(二)电气石(Tourmaline)(碧玺)

[化学组成] $Na(Mg,Fe,Li,Al)_3Al_6[Si_6O_{18}][BO_3]_3(OH,F)_4$，电气石是一种硼硅酸盐矿物，除硅氧骨干外，还有$[BO_3]$络阴离子团。其中$Na^+$可局部被$K^+$和$Ca^{2+}$代替，$OH^-$可被$F^-$代替，类质同象广泛，主要有四个端元组分：

锂电气石 $Na(Li,Al)_3Al_6[Si_6O_{18}][BO_3]_3(OH,F)_4$

黑电气石 $NaFe_3Al_6[Si_6O_{18}][BO_3]_3(OH,F)_4$

镁电气石 $NaMg_3Al_6[Si_6O_{18}][BO_3]_3(OH)_4$

钠锰电气石 $NaMn_3Al_6[Si_6O_{18}][BO_3]_3(OH)_4$

[晶体结构] 三方晶系。$a_0=1.548\sim1.603$nm，$c_0=0.709\sim0.722$nm，$Z=3$。电气石晶体结构基本特征为$[SiO_4]$四面体组成复三方环，B配位数为3，组成平面三角形；Mg配位数为6，组成八面体，与$[BO_3]$共氧相联。在$[SiO_4]$四面体的复三方环上方的空隙中有配位数为9的一价阳离子Na^+分布，之间以$[AlO_5(OH)]$八面体相联结(图4-44)。

[形态] 复三方单锥晶类，对称型L^33P。晶体呈柱状，晶体两端晶面不同，因此晶体无对称中心。柱面上常出现纵纹，横断面呈球面三角形(图4-45)。最常见的单形是$\{10\bar{1}0\}$、$\{11\bar{2}0\}$两种柱面，前者为三方柱，后者为六方柱。集合体成放射状或纤维状，少数情况下成块状或粒状。

[物理性质] 电气石的颜色随成分不同而异。含Fe高者呈黑色，所以黑

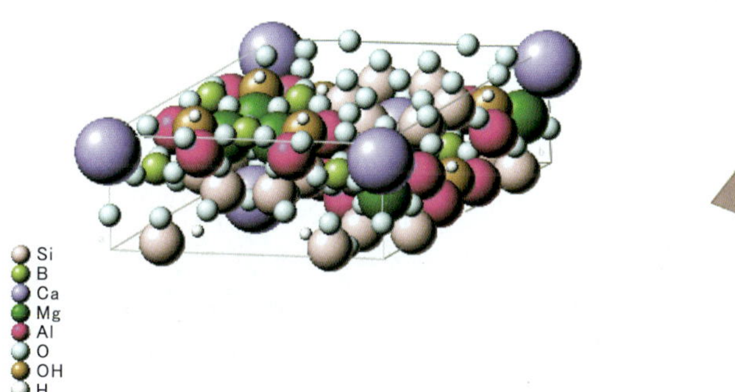

图 4-44　电气石晶体结构

(a) 绿色电气石单晶

(b) 红色电气石集合体

(c) 蓝色电气石

(d) 电气石晶面纵纹

图 4-45　电气石晶体和集合体

电气石一般呈绿黑色至深黑色。富含锂、锰和铯的电气石呈玫瑰色，亦呈淡蓝色，富含镁的电气石常呈褐色和黄色，富含铬的电气石呈深绿色。电气石还常具有色带现象，既有沿 c 轴分布的双色和三色碧玺，又有垂直 c 轴由中心往外形成水平色带的西瓜碧玺(图 4-46)。

(a) 各色电气石宝石

(b) 西瓜碧玺

图 4-46　宝石级电气石和西瓜碧玺

玻璃光泽。无解理。参差状断口。摩氏硬度为 7。密度为 3.06(+0.20，-0.06)g/cm³，密度与成分有密切关系，当成分中 Fe、Mn 含量增加时密度增加。折射率为 1.624～1.644(+0.011，-0.009)；双折射率为 0.018～0.040，通常为 0.020，暗色者可达 0.040。一轴晶，负光性。多色性中至强，深浅不同的体色。放大检查可见气液包体、不规则管状包体，平行线状包体。电气石还有明显的压电性。

[产状和产地]　电气石成分中富含挥发组分 B 及 H_2O，所以多与气成作用有关，多产于花岗伟晶岩及气成热液矿床中。一般黑色电气石形成于较高温度，绿色、粉红色者形成于较低温度。早期形成的电气石为长柱状，晚期者为短柱状。此外变质矿床中亦有电气石产出。

世界上许多国家都盛产碧玺，如巴西、斯里兰卡、缅甸、俄罗斯、意大利、肯尼亚、美国等。其中巴西的米纳斯克拉斯州所产的彩色碧玺就占世界总产量的 50%～70%，而在巴西的帕拉伊巴州还发现了罕见的紫罗兰色、蓝色碧玺，巴西产出的优质蓝色的透明碧玺被誉为“巴西蓝宝石”。我国碧玺的主要产地是新疆阿尔泰、云南哀牢山和内蒙古，颜色品种十分丰富，而且质量好。

[鉴定特征]　电气石以柱状晶形、柱面有纵纹、横断面呈球面三角形、无解理、高硬度为鉴定特征。色泽鲜艳者、颜色有带状分布规律者，更易识别。

[主要用途] 色泽美丽的电气石可作宝石。其压电性可用于无线电工业，其热释电性可用于红外探测、制冷业。

(三)堇青石(Cordierite)

[化学组成] $(Mg,Fe)_2Al_3[AlSi_5O_{18}]$，堇青石的成分中镁和铁可作完全类质同象代替，可分为堇青石和铁堇青石两个亚种。自然界中大多数堇青石是富镁的，富铁的较少见。堇青石常含相当数量的水，一般认为与蚀变程度有关。化学分析表明堇青石常含钠和钾，钠、钾和水分子都存在于平行 c 轴的结构孔道中。

[晶体结构] 斜方晶系(假六方晶系)。$a_0=1.713$nm，$b_0=0.980$nm，$c_0=0.935$nm，$Z=4$。堇青石的晶体结构与绿柱石相似，以硅氧四面体组成的六方环为基本构造单位，环间以铝和镁联结，在六方环中存在 Al 代替 Si，因而对称降低为斜方晶系(图 4-47)。

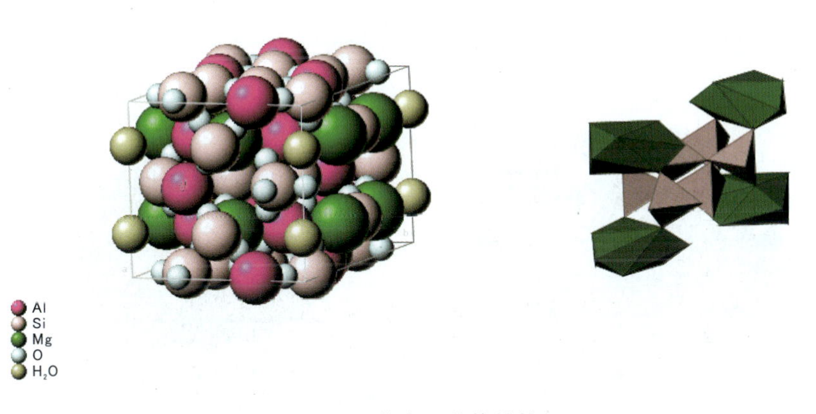

图 4-47　堇青石晶体结构

[形态] 斜方双锥晶类，对称型 $3L^2 3PC$。完好晶形不常出现，有时呈假六方的晶体，或在岩石中呈似圆形的横断面，或呈不规则粒状(图 4-48)。依(110)或(130)而成的双晶最常见。

[物理性质] 堇青石的颜色很丰富，可呈无色、微黄白色、绿色、褐色和灰色等，宝石级品种最吸引人的颜色为蓝色和蓝紫色，一般只有这两种颜色的堇青石可用作宝石(图 4-49)。经受风化后则颜色变浅，呈黄白色或褐色。玻璃光泽。{010}解理中等，{001}、{100}解理不完全。贝壳状断口。摩氏硬度 7～7.5。密度 2.61(±0.05)g/cm³。折射率 1.542～1.551(+0.045，-0.011)。双折射率

0.008～0.012。二轴晶，负光性。三色性强，紫色的呈现浅紫色－深紫色－黄褐色；蓝色的呈现无色至黄色－蓝灰色－深紫色。吸收光谱具 426nm 和 645nm 弱吸收带。放大检查可见颜色分带、气液包体。特殊光学效应可见星光效应、猫眼效应、砂金效应（稀少）。

图 4－48　堇青石晶体

图 4－49　堇青石刻面宝石和血射堇青石

[产状和产地]　堇青石是典型的变质矿物，常产于片麻岩、结晶片岩及蚀变的火成岩中，与富镁质或黏土质的矿物，如角闪石类矿物、黑云母、硅线石、基性斜长石和滑石等共生。铁堇青石产于花岗伟晶岩中。宝石级堇青石主要赋存于富镁的蚀变岩中。

宝石级堇青石的主要产地有斯里兰卡、马达加斯加、美国（加利福尼亚、爱达荷州、怀俄明州）、加拿大等地。

[鉴定特征]　堇青石具明显的三色性，区别于水晶类宝石。吸收光谱表现为铁吸收谱。内含物常见赤铁矿、针铁矿、磷灰石、锆石或其他的气液二相包裹

体。产于斯里兰卡的堇青石,内含大量定向排列的赤铁矿和针铁矿六方形小薄片,呈红色,有如血点,故名血射堇青石(图4-49)。

[主要用途] 颜色美丽透明者,可作为宝石。一般宝石级的堇青石多呈蓝色和紫罗兰色。

(四)透视石(Dioptase)

[化学组成] $Cu_6[Si_6O_{18}]\cdot 6H_2O$,$SiO_2$ 38.2%,CuO 50.4%,H_2O 11.4%。

[晶体结构] 三方晶系。$a_0=1.466$nm,$c_0=0.774$nm,$Z=3$。透视石的晶体结构特点为:六方$[Si_6O_{18}]$平行{0001}分布,六方环中心成一个菱面体晶胞,六方环之间由三次配位的Cu^{2+}联结(图4-50)。

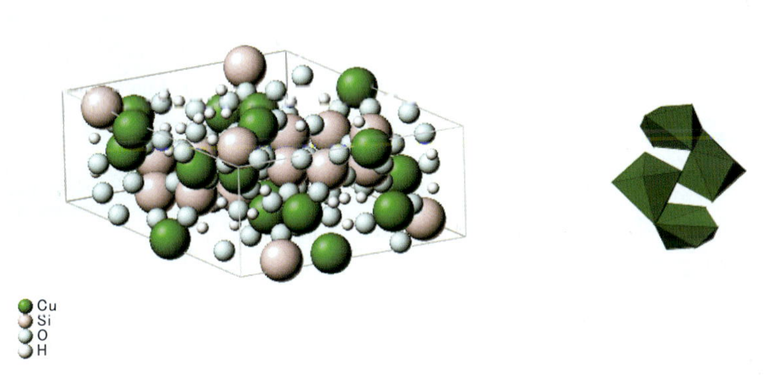

图4-50　透视石晶体结构

[形态] 菱面体晶类,对称型L^3C。晶体呈短柱状或块状(图4-51)。

[物理性质] 常见蓝绿色、绿色(图4-52)。玻璃光泽。三组完全解理。摩氏硬度5。密度3.30(±0.05)g/cm³。折射率1.655~1.708(±0.012)。双折射率0.051~0.053。非均质体,一轴晶,正光性。多色性弱,因颜色而异。无紫外荧光。吸收光谱具550nm宽吸收带。放大检查可见气液包体。

[产状和产地] 透视石产于铜矿氧化带,与孔雀石、方解石等矿物共生。主要产地有刚果、扎伊尔及纳米比亚等。

[主要用途] 由于解理很发育,很难加工成刻面宝石,多作为矿物标本收藏。

图 4-51　透视石单晶和集合体

(五)斧石(Axinite)

[化学组成]　$(Ca,Fe,Mn,Mg)_3Al_2BSi_4O_{15}(OH)$,锰与铁之间成完全类质同象代替。

[晶体结构]　三斜晶系。$a_0=0.715nm$,$b_0=0.916nm$,$c_0=0.896nm$,$Z=2$。斧石晶体结构特点为:成层排列的带耳六环与 Al,Fe,Ca,Mn 八面体层相间排列所组成(图 4-53)。

图 4-52　透视石刻面宝石

[形态]　平行双面晶类,对称型 C。呈板状晶体或集合体,常见宽薄的楔形(图 4-54)。

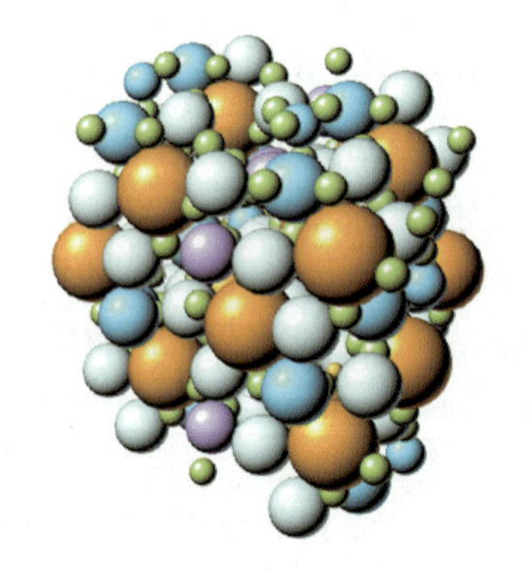

图 4-53　斧石晶体结构

图 4－54　斧石晶体

[物理性质]　常见颜色有褐色、紫褐色、紫色、褐黄色、蓝色(图 4－55)。

图 4－55　斧石刻面宝石

玻璃光泽，透明—半透明。一组{010}中等解理。贝壳状或阶梯状断口，断口为玻璃光泽。摩氏硬度 6～7。密度 3.29(＋0.07，－0.03)g/cm^3。折射率 1.678～1.688(±0.005)。双折射率 0.010～0.012。非均质体，二轴晶，负光性。通常具有强三色性，多色性颜色可有紫色至粉红色、浅黄色、红褐色。紫外线下通常无荧光。黄色品种在短波紫外线下可具红色荧光。新泽西产出的斧石在短波紫外线下具红色荧光，长波惰性；坦桑尼亚的斧石在短波紫外线下具暗红色荧光，长波紫外线下具橙红色荧光。吸收光谱具 412nm、466nm、492nm 和 512nm 吸收线。放大检查可见矿物包体、气液包体和色带。

[产状和产地]　斧石主要是接触变质作用和交代作用的产物，常与方解石、石英、葡萄石、黝帘石和阳起石等伴生。优质斧石主要产于法国阿尔卑斯山和澳大利亚的塔斯马尼亚州。

[鉴定特征]　以板状晶体、强三色性，412nm、466nm、492nm、512nm 吸收线为鉴定特征。

[主要用途]　斧石可琢磨成很美丽的刻面宝石，但容易破损，因此多用于收藏。

三、链状硅酸盐

辉石族

辉石是化学通式为$XY(Z_2O_6)$的一族单链状结构硅酸盐矿物的总称。其中X组阳离子为Na^+、Ca^{2+}、Mn^{2+}、Fe^{2+}、Mg^{2+}、Li^+等;Y组阳离子为Mn^{2+}、Fe^{2+}、Mg^{2+}、Fe^{3+}、Cr^{3+}、Al^{3+}、Ti^{4+}等;Z组离子主要为Si^{4+},次要为Al^{3+}。上述各组阳离子的等价或异价、完全或不完全的类质同象替代十分广泛和复杂。从成分与结构的关系来说,辉石中X组阳离子的种类对晶体结构会产生显著的影响。当X为Fe^{2+}、Mg^{2+}等小半径阳离子时,一般为斜方晶系;当X为Na^+、Ca^{2+}、Li^+等大半径阳离子时,往往为单斜晶系。据此,可将辉石族矿物划分为单斜辉石亚族和斜方辉石亚族。单斜辉石亚族主要有透辉石、钙铁辉石、普通辉石、霓辉石、霓石、硬玉、锂辉石等;斜方辉石亚族主要有顽火辉石、古铜辉石、紫苏辉石、铁紫苏辉石、斜方铁辉石等。其中作为宝石的主要有顽火辉石、透辉石、硬玉和锂辉石。

(一)顽火辉石(Enstatite)

[化学组成]　顽火辉石$Mg_2[Si_2O_6]$(En)是斜方辉石的一个端员组分,与斜方铁辉石$Fe_2[Si_2O_6]$(Fs)形成完全类质同象系列,Fe与Mg的替代率可达1∶1,富Mg一端有3个种属:En低于10%为顽火辉石,10%～30%为古铜辉石,30%～50%为紫苏辉石。

[晶体结构]　斜方晶系。$a_0=1.823nm$,$b_0=0.882nm$,$c_0=0.518nm$,$Z=10$。顽火辉石的晶体结构特点为:具有两种硅氧四面体A链和B链。A链较B链沿c轴更伸直一些。A链硅氧四面体较B链硅氧四面体稍小。硅氧四面体A链、B链和M—O八面体链皆平行于c轴延伸,并且各自平行于b轴排列成层状,链与链之间所形成的空隙被二价阳离子占据(图4-56)。

[形态]　斜方双锥晶类,对称型$3L^23PC$。晶体常呈柱状,平行c轴延长。有时具(100)简单双晶和聚片双晶。在岩石中常呈不规则的粒状,散布于整个岩石里(图4-57)。常与斜方辉石亚族矿物形成有规则的定向附生体。

[物理性质]　顽火辉石为特征的暗红褐色到褐绿或黄绿色(图4-58),颜色随Fe含量的增高而加深。紫苏辉石呈绿黑色或褐黑色;古铜辉石则呈特征性的古铜色,故名。

玻璃光泽。{210}完全解理,解理交角88°。摩氏硬度5～6。密度随含Fe量的增高而增大,顽火辉石3.25(+0.15,—0.02)g/cm³ 左右。折射率

1.663～1.673(±0.010)，成分中 Fe 含量越高，折射率值越大；双折射率为 0.008～0.011。二轴晶，正光性。多色性弱至中，为褐黄、黄至绿、黄绿色。紫外光下荧光惰性。吸收光谱，505nm 处有一强吸收线，550nm 处有一较弱吸收线。放大检查可见气液包体及矿物包体，若含有大量定向包体时，可形成猫眼(图 4-58)。

[产状和产地] 顽火辉石为橄榄岩中的常见矿物，与橄榄石、单斜

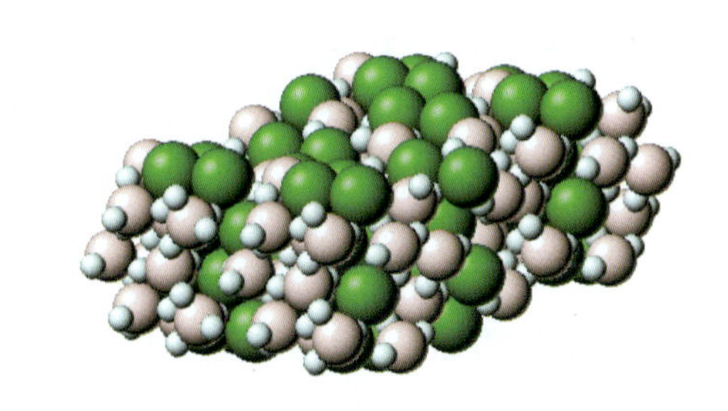

图 4-56　顽火辉石晶体结构

图 4-57　顽火辉石单晶和在岩石中的分布形态

图 4-58　顽火辉石刻面宝石和猫眼

辉石和尖晶石共生。在玄武岩的橄榄岩包体中常见，与顽透辉石共生。在金伯利岩等超基性岩中也较常见。

宝石级的顽火辉石主要产于缅甸抹谷、坦桑尼亚和斯里兰卡。顽火辉石猫眼主要产地为缅甸和南非等地。

[鉴定特征] 短柱状形态，两组近于正交的完好解理。但与斜方辉石亚族其他矿物种的区别，一般须依靠光性测定。

[主要用途] 仅具矿物学和岩石学意义。色彩鲜艳、透明且具有特殊光学效应的顽火辉石可作宝石。

（二）透辉石（Diopside）

[化学组成] $CaMg[Si_2O_6]$，透辉石与钙铁辉石 $CaFe[Si_2O_6]$ 形成完全类质同象，Mg 可被 Fe 完全替代而成为钙铁辉石，其中间成员为次透辉石和铁次透辉石。可含少量 Cr、Fe、V、Mn 等元素。含少量 Cr 的绿色透辉石称为铬透辉石。

[晶体结构] 单斜晶系。透辉石晶胞参数为 $a_0=0.975\sim0.985$nm，$b_0=0.890\sim0.902$nm，$c_0=0.525$nm，$Z=4$。透辉石晶体结构的特点为：结构中只有一种硅氧四面体；结构中有两种金属位置 $M_Ⅰ$ 和 $M_Ⅱ$。$M_Ⅰ$ 主要为 Mg 和 Fe^{2+} 所占据，$M_Ⅱ$ 主要为 Ca 所占据，有时有少量 Na 代替 Ca。硅氧四面体链和 M－O 链均平行于 c 轴，各自平行于 b 轴排列成层，在垂直(100)方向以 Si 链层和 M－O 链层相间排列（图 4－59）。

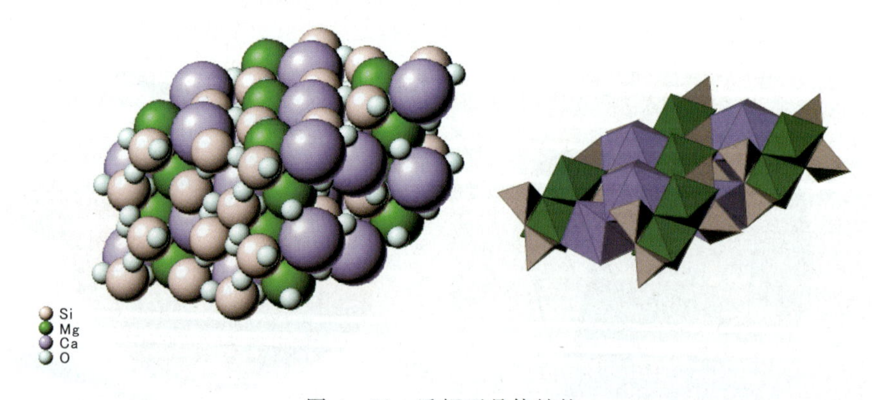

图 4－59　透辉石晶体结构

[形态] 斜方柱晶类，对称型 L^2PC。常呈柱状晶体。常见(100)和(001)的简单双晶或聚片双晶。集合体成致密块状或粒状（图 4－60）。

图 4－60　透辉石单晶和集合体

[物理性质]　常见蓝绿色至黄绿色、褐色、黑色、紫色、无色至白色，随 Fe 含量增多，颜色加深。铬透辉石呈鲜艳绿色(图 4－61)。透辉石的条痕为白色，而绿色钙铁辉石则微具浅绿色。玻璃光泽。色浅者透明度较高。

图 4－61　铬透辉石刻面宝石和透辉石星光

{110}解理中等至完全，解理交角 87°。摩氏硬度 5.5～6。密度随组分中的 Fe 含量增减而增减，透辉石 3.29(＋0.11，－0.07)g/cm^3。折射率为 1.675～1.701(＋0.029，－0.010)，点测为 1.68 左右，折射率随 Fe 含量增加而变大。双折射率为 0.024～0.030。二轴晶，正光性。色散为 0.013。多色性弱至强，颜色越深，三色性越明显。透辉石具 505nm 吸收线，铬透辉石在 690nm 处有双线，此外，670nm、655nm 和 635nm 处可有吸收线。

常见星光效应(四射星光)和猫眼效应(图 4-61)。

[产状和产地] 在基性和超基性岩中透辉石和次透辉石是常见的主要矿物,铬透辉石是金伯利岩中的特征矿物。透辉石—钙铁辉石是构成矽卡岩的特征矿物。区域变质的钙质和富镁质的片岩中,透辉石和次透辉石是常见的组成矿物。

宝石级的透辉石产于缅甸抹谷和斯里兰卡的砾岩中,铬透辉石产于南非金伯利的钻石矿地区以及俄罗斯和芬兰。星光透辉石和透辉石猫眼主要产地有美国、芬兰、马达加斯加及缅甸。

[鉴定特征] 透辉石以其特有的辉石型解理及短柱状形态、较浅的颜色为特征。钙铁辉石则颜色较深,风化表面常呈褐色。与同族矿物的区别,一般宜用光性数据作识别依据,有时还需要化学分析资料,才能确定。

[主要用途] 透辉石可用于陶瓷工业。色彩鲜艳、透明且具有特殊光学效应透辉石可作宝石。

(三)锂辉石(Spodumene)

[化学组成] $LiAl[Si_2O_6]$,锂辉石的组成较稳定。可有 Cr、Mn、Fe、Ti、Ga、V、Co、Ni、Cu、Sn 等微量元素。锂辉石中可以含有少量的霓石和硬玉分子,此外也可以含微量的 K。

[晶体结构] 单斜晶系。$a_0=0.946$nm,$b_0=0.839$nm,$c_0=0.522$nm,$Z=4$。锂辉石的晶体结构特点为:硅氧四面体链在结构中只有一种,硅氧四面体链是由两种结晶学不同硅氧四面体所组成,呈 S 扭转(图 4-62)。

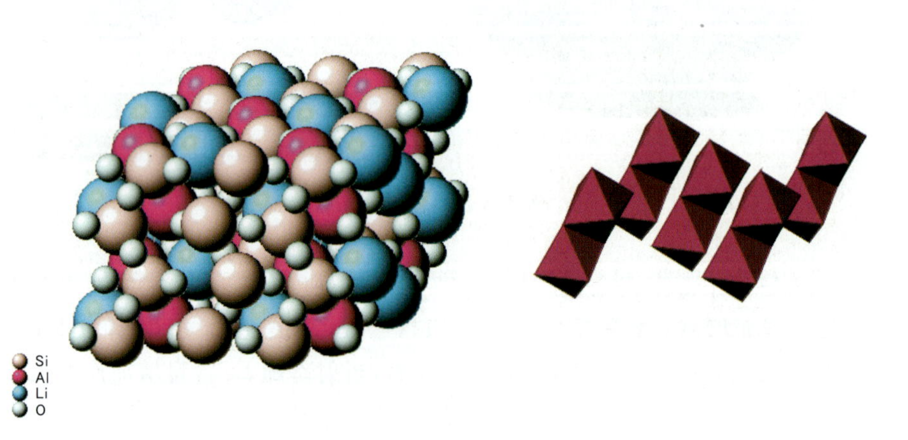

图 4-62　锂辉石晶体结构

［形态］　轴双面晶类，对称型 L^2。晶体常沿 Z 轴呈短柱状，平行 Z 轴有条纹，横截面呈正方形(图 4－63)。

图 4－63　锂辉石晶体

［物理性质］　有多种颜色，粉红色至蓝紫红色、绿色、黄色、无色、蓝色，通常色调较浅。宝石级锂辉石有两个重要变种，含 Cr 者呈翠绿色，称翠绿锂辉石［图 4－64(a)］；含 Mn 者呈紫色，称紫锂辉石［图 4－64(b)］。

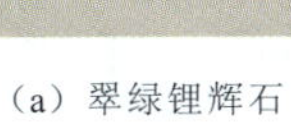

(a) 翠绿锂辉石　　(b) 紫锂辉石

图 4－64　翠绿锂辉石和紫锂辉石

透明，玻璃光泽。{110}解理完全或中等。可有(100)裂理。摩氏硬度 6.5～7。密度 3.18(±0.03)g/cm³。折射率 1.660～1.676(±0.005)，双折射率

0.014～0.016。二轴晶，正光性。色散 0.017。

色深者有较明显多色性，粉红色—蓝紫红色者具有中等至强的三色性，分别为浅紫红、粉红、近无色；翠绿锂辉石具有中等强度三色性，分别为深绿、蓝绿、淡黄绿色。

长波紫外光下粉红色—蓝紫红色锂辉石呈中至强粉红色至橙色荧光；短波下荧光相对较弱，粉红色至橙色。

Fe 致色的黄绿色锂辉石有 433nm、438nm 吸收线，翠绿锂辉石在 686nm、669nm 和 646nm 处有 Cr 线，620nm 附近有一个宽吸收带。锂辉石内部常见气液包体及解理造成的管状包体，也可见固态包体。有时可呈现星光效应和猫眼效应。

[产状和产地] 锂辉石是富锂花岗伟晶岩的特征矿物，与绿柱石、电气石、锂云母、钠长石、石英等共生。多见于核心带与边缘带之间的过渡带内，是伟晶岩中锂矿化阶段的产物。有时可以形成粗大晶体。

主要产地有巴西米纳斯吉拉斯州，美国北卡罗来那、加利福尼亚州，马达加斯加，中国等。

[鉴定特征] 紫锂辉石具有特征的浅粉到蓝紫色，其他颜色的锂辉石外观上与石英、绿柱石、黄玉等较为相似，但根据折射率和密度值可将其区分开。与硅铍石和蓝柱石有相近的折射率，但锂辉石为二轴晶，而硅铍石为一轴晶。与蓝柱石则可通过双折射率和密度区分开。

[主要用途] 提炼锂的矿物原料之一。色彩鲜艳且透明的锂辉石，如紫锂辉石和翠绿锂辉石，可作宝石。作为助熔剂广泛应用于普通陶瓷、电瓷、特种陶瓷、功能陶瓷材料及玻璃材料中。

（四）矽线石（Sillimanite）

[化学组成] $Al[AlSiO_5]$，SiO_2 37.07%，Al_2O_3 62.93%，常含有少量 Fe、Ti、Ca、Mg 等微量元素。

[晶体结构] 斜方晶系。$a_0=0.743nm$，$b_0=0.758nm$，$c_0=0.574nm$，$Z=4$。矽线石晶体结构特点为：由$[AlO_4]$和$[SiO_4]$四面体沿 c 轴交替排列，组成$[AlSiO_5]$双链，双链间由$[AlO_8]$八面体链接（图4－65）。矽线石结构确定了它具有平行 c 轴延长

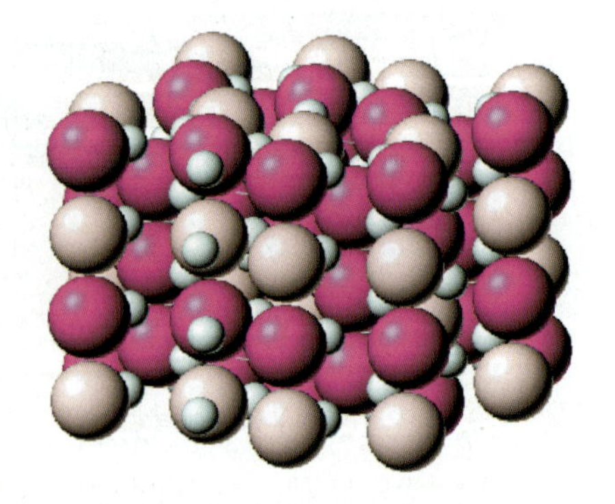

图 4－65 矽线石晶体结构

的针状、纤维状晶体形态及平行{010}的解理。

[形态]　斜方双锥晶类，对称型 $3L^2 3PC$。晶体呈平行 Z 轴延长的柱状或纤维状，两端无晶面，断面呈近正方形的菱形或长方形（图 4－66）。柱面上有条纹。

图 4－66　矽线石单晶体和集合体

[物理性质]　矽线石常见颜色为白色至灰色、褐色、绿色，偶尔见紫蓝色至灰蓝色（图 4－67）。玻璃光泽至丝绢光泽。一组完全解理。摩氏硬度 6～7.5。密度 3.25(＋0.02,－0.11)g/cm³。光性非均质体，二轴晶，正光性；或呈非均质集合体。蓝色矽线石多色性强，无色－浅黄色－蓝色。折射率 1.659～1.680(＋0.004,－0.006)。双折射率 0.015～0.021。紫外线下蓝色矽线石可有弱红色荧光，其他颜色品种表现为荧光惰性。吸收光谱可见 410nm、441nm 和 462nm 弱吸收带。放大检查可见纤维状结构。特殊光学效应可见猫眼效应。

图 4－67　矽线石刻面宝石和矽线石猫眼

[产状和产地] 矽线石是典型的变质矿物,分布很广泛。常见于火成岩(尤其是花岗岩)与富含铝质岩石的接触带及片岩、片麻岩发育的地区。在风化过程中,矽线石非常稳定,所以常见于冲积砂矿、残积层和坡积层中。

宝石级矽线石仅见于缅甸和斯里兰卡的砾石层中,美国爱达荷州产纤维块状矽线石。

[鉴定特征] 灰褐色矽线石和烟晶外观相似,可通过其高折射率、密度相区分。

[主要用途] 常切割为弧面宝石,呈现猫眼效应。

四、层状硅酸盐

(一)鱼眼石(Apophyllite)

[化学组成] $KCa_4(H_2O)_8[Si_4O_{10}](F,OH)$,部分钾可被钠代替,硅被铝代替,氟被OH代替。

[晶体结构] 四方晶系。$a_0=0.902nm$,$c_0=1.584nm$,$Z=2$。鱼眼石晶体结构特点为:硅氧四面体以角顶相联组成四方环,四方环又以共角顶联结成层。层间由K^+、Ca^{2+}、F^-及H_2O分子所联结(4-68)。

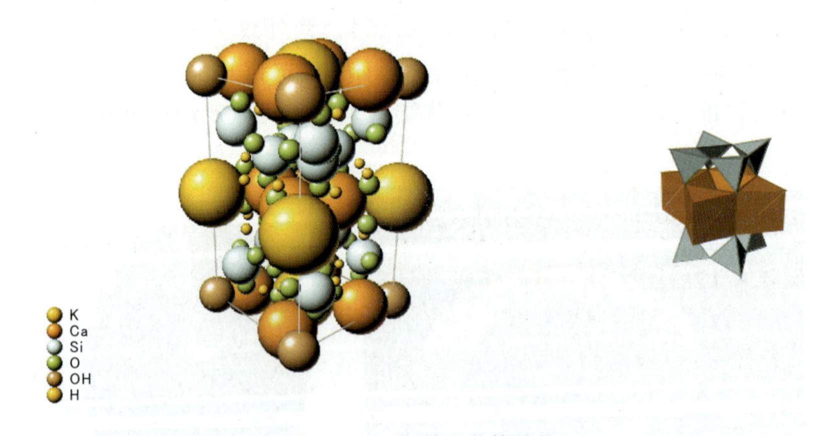

图4-68　鱼眼石晶体结构

[形态] 复四方双锥晶类,对称型L^44L^25PC。晶形呈柱状、板状晶体,假立方晶体(图4-69)。

[物理性质] 常见无色、黄色、绿色、紫色和粉红色(图4-70)。玻璃光泽

至珍珠光泽。一组完全解理。摩氏硬度 4～5。密度 2.40(±0.10)g/cm³。折射率 1.535～1.537。双折射率 0.002。非均质体,一轴晶,负光性。多色性呈深浅不同色调的颜色。短波紫外线下呈无至弱的淡黄色荧光。放大检查可见气液包体。无特殊光学效应。

图 4－69　鱼眼石单晶和集合体

图 4－70　鱼眼石刻面宝石

[产状和产地]　产于玄武岩、花岗岩和片麻岩的孔洞中。主要产地有印度、墨西哥的瓜纳华托州、美国的芬迪湾区域和缅因州、加拿大、巴西、芬兰、德国、捷克和斯洛伐克等地。中国湖北大冶产出近于无色的鱼眼石。

[鉴定特征]　放大检查时可见气液包体。质脆易破裂,常见裂纹。

[主要用途]　晶体好者可用作宝石。

（二）硅硼钙石（Datolite）

[化学组成]　$Ca_2[B_2Si_2O_8(OH)_2$，化学成分稳定，有时有 Al、Fe^{3+}、Fe^{2+}、Mg 混入，含量不超过 1%。

[晶体结构]　单斜晶系。$a_0 = 0.966nm$，$b_0 = 0.764nm$，$c_0 = 0.483nm$，$Z = 2$。晶体结构见图 4－71。

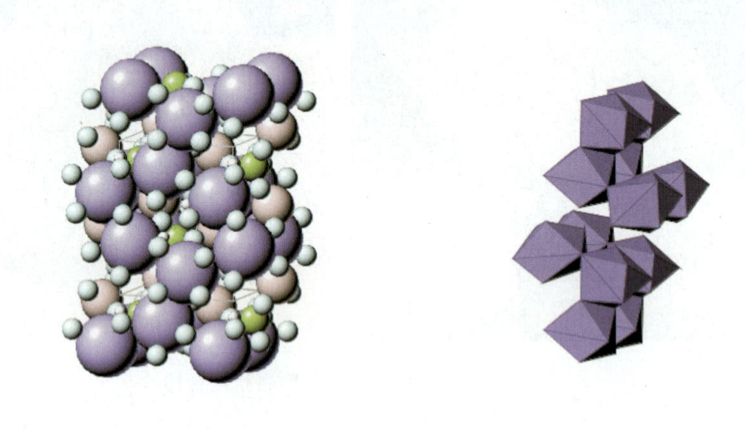

图 4－71　硅硼钙石晶体结构

[形态]　晶形呈短柱状、厚板状，常呈粒状或块状集合体（图 4－72）。

图 4－72　硅硼钙石单晶和集合体

[物理性质]　常见无色、白色、浅绿色、浅黄色、粉色、紫色、褐色、灰色(图 4－73)。玻璃光泽。无解理。摩氏硬度 5～6。密度 2.95(±0.05)g/cm^3。折射率 1.626～1.670(－0.004)。双折射率 0.044～0.046,集合体不可测。非均质体,二轴晶,负光性。无多色性。紫外荧光无至中,短波下呈蓝色。无特征吸收光谱。放大检查可见刻面棱重影和气液包体。无特殊光学效应。

图 4－73　硅硼钙石刻面宝石

[产状和产地]　常见于基性侵入岩脉及伟晶岩中,亦见于火山岩杏仁体中,和葡萄石、沸石等共生。世界上出产宝石级硅硼钙石的国家主要有美国、奥地利、英国等。

[鉴定特征]　见物理性质。

[主要用途]　可作刻面宝石和观赏矿物标本。

五、架状硅酸盐

(一)长石(Feldspar)

[化学组成]　长石是无水架状结构硅酸盐矿物,矿物学中将长石族分为:钾长石(碱性长石)、斜长石、钡长石三个亚族,可以作宝石的主要是前两类。自然界产出的长石大多是钾长石 $K[AlSi_3O_8]$(Or)、钠长石 $Na[AlSi_3O_8]$(Ab)、钙长石 $Ca[Al_2Si_2O_8]$(An)的固溶体,相当于由钾长石(Or)、钠长石(Ab)和钙长石(An)三种简单的长石端员分子组合而成。在高温条件下,Or 和 Ab 可以形成完全类质同象系列,但在低温条件下则只形成有限的类质同象。钾长石与钠长石合称碱性长石。碱性长石里一般含 An 不超过 5%～10%,Ab 中所含的 An 数

略大于 Or 中所能含的 An 数。Ab 与 An 一般说来能形成完全类质同象，构成斜长石系列。斜长石系列中，也含有一定数量的 Or 分子，含量通常低于 5%～10%。Or－Ab－An 的三元相图表明了在不同温度下的相互混溶情况(图 4－74)。

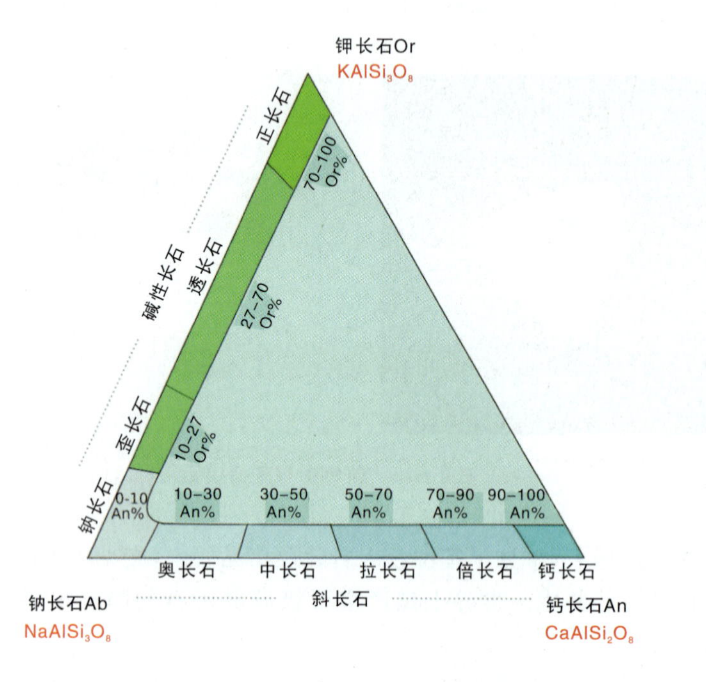

图 4－74　Or－Ab－An 的三元相图

［**晶体结构**］长石族矿物具有类似的晶体结构，以单斜晶系的透长石为例说明。结构中的硅氧四面体相互联结，构成如图 4－75 所示的链状，这种链是由四个四面体围成的四方环组成的，链与链之间仍然彼此相联。除了四方环，长石结构中还可见多样环。明显地存在有较大的空隙，是 K^+、Na^+ 和 Ca^{2+} 等大阳离子所占据的位置。由于 K^+ 的离子半径远大于 Na^+ 和 Ca^{2+}，所以当 K^+ 被 Na^+ 或 Ca^{2+} 置换到一定数量时，结构将有变化，原属单斜晶系的透长石或正长石，将变成三斜晶系。严格说，在透长石的结构中，K^+ 是位于对称面上的，它的配位数是 9，但在钠长石中，Na^+ 取代了 K^+，对称程度下降了，原有的对称面消失了，所以 Na^+ 的位置并不是原来 K^+ 的所在，而是有所偏离，它的配位数也变为 6。

［**形态**］　通常呈板状、短柱状，双晶普遍发育，斜长石发育聚片双晶(图 4－76)，钾长石发育卡氏双晶(图 4－77)和格子状双晶。

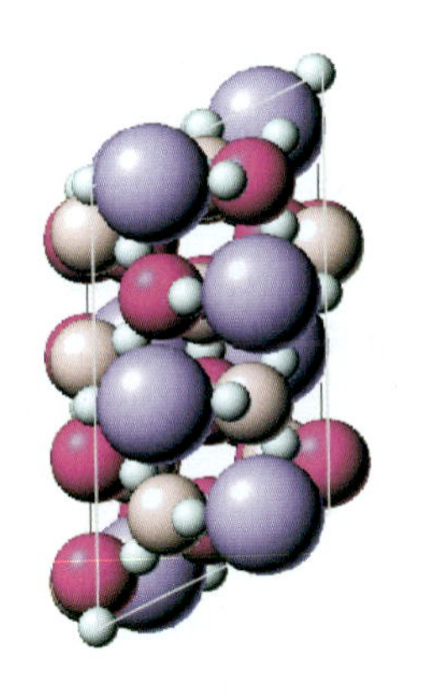

图 4－75　长石的晶体结构

图 4－76　斜长石的聚片双晶　　图 4－77　钾长石的卡氏双晶

[物理性质]　通常呈无色至浅黄色、绿色、橙色和褐色等；长石的颜色与其中所含有的微量元素(如 Rb,Fe)、矿物包体或特殊光学效应有关。抛光面呈玻璃光泽；断口呈玻璃至珍珠光泽或油脂光泽。透明至不透明。

长石具有两组夹角近 90°的{001}和{010}完全解理，有时还可见不完全的第三组解理。长石断口多为不平坦状、阶梯状。摩氏硬度为 6～6.5。密度为 2.55～2.75g/cm^3。

钾长石折射率为 1.518～1.533，双折射率为 0.005～0.007。斜长石折射率为 1.529～1.588，双折射率为 0.007～0.013。

非均质体，二轴晶，正光性或负光性。钾长石一般为负光性；斜长石中的钠长石和拉长石为正光性，其他为负光性或正光性。

多色性一般不明显，黄色正长石及带色的斜长石可显示不同的多色性。紫外荧光灯下呈无至弱的白色、紫色、红色、黄色、粉红色、黄绿色和橙红色等颜色的荧光。吸收光谱不典型。黄色正长石具 420nm，448nm 宽吸收带。

长石可具有月光效应、晕彩效应、猫眼效应、砂金效应等特殊光学效应。

[品种]　长石中重要的宝石品种有正长石中的月光石，微斜长石的绿色变种天河石，斜长石中的日光石和拉长石等。

1. 月光石

月光石得名于月光效应，体色常为无色、白色和红褐色，透明或半透明(图 4－78)。

图 4－78　月光石原石及其宝石

月光效应：随着样品的转动，在某一角度，可以见到白至蓝色的发光效应，看似朦胧月光。这是由于正长石中出溶有钠长石，钠长石在正长石晶体内定向分布，两种长石的层状隐晶平行相互交生，折射率稍有差异，对可见光发生散射，当有解理面存在时，可伴有干涉或衍射，长石对光的综合作用使长石表面产生一种蓝色的浮光。

相对密度为 2.55～2.61，折射率为 1.518～1.526，双折射为率 0.005～0.008。无特征的吸收光谱；在长波紫外光下呈弱蓝色的荧光，短波下呈弱橙红色的荧光。

内部包体一般比较特征。有似“蜈蚣状”包体，还有空洞或负晶。如月光石内含有针状包体，可有猫眼效应。

2. 正长石

正长石的主要成分为$KAlSi_3O_8$，常含有一定量$NaAlSi_3O_8$，有时可达20%。正长石因含铁而呈现浅黄色至金黄色(图4-79)。

图4-79　正长石原石及其宝石

正长石的相对密度为2.57，折射率为1.519～1.533，双折射率为0.006～0.007，在蓝区和紫区具铁吸收光谱，有420nm处吸收带，448nm处弱吸收带和近紫外区的375nm强吸收带。

3. 冰长石

冰长石为钾长石的低温变种，化学成分为$KAlSi_3O_8$，其中Na的含量比一般钾长石低，属于三斜或者单斜晶系。晶体为柱状。通常无色，有时为乳白色(图4-80)。

冰长石硬度为6～6.5，相对密为度2.55～2.60，折射率为1.518～1.526，双折射率为0.006，二轴晶，负光性。

4. 透长石

透长石化学成分为$KAlSi_3O_8$，其中常含有较多的$NaAlSi_3O_8$，最高达60%，为钾长石中稀有品种，常见颜色有无色、粉褐色，透明或半透明(图4-81)。

5. 天河石

天河石是微斜长石的一个品种，成分为$KAlSi_3O_8$，含有Rb和Cs，一般Rb_2O的含量为1.4%～3.3%，Cs_2O为0.4%～0.6%。半透明，体色浅蓝绿色

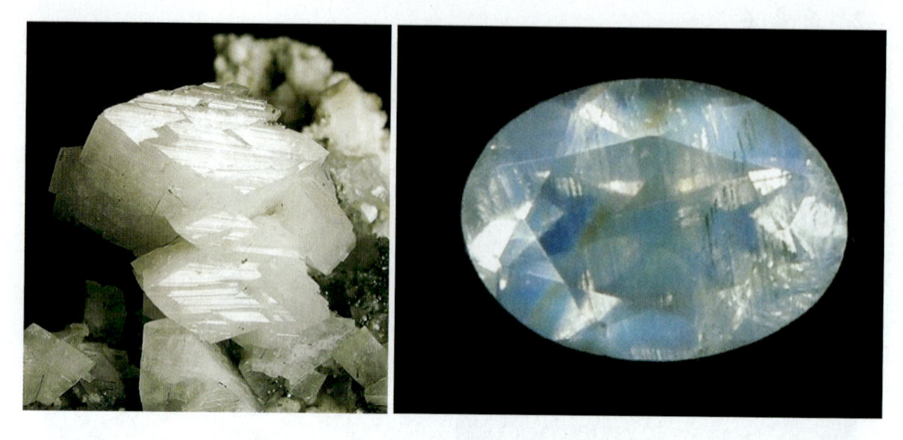

图 4-80 冰长石原石及其宝石

图 4-81 透明和粉褐色透长石

一艳蓝绿色，常有白色的钠长石的出熔体，而呈条纹状或斑纹状绿色和白色(图 4-82)。常见聚片双晶。

天河石的相对密度为 2.56，折射率为 1.522～1.530，双折射率为 0.008。无特征吸收光谱，长波紫外光下呈黄绿色荧光，短波下无反应。

6. 日光石

日光石又称“日长石”“太阳石”，属钠奥长石。含有大量定向排列的金属矿物薄片，如赤铁矿和针铁矿，能反射出红色或金色的反光，即砂金效应。常见颜色为金红色至红褐色，一般呈半透明(图 4-83)。

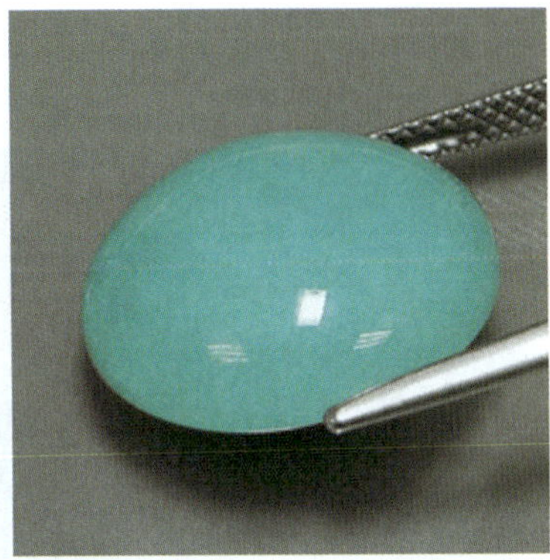

图 4-82　天河石原石及其宝石

图 4-83　日光石原石及其宝石

日光石的相对密度为 2.62～2.67，折射率为 1.537～1.547，在紫外光下无反应。

7. 拉长石

拉长石的化学成分为(Ca,Na)[Al(Al,Si)Si_2O_8]。具最主要的品种是晕彩拉长石。其特征是当把宝石样品转动到一定角度时，见整块样品亮起来，可显示蓝色、绿色、橙色、黄色、金黄色、紫色和红色晕彩，即晕彩效应。晕彩产生的原因是拉长石聚片双晶薄层之间的光相互干涉形成的，或由于拉长石内部包含的细微片状赤铁矿包体及一些针状包体，使拉长石内部的光产生干涉(图4-84)。拉长石的相对密度为 2.65～2.75，折射率为 1.559～1.568，双折射率为 0.009，色散为 0.012，无特征的吸收谱线。

图 4-84　拉长石原石及其宝石

8. 倍长石

宝石级的倍长石呈浅黄色、红色（图 4-85）。相对密度为 2.739，折射率为 1.56～1.57，在 573nm 处具吸收带。

图 4-85　倍长石原石及其宝石

［产状和产地］　长石是碱性、酸性火成岩（如正长岩、二长岩、花岗岩、花岗闪长岩等）的主要造岩矿物。在变质岩中，深变质带里以正长石为主，浅变质带中以微斜长石居多。在接触变质带中原先形成温度较低的钾长石，有时可以转

变成透长石。沉积岩中的钾长石，可以区分出两类：一类属于碎屑，如长石砂岩中所见，这是在特殊的沉积环境下生成的；另一类是自生作用所形成的长石，既可以有正长石，也可以有微斜长石或钠长石等。

月光石的重要产地是斯里兰卡。透明正长石的主要产地为马达加斯加、缅甸。天河石目前主要产于印度的科斯米尔和巴西。最好的日光石产于挪威南部的 Tvedestrand 和 Hitero。拉长石的主要产地为加拿大、美国、芬兰和马达加斯。

[鉴定特征]　除了物理性质与其他宝石矿物的区别，放大检查常见有少量固态包体和双晶纹。月光石中常有“蜈蚣”状包体、指纹状包体和针状包体。天河石常见网格状色斑。拉长石常见双晶纹，可见针状或板状包体。日光石常见具有红色或金色的金属矿物片状包体。

[主要用途]　长石族矿物除了一些特殊品种可作宝石外，主要作为玻璃工业原料（约占总用量的50%～60%），在陶瓷工业中的用量占30%，其余用于化工、磨料磨具、玻璃纤维、电焊条等其他行业。

（二）方柱石（Scapolite）

[化学组成]　$(Na,Ca)_4[Al(Al,Si)Si_2O_8]_3(Cl,F,OH,CO_3,SO_4)$，成分中钠与钙形成完全类质同象代替，类质同象系列的两个端元为钠柱石和钙柱石，其中间成员即为方柱石。自然界中尚未出现纯的钠柱石或钙柱石，而方柱石中任何一端元分子超过80%者也甚少见。一般富钠端元中 Cl 含量较高，富钙端元中$[CO_3]^{2-}$、$[SO_4]^{2-}$含量较高，而 Si 含量相应的趋于减少。

[晶体结构]　四方晶系。晶体结构特点为$[(Si,Al)O_4]^{4-}$组成四方环，$(Si,Al)O_4$四面体组成角顶交替向上或向下的四方环，它们互相联结形成平行 c 轴的柱。柱间再由$(Si,Al)O_4$四面体的四方环联结起来（图4-86）。

[形态]　四方双锥晶类，对称型 L^4PC。柱状晶体，常见单形为四方柱和四方双锥，晶面有纵纹（图4-87）。岩石中常呈柱状或粒状集合体。

[物理性质]　常见颜色有无色、粉红、橙色、黄色、绿色、蓝色、紫色、紫红色（图4-88）。海蓝色者也称为“海蓝柱石”。玻璃光泽。透明至半透明。{100}解理中等。断口不平坦。硬度6～6.5。密度随 Ca 含量的增加而增加，在2.60～2.74g/cm^{3}之间变化。折射率1.550～1.564（+0.015，-0.014）。双折射率0.004～0.037。一轴晶，负光性。粉红、紫红色、紫色者具有中至强多色性，黄色者具弱至中多色性，呈现不同黄色色调。紫外光下有荧光。粉红色者吸收光谱可见663nm和652nm吸收线。放大检查可见平行管状包体、针状包体、固体包体、气液包体、负晶。可见猫眼效应。

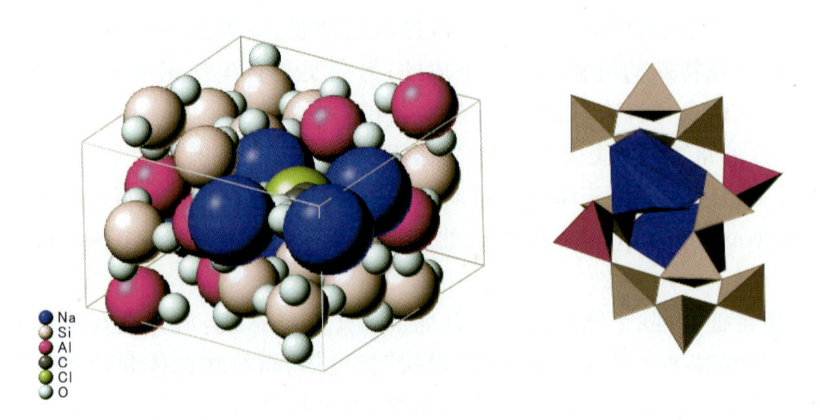

图 4-86　方柱石晶体结构

图 4-87　方柱石晶体

图 4-88　方柱石刻面宝石

[产状和产地] 方柱石为气成作用产物，在火山岩空隙中发育成完好的无色晶簇。更常见于酸性和碱性岩浆岩与石灰岩或白云岩的接触交代矿床中，与石榴石、透辉石、磷灰石等共生。当方柱石普遍发育时可构成方柱石岩。方柱石交代斜长岩的现象十分普遍。方柱石易遭受风化和热液蚀变。常可为绿帘石、云母、钙长石等所交代，在风化过程中可变为高岭石质黏土。

世界著名的产地有马达加斯加(Madagascar)和意大利罗马附近的 Capode-Bove 等地。

[鉴定特征] 四方柱状晶体，晶体两端常破碎，晶面上有密集的纵纹。含钙的方柱石在 HCl 中能被分解，分解后形成胶状体，但富 Na 则难溶。方柱石易与石英、绿柱石类宝石相混。石英为一轴晶(+)，而方柱石为一轴晶(−)，紫色方柱石与紫晶很相似，但紫色方柱石的折射率和双折射率都较低，折射率为 1.536～1.551，两个 RI 值小于 1.550，双折射率为 0.005。方柱石的折射率值与绿柱石宝石折射率重叠时，绿柱石的双折射率约为 0.006，方柱石的双折射率明显较大，另外，方柱石的多色性与荧光特征亦是区分依据之一。

[主要用途] 宝石级方柱石要求颜色鲜艳，半透明—透明，晶体颗粒大，能加工成 3mm×4mm 以上的裸石。因此宝石级方柱石稀少、罕见。

(三)赛黄晶(Danburite)

[化学组成] 钙硼硅酸盐，$Ca[B_2Si_2O_8]$

[晶体结构] 斜方晶系。$a_0=0.803$nm，$b_0=0.877$nm，$c_0=0.773$nm，$Z=4$。晶体结构特点为：硅和硼分别与氧组成$[Si_2O_8]$及$[B_2O_8]$双四面体，这些双四面体再以角顶相联成骨架，钙位于结构的空隙中(图 4－89)。

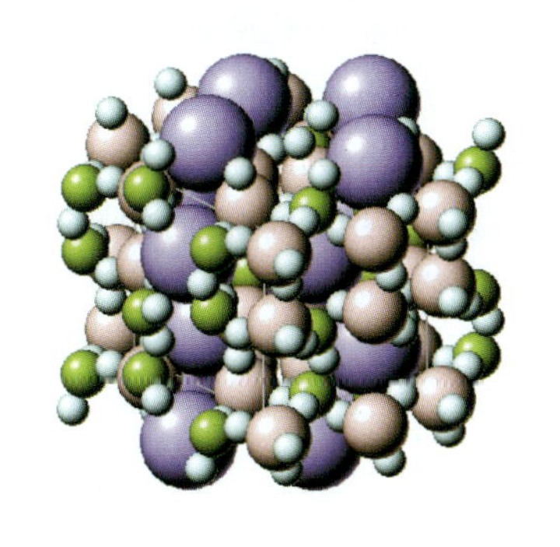

图 4－89　赛黄晶晶体结构

［形态］　对称型 $3L^2 3PC$。常呈柱状晶体，顶端楔形，晶面具纵纹，可形成晶簇，集合体呈块状或粒状(图 4－90)。

图 4－90　赛黄晶单晶和集合体

［物理性质］　无色、浅黄色、褐色，偶见粉红色(图 4－91)。其中蜜黄色和酒黄色似托帕石。玻璃光泽。透明。{001}解理极不完全。贝壳状断口。摩氏硬度 7。密度 3.00(±0.03)g/cm³。折射率 1.630～1.636(±0.003)。双折射率 0.006(较稳定)。二轴晶。光性可正可负。色散低。长波紫外线下，荧光强度可从无到强变化，荧光颜色为浅蓝至蓝绿；短波紫外线下，荧光强度变得较弱，但荧光颜色与长波下的荧光色相同。吸收光谱某些可见 580nm 双吸收线。放大检查可见气液包体，固相包体。未见特殊光学效应。

［产状和产地］　赛黄晶产自变质灰岩和低温热液中，在白云岩中与微斜长石和正长石伴生，冲积砂矿矿床是赛黄晶的重要来源地。

宝石级赛黄晶体来自马达加斯加，黄色和无色晶体产自缅甸抹谷地区，墨西哥有无色和粉红色晶体产出，日本也有无色晶体产出。

［鉴定特征］　赛黄晶晶体的外观似托帕石，但底面解理不如托帕石明显。成品可通过测试折射率、双折射率、相对密度来区分。

［主要用途］　一般磨制成刻面宝石，很少直接作为珠宝首饰，多用于收藏。

(四)蓝锥矿(Benitoite)

［化学组成］　$BaTiSi_3O_9$，SiO_2 43.71%，TiO_2 19.32%，BaO 36.97%。

［晶体结构］　六方晶系。a_0＝0.661nm，c_0＝0.973nm，Z＝2。蓝锥矿的晶体结构特点为：[Si_3O_9]三元环和 Ti(Zr)八面体以共角顶方式联结成骨架，Ba

图 4-91 各色的赛黄晶刻面宝石

(或 K)原子位于[Si_3O_9]三元环和 Ti(Zr)八面体所围成的大孔隙中(图 4-92)。

[形态] 晶体多呈柱状或板状(图 4-93)。

[物理性质] 常见蓝、蓝紫色(图 4-94),常见具环带的浅蓝、无色或白色,粉色稀少。玻璃光泽至亚金刚光泽。透明至半透明。具一组不完全解理;贝壳状断口。摩氏硬度 6~7。密度 3.68(+0.01,-0.07)g/cm^3。折射率 1.757~1.804;双折射率 0.047。一轴晶,正光性。多色性强,为蓝色和白色,紫红和紫色。色散强,为 0.044。短波紫外线下可具强蓝白色荧光,长波惰性。吸收光谱不特征。放大检查可见指纹状包体、矿物包体、色带和刻面棱双影。

[产状和产地] 在蛇纹岩中与柱晶石、钠沸石等伴生,产于美国加州圣本尼托县。

[鉴定特征] 在外观上有可能与蓝宝石相混,但多色性强、色散强和高双折射率可作为鉴定特征。

[主要用途] 琢型宝石具有鲜明的外观,但成品常较小,多用于收藏。

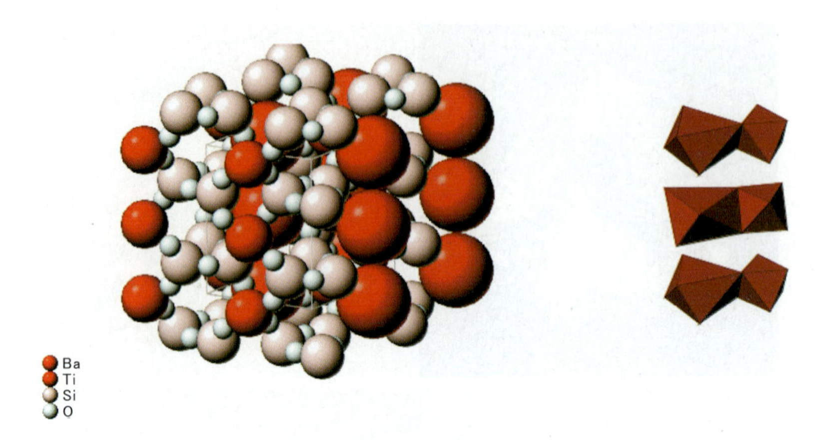

图 4-92　蓝锥矿晶体结构

图 4-93　蓝锥矿晶体

图 4-94　蓝锥矿刻面宝石

第二节　碳酸盐类

一、方解石族

（一）方解石（Calcite）

［化学组成］　$CaCO_3$，$CaO_5$6.03%，CO_2 43.97%，常含 Mg、Fe 和 Mn，有时含 Sr、Zn、Co、Ba 等元素。

［晶体结构］　三方晶系。$a_{rh}=0.637nm$，$Z=2$。方解石的晶体结构特点为：可以视为 NaCl 型结构的衍生结构。即将 NaCl 结构中的 Na^+ 和 Cl^- 分别用 Ca^{2+} 和$[CO_3]^{2-}$取代之，并将$[CO_3]^{2-}$平面三角形垂直某三次轴成层排列，导致其原立方面心晶胞沿三次轴方向压扁而呈钝角菱面体状，就变成了方解石的结构。每一$[CO_3]^{2-}$层均与其相邻层中的$[CO_3]^{2-}$三角形的方向相反。Ca 被 6 个$[CO_3]^{2-}$包围，且与 Ca 成键配位的氧也为 6 个，即配位数为 6（图 4－95）。

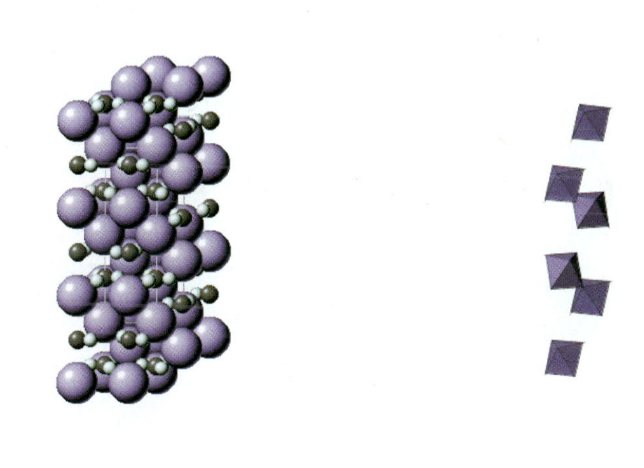

图 4－95　方解石晶体结构

［形态］　复三方偏三角面体晶类，对称型 $L^3 3L^2 3PC$。常见完好晶体。形态多种多样，不同聚形达 600 种以上。主要呈平行［0001］发育的柱状及平行{0001}发育的板状和各种状态的菱面体或复三方偏三角面体。常见单形有六方柱、菱面体、平行双面及复三方偏三角面体。方解石常依{0001}形成接触双晶，更常依{$01\bar{1}2$}形成聚片双晶（图 4－96）。

图 4-96　方解石晶体

［物理性质］　方解石可具各种颜色，常见有无色、白色、浅黄色等。纯净的方解石的颜色应该是无色或白色，无色透明的方解石晶体称为冰洲石（图 4-97）。方解石可因各种混入物而呈现不同的颜色，如含微量的 Co 或 Mn 可呈灰色、黄色、浅红色；含微量 Cu 可呈绿色或蓝色。玻璃光泽至油脂光泽。方解石具 3 组完全解理。摩氏硬度 3。密度 2.70(±0.05)g/cm^3。方解石为一轴晶，负光性。折射率 1.486～1.658。双折射率 0.172。紫外荧光随体色而变。

图 4-97　冰洲石和方解石刻面宝石

［产状和产地］　方解石分布较广，具有不同的成因类型。沉积型：可形成石灰岩、鲕状灰岩、白云质灰岩；热液型：可形成具有良好晶形的冰洲石，有着很强的双折率（图 4-97）；热变质型可形成粗粒的大理岩；风化型可形成钟乳石、石笋、石柱等；在某些矿泉里可形成由方解石、文石沉积的“石灰华”。

方解石的主要产地有美国、墨西哥，其次有英国、法国、德国、冰岛、意大利、巴基斯坦、罗马尼亚、俄罗斯、中国等。

[鉴定特征] 以菱面体完全解理、摩氏硬度 3、与冷稀 HCl 相遇剧烈起泡、高双折射率为鉴定特征。

[主要用途] 由方解石组成的石灰岩、大理岩等岩石，广泛地应用于化工、冶金、建筑等工业部门，例如用于烧石灰、制水泥等。美丽的大理岩可作建筑装饰材料。纯度高的石灰岩是塑料、尼龙的重要原料。由于冰洲石具有极强的双折射率和偏光性能，被广泛地应用于光学领域里，如偏光显微镜的棱镜、偏光仪、光度计等。少量特殊品种可加工成宝石。

(二)菱锰矿(Rhodochrosite)

[化学组成] $MnCO_3$，MnO 61.71%，CO_2 38.29%，可含有 Fe、Ca、Zn、Mg 和少量 Co、Cd 等元素。

[晶体结构] 单晶为三方晶系。$a_{rh}=0.584$nm，$Z=2$。与方解石结构相同。

[形态] 复三方偏三角面体晶类。对称型 $L^3 3L^2 3PC$。晶体呈菱面体状，晶面弯曲，多出现于热液脉空隙中，但不常见。主要单形为菱面体、六方柱和平行双面。热液成因多呈现晶质，粒状或柱状集合体(图 4-98)；沉积成因多呈隐晶质，为块状、鲕状、肾状、土状等集合体(图 4-99)。常见菱锰矿与白云石连生。

图 4-98　菱锰矿晶体和粒状集合体

[物理性质] 粉红色，通常在粉红底色上可有白色、灰色、褐色或黄色的条纹，透明晶体可呈深红色(图 4-100)。玻璃光泽至亚玻璃光泽。3 组完全解理。摩氏硬度 3～5。密度 3.60(+0.10，-0.15)g/cm^3。一轴晶，负光性；常见非均质集合体。透明晶体多色性为中等至强，橙黄、红色。折射率 1.597～1.817

(±0.003)。双折射率0.220,集合体不可测。长波紫外线下,无至中等粉色;短波紫外线下,无至弱红色。吸收光谱具410nm、450nm和540nm弱吸收带。放大检查可见条带状、层纹状构造。

图4-99　菱锰矿隐晶质集合体

图4-100　刻面菱锰矿和带条纹的弧面菱锰矿

[产状和产地]　菱锰矿在热液、沉积和变质条件下均能形成,但以外生沉积为主。菱锰矿主要产于阿根廷、澳大利亚、德国、罗马尼亚、西班牙、美国、南非等地。中国辽宁瓦房店、赣南、北京密云等地也有出产。

[鉴定特征]　遇盐酸起泡。菱锰矿与蔷薇辉石的区别是硬度、折射率差别较大。菱锰矿具有3组解理,隐晶到粒状结构,纹层状或花边状构造;而蔷薇辉石为细粒状结构,致密块状构造。

［主要用途］　为提取锰的主要矿物原料；较高透明度及鲜艳颜色者可作为宝石切割；块度大、裂纹少、颜色鲜艳者可作为玉石。

（三）菱锌矿（Smithsonite）

［化学组成］　$ZnCO_3$；可含有 Fe、Mn、Mg、Ca、Co、Pb、Cd、In 等元素。

［晶体结构］　单晶为三方晶系。a_{rh}＝0.567nm，Z＝2。

［形态］　复三方偏三角面体晶类。晶体少见，呈菱面体及复三方偏三角面体和六方柱的聚形。常呈致密块状、钟乳状、条带状、肾状或粒状集合体（图4－101）。

图4－101　菱锌矿集合体

［物理性质］　绿、蓝、黄、棕、粉、白至无色（图4－102）。玻璃光泽至亚玻璃光泽。3组完全解理，集合体通常不见。摩氏硬度4～5。密度4.30（＋0.15）g/cm³。菱锌矿单晶为一轴晶，负光性；常为非均质集合体。折射率1.621～1.849。双折射率0.225～0.228，集合体不可测。紫外荧光无至强，颜色各异。

图4－102　菱锌矿素面宝石

［产状和产地］　菱锌矿产于铅锌矿床氧化带，常与异极矿、白铅矿、褐铁矿等伴生。主要产于我国广西融县泗汀厂，广泛分布。

［鉴定特征］　遇盐酸起泡。

[主要用途]　可用作雕刻原料。

二、文石族

文石(Aragonite)

[化学组成]　$CaCO_3$,CaO 56.03%,CO_2 43.79%,钙常被锶、铅、锌和稀土替代,此外还有 Mg 、Fe 、Al 等,但含量一般均较低。已知变种有锶文石、铅文石、锌文石。

[晶体结构]　斜方晶系,$a_0=4.959$nm,$b_0=7.968$nm,$c_0=5.741$nm。$Z=4$。文石晶体结构特点为:Ca^{2+}和$[CO_3]^{2-}$是按六方最紧密堆积方式排列,每个Ca离子周围虽然围绕着6个$[CO_3]^{2-}$,但与其接触的阳离子不是6,而是9。每个氧与3个钙,1个C相联(图4-103)。

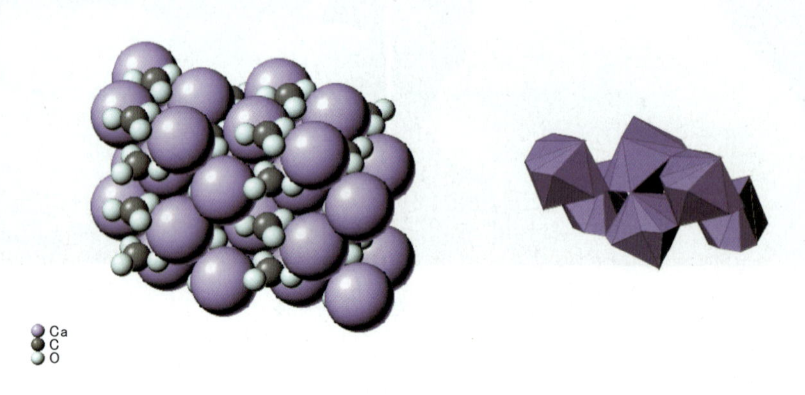

图4-103　文石晶体结构

[形态]　斜方双锥晶类,对称型 $3L^2 3PC$,晶体常为柱状,集合体常呈纤维状、柱状、晶簇状、皮壳状、钟乳状、珊瑚状、鲕状、豆状和球状等(图4-104)。多数软体动物的贝壳内壁珍珠质部分是由极细的片状文石沿着贝壳面平行排列而形成的。

[物理性质]　通常为白色、黄白色、浅绿色、灰色和红色等;透明;玻璃光泽,断口为油脂光泽。无解理,或有时见{010}不完全至中等解理;贝壳状断口。硬度3.5~4.5,密度2.7 ~3.0g/cm^3,成分中含Sr、Ba者相对密度增大。折射率1.530~1.686,双折射率0.156,二轴晶负光性;紫外线下荧光惰性。

[产状和产地]　文石通常在低温热液和外生作用条件下形成，它是低温矿物之一。在热液矿床、现代温泉、间歇喷泉里晶出。当溶液中存在Sr和Mg盐

图 4-104　文石晶体和集合体

类杂质时，有利于文石的形成。文石不稳定，常转变为方解石(呈文石副象)。

主要产于中国西藏台湾及意大利西西里岛。西藏的文石矿目前发现于世界最深最长的雅鲁藏布大峡谷人迹罕至地带，台湾澎湖文石主要分布于望安岛，将军澳、西屿、七美等屿沿岸。以雅鲁藏布大峡谷的矿料最具宝石价值。

[鉴定特征]　文石与方解石相似，加 HCl 剧烈起泡。但文石不具菱面体解理，晶形呈柱状、矛状；相对密度和硬度稍大于方解石。

[主要用途]　文石名贵稀少，价值不菲，可作成各种雕件。

三、白云石族

白云石(Dolomite)

[化学组成]　$CaMg[CO_3]_2$，CaO 30.41%，MgO 21.86%，CO_2 47.73%。成分中的 Mg 可被 Fe、Mn、Co、Zn 替代。其中 $CaMg[CO_3]_2$ - $CaFe[CO_3]_2$ 可呈完全类质同象系列；当 Fe>Mg 时称铁白云石。

[晶体结构]　三方晶系。$a_{rh}=0.601$nm，$Z=3$。与方解石晶体结构相似，不同点在于 Ca、Mg 沿着三次轴交替排列，即 Ca 八面体和(Mg，Fe，Mn)八面体层作有规律的交替排列(图 4-105)。

[形态]　菱面体晶类。单晶体常呈$\{10\bar{1}1\}$菱面体，晶面常弯曲成马鞍形。有时呈柱状$\{11\bar{2}0\}$或板状{0001}。集合体常成粗粒至细粒或块状(图 4-106)。双晶常见者有以(0001)、$(10\bar{1}0)$、$(11\bar{2}0)$为双晶面的聚片双晶。此外尚有机械作用所产生的滑移双晶，双晶面平行$\{02\bar{2}1\}$。

[物理性质]　无色或白色，含 Fe 者为黄褐或褐色，含 Mn 者略现淡红色。玻璃光泽至珍珠光泽。多为半透明。性脆。3 组菱面体解理完全，解理面常弯曲。摩氏硬度 3～4。密度 2.86～3.20g/cm³，铁白云石为 2.90～3.10g/cm³，含 Mn 者可达 2.9g/cm³。折射率 1.505～1.743；双折射率为 0.179～0.184。一轴

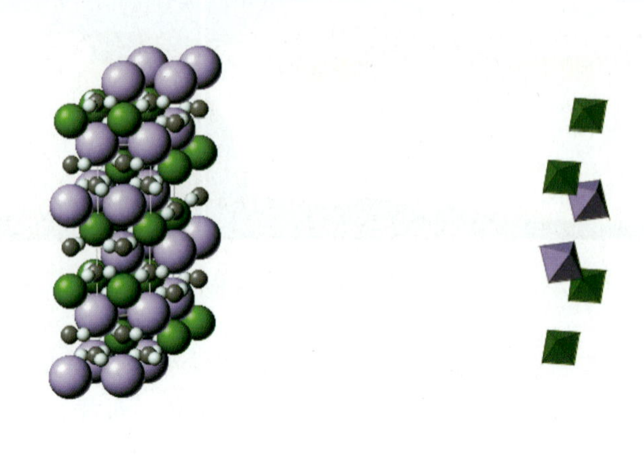

图 4-105　白云石晶体结构

图 4-106　白云石晶体

晶，负光性，常为非均质集合体。紫外线下白云石可有橙、蓝、绿、绿白等多种颜色荧光。放大检查可见 3 组完全解理。遇盐酸起泡。

[产状和产地]　白云石是沉积岩中广泛分布的矿物之一，可以形成巨厚的白云岩。原生沉积的白云石是在盐度很高的海湖中直接形成的。但是大量的白云石是次生的，是石灰岩受到含镁溶液交代形成的，这种作用称为白云岩化作用。此外，在金属矿脉中也常有白云石作为脉石矿物出现。

中国新疆哈密产出的黄色白云岩颜色浅黄至深黄，质地细腻，蜡状光泽，色泽柔和滋润，微透明至半透明，又称“蜜蜡黄玉”(图 4-107)。

中国四川丹巴产出的白云石为含铬云母的白云岩，翠绿色，致密块状，质地细腻，可含少量阳起石、透闪石、绿泥石、黄铁矿，俗称“四川玉”(图 4-108)。

图 4-107　蜜蜡黄玉

图 4-108　四川玉

[鉴定特征]　白云石可以借其马鞍形的晶体外形，遇冷稀 HCl 反应微弱而与方解石及菱镁矿区别。另外双晶纹的方向亦与方解石不同。此外，可用染色法区分二者。

[主要用途]　用作耐火材料、熔剂和化工原料。同时也是硅酸盐工业常用的原料。以白云石为主要矿物的白云岩可用作雕刻原料。

第三节　磷酸盐类

一、磷灰石族

磷灰石(Apatite)

[化学组成]　$Ca_5[PO_4]_3(F,Cl,OH)$，其中 Ca^{2+} 常被 Sr^{2+}、Mn^{2+} 离子取代，$(PO_4)^{3-}$ 阴离子团常被 $(SO_4)^{2-}$、$(SiO_4)^{4-}$、$(VO_4)^{2-}$ 等络阴离子团取代，附加的阴离子数量和种类也常常有所变化，根据附加离子可以分为氟磷灰石、氯磷灰石、羟磷灰石和碳磷灰石，其中氟磷灰石最常见，它就是一般所指的磷灰石。

[晶体结构]　六方晶系。$a_0=0.943\sim0.938$nm，$b_0=0.688\sim0.686$nm，$Z=2$。磷灰石的晶体结构特点为：Ca 有两种位置 $Ca_{Ⅰ}$ 和 $Ca_{Ⅱ}$，$Ca_{Ⅰ}$ 位于上下两层的 6 个 $[PO_4]^{3-}$ 四面体之间，与 6 个 $[PO_4]^{3-}$ 四面体当中的 9 个角顶上的 O 相联结。这样连接的结果，在整个晶体结构中形成了平行于 c 轴的较大通道。附加阴离子(F、OH)充填在通道中，与其上下两层的 6 个 Ca 组成 $Fe-Ca_6$ 八面体，

配位八面体上的 Ca 即为 Ca_{II}，它与其邻近的 4 个$[PO_4]^{3-}$中的 6 个角顶上 O 及 F 相联结。磷灰石的晶体结构很好地阐明了它常以六方柱的晶形出现的原因（图 4－109）。

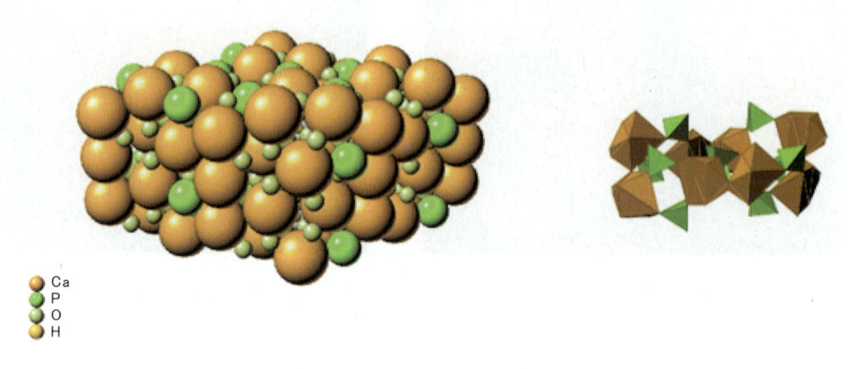

图 4－109　磷灰石晶体结构

［**形态**］　六方双锥晶类，对称型 L^6PC。单晶体常见，呈六方柱状或厚板状（图 4－110）。集合体常为块状、粒状、结核状等。

图 4－110　磷灰石晶体

［**物理性质**］　常见的颜色有无色、黄至浅黄色、蓝色、绿色、浅绿色（图

4－111)、紫色、紫红色、粉红色等。当卤族元素的原子位置上出现呈色中心时则呈蓝色。Mn^{2+}置换Ca^{2+}时呈玫瑰红色、紫色，含Fe^{2+}时呈烟灰色，有赤铁矿包体的存在则呈暗红或红褐色。

图 4－111　磷灰石刻面和弧面宝石

玻璃光泽。解理{0001}不完全至中等。参差状或贝壳状断口，断口面呈油脂光泽。摩氏硬度 5～5.5。密度 3.13～3.23g/cm³，宝石级磷灰石常见的实测值为 3.18g/cm³。折射率 1.634～1.638(＋0.012，－0.006)。双折射率 0.002～0.008，多为 0.003。一轴晶，负光性。蓝色者多色性强，呈蓝色、黄色至无色；其他颜色者多色性极弱至弱。黄色磷灰石在长波和短波紫外光下呈紫粉红色荧光，其中长波的荧光较短波强。蓝色磷灰石在长、短波紫外光下发蓝色—浅蓝色荧光。黄色、无色及具猫眼效应的宝石吸收光谱见 580nm 双线。放大检查可见气液包体、固体矿物包体。特殊光学效应可见猫眼效应。

[产状和产地]　磷灰石是典型的多成因矿物。岩浆成因的磷灰石一般成细小晶体作为副矿物见于许多火成岩中。有时在碱性岩中及与之密切相关的碳酸岩中可以形成有经济价值的磷灰石矿床。在伟晶岩和高温热液矿脉中有时也有磷灰石生成，此时往往可见粗大的柱状晶体。海相沉积成因主要形成胶磷矿，往往富集成最有经济价值的巨大磷矿床。胶磷矿在受区域变质作用后可变为显晶质细粒磷灰石。宝石级磷灰石主要产于伟晶岩及各种岩浆岩中，在变质岩和沉积岩中也可有少量的宝石级磷灰石产出。

产出宝石级磷灰石的国家有缅甸、斯里兰卡、印度、美国、墨西哥、巴西、加拿大、挪威、俄罗斯、西班牙、葡萄牙、意大利、前捷克斯洛伐克、德国、马达加斯加、坦桑尼亚、肯尼亚、中国等。

[鉴定特征] 磷灰石以其柱状晶形、光泽、较低硬度和特征光谱作为鉴定特征。

[主要用途] 提取磷的原料，含稀土元素时可综合利用。在玻璃工业中用于制造乳白玻璃。色彩鲜艳且透明的磷灰石可作宝石。

二、天蓝石族

天蓝石(Lazulite)

[化学组成] $MgAl_2(PO_4)_2(OH)_2$，天蓝石是一种碱性的镁铝磷酸盐，MgO 13.34%，Al_2O_3 33.73%，P_2O_5 46.97%，H_2O^+ 5.96%。

[晶体结构] 单斜晶系。$a_0=0.716$nm，$b_0=0.726$nm，$c_0=0.724$nm，$Z=2$。天蓝石的晶体结构特点为：两个 Al 八面体和一个 Mg 八面体共棱和共面组成八面体群，八面体群与八面体群及$[PO_4]$四面体间通过角顶相联结(图 4-112)。

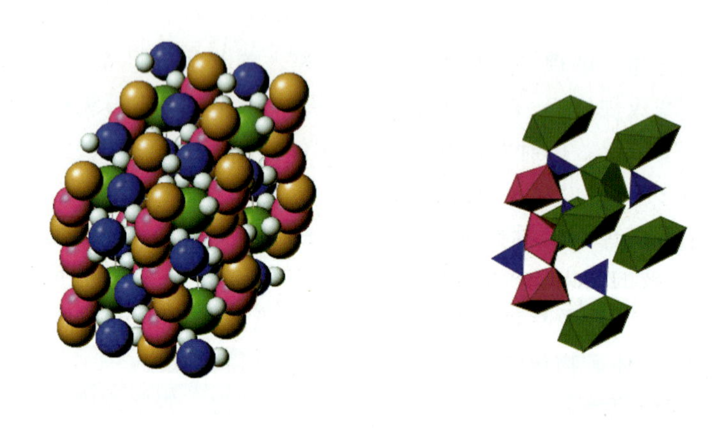

图 4-112 天蓝石晶体结构

[形态] 斜方柱晶类，对称型 L^2PC。晶体少见，常呈尖锥状、板状；集合体呈粒状、致密块状等(图 4-113)。

[物理性质] 常见颜色有深蓝、蓝绿、紫蓝、蓝白、天蓝色(图 4-114)。玻璃光泽。解理{110}中等至不完全。摩氏硬度为 5～6。密度为 3.09(+0.08，-0.10)g/cm^3。折射率为 1.612～1.643(±0.005)。双折射率为 0.031。光性为二轴晶负光性。多色性强，暗紫蓝色－浅蓝色－无色。无紫外荧光。无

图 4－113　天蓝石单晶和集合体

图 4－114　单晶和集合体天蓝石切割后的宝石

特征吸收光谱。无特殊光学效应。放大检查可见块状集合体，可含有白色包体。

［产状和产地］　产于花岗岩、伟晶岩或石英脉中。主要产地有奥地利、北加罗林岛、美国佐治亚州、瑞士、瑞典、马达加斯加、巴西等，优质晶体来自美国阿拉斯加、印度、巴西等地。

［鉴定特征］　相似的深蓝色宝石有天青石，可根据二者的折射率加以区分，后者折射率低。密度明显高于绿松石，比绿松石透明度高。

[主要用途] 质地纯净重量为1～2ct者,可作为高中档宝石。

第四节 硫酸盐

重晶石—天青石族

(一)重晶石(Barite)

[化学组成] (Ba,Sr)[SO_4],BaO 65.70%,SO_3 34.30%,钡和锶可形成完全类质同象代替,常含SrO和CaO。

[晶体结构] 斜方晶系。a_0=0.888nm,b_0=0.545nm,c_0=0.715nm,Z=4。重晶石的晶体结构特点为:Ba离子和S离子分别排列在b轴1/4和3/4的高度上,[SO_4]四面体方位为两个氧离子呈水平排列,另两个氧离子与它们垂直,每个钡离子与7个不同的[SO_4]四面体联结(图4-115)。

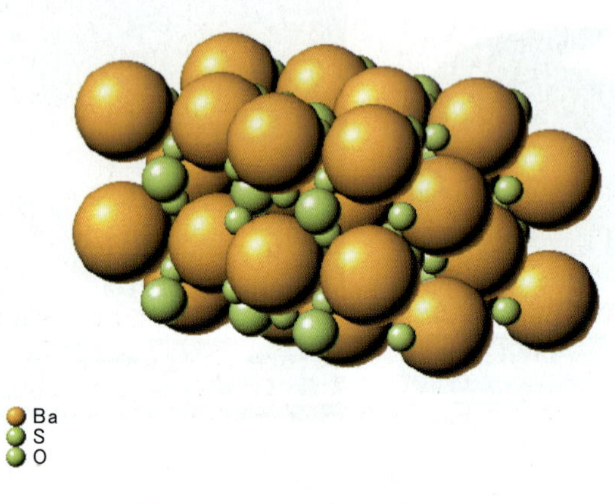

图4-115 重晶石晶体结构

[形态] 斜方双锥晶类,对称型$3L^23PC$。晶体常沿{001}发育成板状,有时成柱状。通常板状晶体聚成晶簇,并常成块状、粒状、结核状、钟乳状集合体(图4-116)。

[物理性质] 浅黄、白至无色(图4-117)。富含Sr的常呈浅蓝色。玻璃光泽,解理面显珍珠光泽。解理{001}完全,{210}中等。摩氏硬度3～4。密度4.50(+0.10,-0.20)g/cm³。折射率为1.633～1.648(+0.001,-0.002),双

折射率为0.012。二轴晶，正光性。多色性弱。有时有荧光，经常显示磷光，成微弱的蓝色或浅绿色。吸收光谱不特征。放大检查可见包体很多，有一些气液两相包体。未见特殊光学效应。

图4-116　重晶石单晶体和集合体

[产状和产地]　重晶石主要产于低温热液矿脉中，常与方铅矿、闪锌矿、黄铜矿和辰砂等共生。在岩石或矿床的风化带中，常有次生重晶石的形成，这是含Ba的原生矿物风化后，形成含Ba的水溶液遇到了可溶性硫酸盐相互反应而成。此外沉积成因的重晶石呈透镜体状和结核状见于沉积锰矿、铁矿和浅海相沉积中。加拿大的不列颠纳伦比亚省和新斯科舍省是重晶石的重要产地，其他产地有美国、英国、法国等。

图4-117　重晶石刻面宝石

[鉴定特征]　以板状晶形、三组中等至完全解理为鉴定特征。与HCl不起作用可与碳酸盐矿物相区别。硬度小、密度大可与长石相区别。

[主要用途]　可作为钻井的加重剂，X射线防护剂，并用于化工、医药等工业上。也可用于改善耐酸搪瓷的工作性能。透明无暇者可加工成刻面宝石。

(二)天青石(Celestite)

[化学组成]　$Sr[SO_4]$，SrO 56.42%，SO_3 43.58%，可含有Pb、Ca、Fe等元

素。富含 Ba 的，称钡天青石，BaO 可达 20%～26%；富含 Ca 的，称钙天青石。

[晶体结构] 斜方晶系。a_0 = 0.836nm，b_0 = 0.535nm，c_0 = 0.687nm，Z = 4。晶体结构特点同重晶石(图 4-118)。

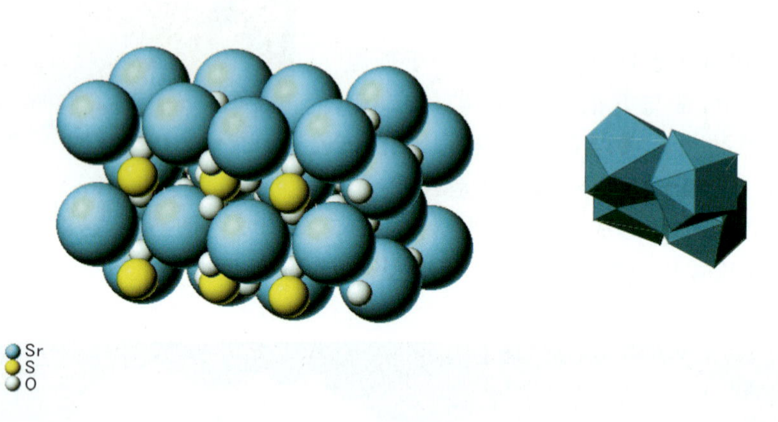

图 4-118　天青石晶体结构

[形态] 斜方双锥晶类，对称型 $3L^2 3PC$。与重晶石极为相似，常呈厚板状或粗柱状，集合体成粒状、纤维状、结核状等(图 4-119)。

[物理性质] 常呈蓝色、绿色、黄绿色、橙色或无色(图 4-120)。玻璃光泽。解理{001}完全，{210}中等。摩氏硬度 3～4。密度 3.87～4.30g/cm^3。折射率 1.619～1.637。双折射率 0.018。二轴晶，正光性。多色性弱。紫外线下有时呈黄色或蓝色荧光。吸收光谱不典型。放大检查可见矿物包体、气液包体。

图 4-119　天青石单晶和晶簇

[**产状和产地**]　天青石以外生沉积成因为主，见于白云岩、石灰岩、泥灰岩以及含石膏的黏土中，与石膏、硬石膏、石盐和自然硫等共生，也见于盐丘的顶帽中。热液成因的天青石细脉常含硫化物，也见于基性喷出岩的洞穴中。

图 4－120　天青石刻面宝石

宝石级的晶体产于马达加斯和北美的伊利湖，另外加拿大、纳米比亚、墨西哥、英国、法国、意大利等也有发现。

[**鉴定特征**]　在外表特征上，天青石与重晶石难以区别。以 HCl 浸湿后，天青石的火焰成深紫红色（锶的焰色），可与重晶石的黄绿色（钡的焰色）区别。

[**主要用途**]　提炼锶的主要矿物原料。有时也被用作使玻璃和陶釉产生彩虹，作为水晶玻璃的澄清剂，可降低对坩锅的腐蚀。质地好的天青石常常用作名贵的宝石。

第五节　硼酸盐

硼铝镁石族

硼铝镁石（Sinhalite）

[**化学组成**]　$MgAlBO_4$，B_2O_3 24.2%，Al_2O_3 41.01%，MgO 32.3%，Fe_2O_3 2.0%，H_2O 0.3%。

[**晶体结构**]　斜方晶系。$a_0=0.433$nm，$b_0=0.988$nm，$c_0=0.568$nm，$Z=4$。硼铝镁石晶体结构中 Mg 和 Al 配位数为 6，[BO_4]为稍歪曲的四面体（图 4－121）。

[**形态**]　对称型 $3L^2 3PC$。晶体柱状，但少见，多呈粒状集合体（图 4－122）。

[**物理性质**]　常见颜色有绿黄至褐黄色、褐色、浅粉色（稀少）（图 4－123）。玻璃光泽。解理不完全。摩氏硬度 6～7。密度 3.48（±0.02）g/cm^3。折射率 1.668～1.707（+0.005，－0.003）。双折射率 0.036～0.039。非均质体，二轴

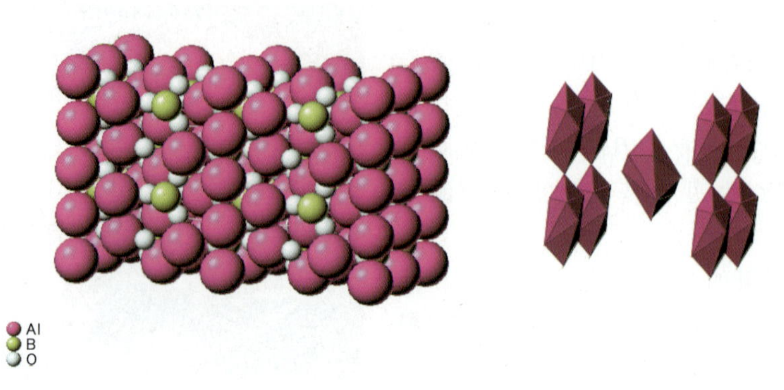

图 4-121　硼铝镁石晶体结构

图 4-122　硼铝镁石晶体和集合体

图 4-123　硼铝镁石刻面宝石

晶,负光性。多色性中等,浅褐一暗褐色。无紫外荧光。吸收光谱有 493nm、475nm、463nm 和 452nm 吸收线。放大检查可具各种包体。无特殊光学效应。

[产状和产地] 产于石灰岩与花岗岩的接触地带,多在河床的砾石中发现。宝石级的晶体主要产于斯里兰卡,最初人们把它误认为是橄榄石的褐色变种,直到 20 世纪 50 年代才确定为硼铝镁石。缅甸发现有比较好的晶体。

[鉴定特征] 硼铝镁石与橄榄石有相似的光学性质,但硼铝镁石的折射率较高,具有明确的负光性,且有特征的光谱可与橄榄石相区分。

第五章 卤化物(氟化物)

萤石族

萤石(Fluorite)

[化学组成] CaF_2,Ca 51.33%;F 48.67%。其中 Ca 可以为 Y、Ce 和其他稀土元素所置换,含量可达(Y,Ce):Ca=1:6。F 可以为 Cl 所置换。

[晶体结构] 等轴晶系。a_0=0.546nm,Z=4。萤石晶体结构特点为:钙离子分布在立方晶胞的角顶和面中心,如果将晶胞分为 8 个小立方体,则每一个立方体的中心被 F 所占据。也可看成 Ca 成立方最紧密堆积,F 离子占据所有四面体空隙(图 5-1)。

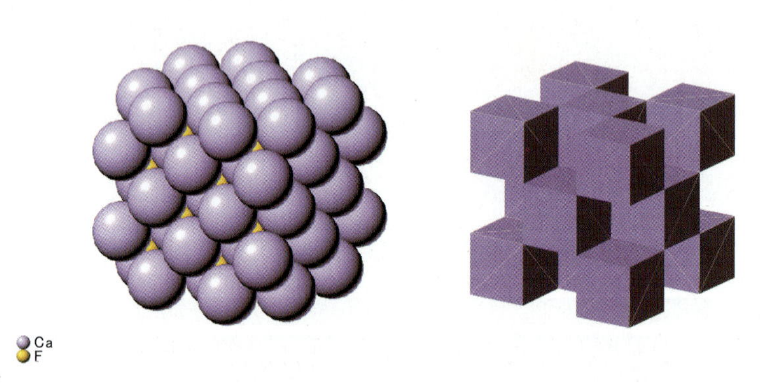

图 5-1 萤石的晶体结构

[形态] 萤石常呈立方体{100}、八面体{111}、菱形十二面体{110}的单形及其聚形。在立方体面上有时出现镶嵌式花纹。双晶常见,由两个立方体相互贯穿而成。双晶面(111)。集合体为粒状或块状。高温形成的萤石多为八面体(图5-2)。

[物理性质] 萤石的颜色是多种多样的(图 5-3)。自然界的萤石在含有 Nd^{3+} 时,即为紫红色。此外,无色透明的晶体,可因金属钙蒸气的作用或带有自

(a) 单晶　　(b) 穿插双晶

(c) 萤石晶簇

(d) 条带状多晶质集合体萤石

图 5－2　萤石的单晶和集合体

由电子的阴极射线的作用而出现紫色，这又可能与结构中存在中性原子有关。

玻璃光泽至亚玻璃光泽。4 组完全解理。摩氏硬度 4。密度 3.18(＋0.07，－0.18)g/cm^3。折射率 1.434(±0.001)。无双折射率。均质体，常呈集合体。无多色性。紫外荧光随不同品种而异，一般具很强荧光，可具磷光。吸收光谱不特征，变化大，一般具强吸收。放大检查可见色带，两相或三相包体，可见解理呈三角形发育。特殊光学效应可见变色效应。

[产状和产地]　萤石大部形成于热液过程中，有时形成巨大的聚集并作为独立矿床出现。有时也大量出现于铅锌硫化物矿床中。而沉积成因者则很少。世界宝石级萤石主要分布于美国、哥伦比亚、加拿大，英国、纳米比亚。中国是世界上萤石矿产最多的国家之一，占世界萤石储量的 35%。各个省区几乎都找到了萤石资源，其中宝石级萤石主要分布于湖南、浙江、内蒙古、河北、福建、江西、广西、贵州、新疆等地。

图 5-3　各种颜色的萤石宝石

[鉴定特征]　以立方体晶形、八面体{111}完全解理、硬度 4 为鉴定特征。

[主要用途]　冶金工业中用作熔剂，化学工业中用作制取氢氟酸等。在搪瓷中作为乳浊剂和助熔剂，在玻璃中作乳浊剂，在陶瓷中作为辅助熔剂。无色透明者用作光学材料。色彩和质地优者用作宝石原料。

第六章 天然玉石

(一)翡翠(Jadeite)

[化学组成] 翡翠中主要矿物硬玉的化学成分是 $NaAlSi_2O_6$,可含有 Cr、Fe、Ca、Mg、Mn、V、Ti 等元素。翡翠的矿物组成不同,其化学成分亦有较大的变化。

[矿物组成] 翡翠是以硬玉为主的由多种细小矿物组成的矿物集合体。它的主要组成矿物是硬玉,次要矿物有绿辉石、钠铬辉石、钠长石、角闪石、透闪石、透辉石、霓石、霓辉石、沸石,以及铬铁矿、磁铁矿、赤铁矿和褐铁矿等,其中绿辉石在有些情况下会成为主要组成矿物。

1. 硬玉

硬玉的化学成分是 $NaAlSi_2O_6$,SiO_2 大于 58%,高者达 61.88%,Al_2O_3 的含量为 17.96%~23.47%,Na_2O 变化在 11%~16%之间。少量的 Mg^{2+}、Fe^{2+}、Fe^{3+}、Cr^{3+} 替代 Al^{3+}。硬玉中若 Cr^{3+} 替代了 Al^{3+},会产生绿色;Cr^{3+} 替代量变化幅度较大,从万分之几到百分之几,直至形成钠铬辉石。

以硬玉为主的翡翠也就是传统意义上的翡翠。市场中绝大多数翡翠均属此类。

2. 钠铬辉石

钠铬辉石的化学成分是 $NaCrSi_2O_6$,可与硬玉构成完全类质同象系列。钠铬辉石在翡翠中有 3 种存在形式:一是呈黑色小粒状内含物,Cr^{3+} 的含量可达百分之十几;二是同硬玉共生,组成钠铬辉石硬玉岩,整体呈黑绿色,不透明;三是主要由钠铬辉石组成的钠铬辉石岩,也称之为干青种翡翠,不在传统翡翠之列。

3. 绿辉石

绿辉石化学成分是 $(Ca,Na)(Mg,Fe^{2+},Al,Fe^{3+})[Si_2O_6]$,介于硬玉及透辉石之间。硬玉的 Na/(Ca+Na)大于 0.8,绿辉石的 Na/(Ca+Na)介于 0.2~0.8 之间,最典型的为 0.5 左右,小于 0.2 则为透辉石。含 Cr 多的绿辉石呈翠绿色,含 Cr 低的呈灰绿色，通常呈丝脉状、细脉状或团块状分布在白色翡翠中，称为飘兰花种。含 Fe 高的呈墨绿色，称为墨翠，是各种黑色翡翠中最好的品种。

[结构] 翡翠主要结构是一种原岩经变质作用在固态下重结晶形成的变晶结构。固态下的重结晶是一种比液态结晶作用更复杂的过程，它既与原岩物质成分、结构、构造有关，同时又与变质作用过程中温度、压力、溶液性质及应力有关。

根据翡翠结构形成期先后，将其分为原生结构和后期改造结构两大类。原生结构包括粒状变晶结构、柱状变晶结构、纤维变晶结构、斑状变晶结构。后期改造结构包括塑性变形结构、碎裂结构、动态重结晶结构，它们都是在原生结构基础之上经应力作用产生的新的结构，改造力度自前而后依次加强。

[形态] 常呈纤维状、粒状或局部为柱状的集合体(图 6-1)。

[翡翠的种] 翡翠的品质取决于颜色、质地、透明度、净度和大小等因素，其中尤以颜色、质地、透明度和净度最为重要。在翡翠行业发展历史上，为了区分出翡翠的优劣，描述某一类或某块翡翠的品质，往往把特定的翡翠定为一个“种”。现行的翡翠品种常常用翡翠的成因类型、颜色特征、透明度、结构特征、价值、产地地名和发现时间等来命名。商贸上所规定的这些翡翠品种(通常简称为“种”)实质上是特定的品质要素的组合，是某一特定质量翡翠的名称。

图 6-1　翡翠原石

1. 老坑种(老坑玻璃种)

颜色符合浓、阳、正、匀，质地细腻，翡翠的玻璃底、糯化底、冰底一定是老坑种。如果透明度高可称为老坑玻璃种。

2. 金丝种

绿色不均匀，呈丝状断断续续，水头好，底也好，也是中高档品种。

3. 芙蓉种

颜色为淡绿色，半透明，玉质细腻，水头好，有时呈淡淡的粉色，中高档品种。

4. 花青种

颜色较浓艳，绿色分布不均匀，呈脉状或斑点状，没有规则性，质地透明至不透明，根据质地类型可分为冰地花青和糯地花青。

5. 瓜青种

瓜青种指颜色为蓝绿色，如丝瓜皮绿色的翡翠。

6. 豆种

一种很常见的翡翠种类，它的特点是颗粒比较粗，透光性较差，它的种类很多，如豆青种、冰豆种、油豆种等。

7. 白底青

底色白或灰，但透光性差，基本不透明，粉底，但个别也有冰底，结构一般较粗，绿色相对比较鲜艳。

8. 油青种

分高档油清和低档油青：高档玉质细腻，透明度好；低档油青表面具有油润的感觉，但颜色暗，绿得不正，让人感觉闷闷的，不抢眼。

9. 干青种

其特征是颜色黄绿、深绿至墨绿，带黑点，常有裂纹，不透明，显得很干。

10. 飘兰花

半透明(冰地)的无色翡翠中分布彩带状的蓝灰色、灰绿色的色带，通常是绿辉石的微晶集合体造成的，有时也可能是角闪石。

11. 铁龙生

是缅语译音，意思为满绿色，它是翡翠的一种，但结构较粗，结合方式比较松散，透光性比较差，硬度较差。密度 3.30～3.33g/cm^3，折射率为 1.66 左右，与翡翠一样。

12. 墨翠

组成矿物以绿辉石为主，墨绿色、黑色，强透射光照射为蓝绿色、绿色。缅甸人用“情人的影子”形容黑色的硬玉。

13. 紫罗兰

浅紫色的翡翠称为紫罗兰，珠宝界又将紫罗兰色称为“椿”或“春色”，根据紫色色调深浅不同，将翡翠中紫色划分为粉紫、茄紫和蓝紫。

14. 黄翡

浅黄色、深黄色、橙黄色和金黄色的翡翠，透明度较红翡好。

15. 红翡

红褐色、褐红色的翡翠，通常透明度较差，粒度较粗，是低档翡翠。但颜色较为鲜艳、质地较好的红翡价值也较高。

16. 福禄寿

是指同时有绿、红、紫三种颜色的翡翠。

17. 蓝水种

是较新的翡翠品种，蓝水翡翠的颜色色调主要为蓝色，种水一般较好，为糯种或糯种以上。蓝水翡翠的颜色一般都很均匀，有时有一定颜色浓淡的变化，但浓淡之间的过渡非常柔和，颜色和底色混合在一起，几乎没有一般翡翠的色根。

18. 龙石种

龙石种是非常罕见的翡翠种类，它是在岩洞里生长的翡翠种类中唯一的一种，有着冬暖夏凉的特征，龙石种翡翠水足饱满充盈，让人感觉水快要溢出，光泽度极好。龙石种是翡翠中的顶级种类，无棉纹、杂质，如丝绸般光滑细腻，极其温润，荧光四射。

19. 木那种

“木那”是缅甸翡翠矿的一个场口名，分上“木那”和下“木那”，以盛产种色均匀的满色料出名，“木那”出的翡翠基本带有明显的点状棉。“木那”在国内是近年来才被人们所逐步认识，并热烈追捧，成为市场上一个档次较高的种料，是近两年翡翠市场的新贵。

［物理性质］

1. 颜色

翡翠的颜色变化大，有白色、绿色、红色、紫红色、紫色、橙色、黄色、褐色、黑色等。其中最名贵者为绿色（翠），其次是紫蓝（紫罗蓝）、红色（翡）和黑色等（图6－2）。绿色在行话中称“翠”，是喜爱翡翠的人士所追求的颜色。绿色翡翠由浅至深分为浅绿、绿、深绿和墨绿，其中以绿色为最佳，深绿次之。

图6－2　翡翠的颜色

黄色和红色均是次生颜色，主要是由于翡翠原石遭风化作用后，其中的二价铁变成三价铁而产生。鲜艳的红色也称“翡”。紫色也称紫翠，按其深浅变化可有浅紫、粉紫、蓝紫等色，一般认为翡翠呈紫色是因为其中含微量的 Mn 所致。

2. 光泽及透明度

翡翠的光泽为玻璃光泽至油脂光泽。半透明至不透明，极少为透明。在商业中，翡翠的透明度又称为“水头”。“水头”决定于组成翡翠矿物的颗粒大小、排列方式等。

一般来说，翡翠组成成分越单一，矿物颗粒越细，结构越紧密，则透明度越好，光泽越强；组成成分越复杂，颗粒越粗，结构越松散，则透明度、光泽越差。另外翡翠中含有过量的 Fe、Cr 等微量元素时，透明度变差，甚至不透明。

3. 构造

翡翠常见的构造类型有：块状构造，脉状构造，角砾状构造，条带状构造，褶皱构造和弱片理化构造。

4. 解理

翡翠的主要矿物硬玉具有平行于{110}的两组完全解理。解理面的星点状、片状、针状闪光也就是人们所说的“翠性”，俗称“苍蝇翅”或“沙星”，是鉴别翡翠的重要标志，这也成为翡翠与相似玉石相区别的重要特征（图 6-3）。

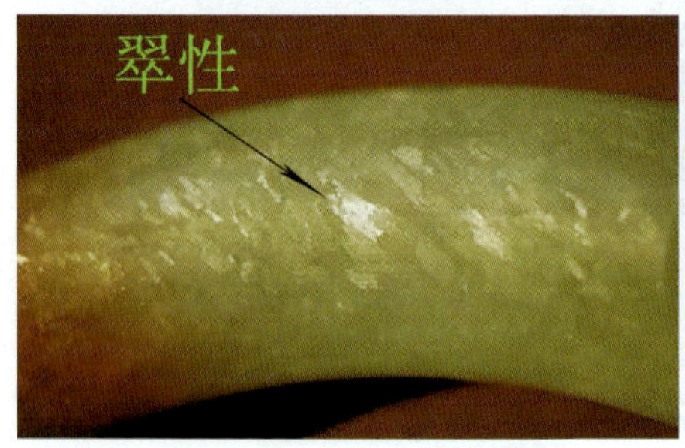

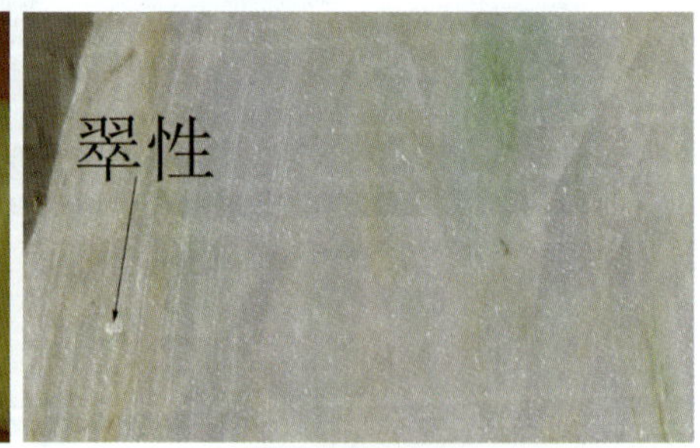

图 6-3　翡翠的“翠性”

5. 摩氏硬度

翡翠摩氏硬度为 6.5～7。

6. 密度

翡翠的密度为 3.25～3.40g/cm^3，几乎等于二碘甲烷(3.32g/cm^3)的密度。翡翠密度随其中 Fe、Cr 等元素含量的增加而增加。

7. 光性特征

非均质集合体。

8. 多色性

无。

9. 折射率

翡翠的折射率为 1.666～1.680(±0.008)，点测法常为 1.66。

10. 双折射率

集合体不可测。

11. 吸收光谱

437nm 吸收线是翡翠的特征吸收谱，是铁的吸收线。铬致色的绿色翡翠具 630nm、660nm、690nm 吸收线，绿色越浓艳铬线越清晰。如果绿色很浅，则 630nm 就不易观察到。铬盐染绿色的翡翠在 650nm 处可有一条明显的宽带。

12. 发光性

天然翡翠绝大多数无荧光，个别翡翠有弱绿色、白色或黄色荧光。翡翠中若长石经高岭石化可显弱的蓝色荧光。

[产状和产地]

世界上有 95%以上的商业翡翠产于缅甸，极少部分产自危地马拉，另在哈萨克斯坦、俄罗斯、美国和日本等地也有翡翠产出。缅甸翡翠的成因现仍存在争议，有区域变质成因说、岩浆成因说和交代成因说等。

大约 3 500 万年以前，印度板块沿东北向与欧亚板块相碰，并俯冲到欧亚板块之下，造成青藏地区的隆起成高原，并在云南及缅甸北部地区形成一条弧形的缝合线(即雅鲁藏布江缝合线)，导致滇西地区横断山脉的形成，同时产生大量碱性玄武岩和超基性岩。

缅甸翡翠矿床类型分为两大类四种类型：原生翡翠矿床，次生翡翠矿床；次生翡翠矿床又分为第四纪砾岩层翡翠矿床、现代河流冲积层翡翠矿床、残坡积层翡翠矿床。

[鉴定特征] 根据翡翠的“翠性”、颜色、玻璃光泽、水头、折射率和密度与相似玉石区分。

[主要用途] 根据翡翠的块度、颜色、质地可雕琢为山件、摆件、手把件、吊牌、手镯、戒面等。

(二)软玉(Nephrite)

[化学组成] 透闪石-铁阳起石类质同象系列的成分为 $Ca_2Mg_5(Si_4O_{11})_2(OH)_2$ - $Ca_2Fe_5(Si_4O_{11})_2(OH)_2$，在多数情况下软玉是这两种端元组分的中间产物。

[矿物组成] 软玉主要是由角闪石族中透闪石-阳起石类质同象系列的矿物所组成，其化学通式为 $Ca_2(Mg,Fe)_5Si_8O_{22}(OH)_2$，其中 Mg、Fe 间可呈完全类质同象代替。根据国际矿物协会新矿物及矿物命名委员会批准角闪石族分会推荐的尼克(B E Leake)的“角闪石族命名方案”，透闪石-阳起石的划分按照单位分子中二价镁和铁的占位比率不同予以命名，即：

$Mg/(Mg+Fe^{2+})=0.90\sim1.00$　透闪石

$Mg/(Mg+Fe^{2+})=0.50\sim0.90$　阳起石

$Mg/(Mg+Fe^{2+})=0.00\sim0.50$　铁阳起石

软玉的主要矿物为透闪石，次要矿物有阳起石及透辉石、滑石、蛇纹石、绿泥石、绿帘石、斜黝帘石、镁橄榄石、粗晶状透闪石、白云石、石英、磁铁矿、黄铁矿、镁铁尖晶石、磷灰石、石榴石、金云母、铬尖晶石等。

[结构] 软玉的矿物颗粒细小，结构致密均匀，质地细腻、润泽且具有高的韧性。依据软玉矿物颗粒的大小、形态及颗粒结合方式，将软玉的结构分为：毛毡状交织结构(显微隐晶质结构)、显微叶片变晶结构、显微纤维变晶结构、显微纤维状隐晶质结构、显微片状隐晶质结构和显微放射状或帚状结构。

[形态] 软玉的主要组成矿物为透闪石和阳起石，都属单斜晶系。这两种矿物的常见晶形为长柱状、纤维状、叶片状，软玉是这些纤维状矿物的集合体(图 6-4)。

[物理性质] 浅至深绿色、黄色至褐色、白色、灰色、黑色(图 6-5)。

玻璃光泽至油脂光泽。透闪石具两组完全解理，集合体通常不见。摩氏硬度 6～6.5。密度 2.95(+0.15，-0.05)g/cm^3。非均质集合体。多色性集合体不可测。折射率 1.606～1.632(+0.009，-0.006)，点测法 1.60～1.61。双折射率集合体不可测。无紫外荧光。吸收光谱不典型，509nm 可见吸收线，优质

图 6-4　不同产出环境的软玉

绿色软玉可在红区有模糊吸收线。放大检查可见纤维交织结构，黑色固体包体。特殊光学效应有猫眼效应。

[品种]　软玉品种可按产出环境和颜色划分。

1. 按产出环境分类

1）仔料

由原生软玉矿或岩体经风化搬运至河流中堆积而成。软玉呈卵石状，大小悬殊，磨圆度较好，外表可有厚薄不一的皮壳。

2）山料

从原生矿床开采所得，呈块状、不规则状，棱角分明，无磨圆及皮壳。

3）山流水

从原生矿床自然剥离的残坡积，一般距原生矿较近，次棱角状，磨圆度差，通常有薄的皮壳，块度较大。

（a）白玉　（b）青玉　（c）青白玉

（d）碧玉　（e）墨玉　（f）糖玉

图 6－5　各种颜色的软玉

2. 按颜色分类

1)白玉

白色,可略泛灰、黄、青等杂色,颜色柔和均匀,有时可带少量糖色或黑色。

2)青玉

颜色有青至深青、灰青、青黄等色,颜色柔和均匀,有时可带少量糖色或黑色。

3)青白玉

青白玉的颜色以白色为基础色,介于白玉与青玉之间,颜色柔和均匀,有时可带少量糖色或黑色。

4)墨玉

颜色以黑色为主(占60%以上),可夹杂少量白或灰白色(占40%以下),颜色多不均匀。墨玉的墨色是由于玉中含有细微石墨鳞片所致。

5)碧玉

颜色以绿色为基础色,常见有绿、灰绿,黄绿、暗绿、墨绿等颜色,颜色较柔和均匀,碧玉中常含有黑色点状矿物。是软玉的重要品种。

6)黄玉

颜色淡黄至深黄,可微泛绿色,颜色柔和均匀。

7)糖玉

颜色有黄色、褐黄色、红色、褐红色、黑绿色等。一般情况下,如果糖色占到整件样品80%以上时,可直接称之为糖玉。

[产状和产地]　软玉原生矿床分布于中国、俄罗斯、加拿大、韩国、澳大利亚、新西兰等20多个国家。

1. 新疆昆仑山和阿尔金山地区

传统和田玉是指分布于新疆昆仑山和阿尔金山地区,成因为接触交代(中酸性侵入岩和镁质碳酸盐岩的接触带中)所形成的软玉。新疆玛纳斯碧玉分布于天山北坡,以玛纳斯河产出最著名,故被称为玛纳斯碧玉。

2. 青海软玉分布

青海软玉在青海有三处产地。

第一处是青海省格尔木市西南、距格尔木94km处的纳赤台,矿区位于青藏公路沿线的高原丘陵地区。该地产出的玉料以山料为主,少量山流水(戈壁)料,未见典型仔料。该矿点产出为白玉、青白玉、烟青玉、翠青玉、糖玉。

第二处是位于纳赤台西北50km处的大灶台,早期以开采山流水为主,现以开采山料为主,产出品种以青玉为主。

第三处为位于海北藏族自治州门源县及祁连县境内的祁连山脉,该产地主要出产青海碧玉。

另外,中国贵州的罗甸县、广西大化县、江苏溧阳、辽宁岫岩县和台湾等地也有产出。

3. 俄罗斯贝加尔湖地区软玉

俄罗斯贝加尔湖地区软玉的矿物组成主要为不同形态的透闪石和少量的次要矿物。次要矿物一般在5%左右,主要有阳起石、石英、白云石、磷灰石、帘石类矿物、磁铁矿和黏土矿物等。俄罗斯软玉的品种主要为白玉、青白玉、糖玉、碧玉等。

[鉴定特征] 软玉主要依据其结构致密均匀，质地细腻、润泽且具有高的韧性，以及油脂光泽、折射率和密度等为主要鉴定特征。

[主要用途] 软玉在中国玉文化中占据了非常重要的地位，自古以来便是中国文人和贵族最为推崇的高档玉石。根据软玉的块度、颜色、质地可雕琢为山件、摆件、手把件、吊牌、手镯、戒面等。

(三)欧泊(Opal)

[化学组成] 欧泊的化学成分为 $SiO_2 \cdot nH_2O$。含水量不定，一般为 4%～9%，最高可达 20%。成分中的吸附水含量不定，并常含 Fe、Ca、Mg 等混入物成分。

[矿物组成] 欧泊的组成矿物为蛋白石(Opal)，另有少量石英、黄铁矿等次要矿物。

[形态] 非晶质体。无一定的外形。通常为致密块状、钟乳状、结核状、皮壳状等(图 6－6)。

图 6－6　欧泊原石

[物理性质] 颜色不定，欧泊的体色可有白、黑、深灰、蓝、绿、棕、橙、橙红、红等多种颜色。玻璃光泽或树脂光泽，并具变彩。无色透明者罕见，通常微透明。无解理，具贝壳状断口。硬度 5～6。密度视含水量和吸附物质的多少介于 1.9～2.9g/cm^3 之间。折射率 1.450(＋0.020，－0.080)，火欧泊低于 1.37。均质体，火欧泊可见异常消光。

黑色或白色体色的欧泊：无至中等强度的白色、浅蓝色、浅绿色和黄色荧光，并可有磷光，有时磷光持续时间较长。

火欧泊：无至中等强度的绿褐色荧光，可有磷光。

绿色蛋白石的可见光光谱具660nm、470nm吸收线，其他颜色的蛋白石吸收不明显。

［品种］　欧泊有许多品种，归总起来有四大类，即黑欧泊、白欧泊、火欧泊和晶质欧泊。

1. 黑欧泊

体色为黑色或深蓝、深灰、深绿、褐色的品种，以黑色最理想，因为黑色体色使变彩效应显得更加鲜明夺目(图6－7)。

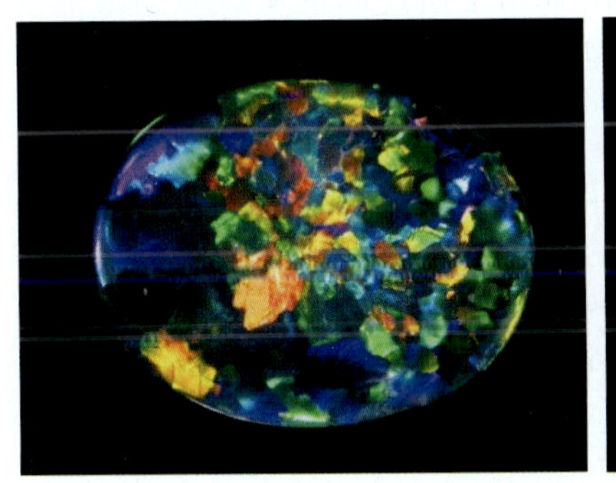

图6－7　黑欧泊和白欧泊

2. 白欧泊

在白色或浅灰色体色上出现变彩的欧泊，透明至半透明(图6－7)。

3. 火欧泊

无变彩或少量变彩的半透明—透明品种，一般呈橙色、橙红色、红色(图6－8)。

4. 晶质欧泊

具有变彩效应的无色透明至半透明的欧泊(图6－8)。

［产状和产地］　欧泊是在表生环境下由硅酸盐矿物风化后产生的二氧化硅胶体溶液凝聚而成的，也可由热水中的二氧化硅沉淀而成。其主要的矿床类型有风化壳型和热液型。澳大利亚是世界上最重要的欧泊产出国，主要产区在新

图 6-8　火欧泊和晶质欧泊

南威尔士、南澳大利亚和昆士兰，其中新南威尔士所产的优质黑欧泊最为著名。墨西哥以其产出的火欧泊和晶质欧泊而闻名。近年来埃塞俄比亚也有大量欧泊产出。

[鉴定特征]　以其变彩、密度和折射率为鉴定特征，有时类似于玉髓，但硬度较低。

[主要用途]　火欧泊等可作名贵雕刻品材料。化学成分为 $SiO_2 \cdot nH_2O$ 的硅藻土质轻多孔，是重要的建筑材料和隔音材料。

（四）蛇纹石（Serpentine）

[化学组成]　$Mg_6[Si_4O_{10}](OH)_2$，MgO 43.0%，SiO_2 44.1%，H_2O 12.9%。可以有少量的 Al 取代 Si，也可有稍多的 Al、Fe^{2+}、Fe^{3+} 取代 Mg。蛇纹石矿物可分为叶蛇纹石、利蛇纹石和纤维蛇纹石三种。

[晶体结构]　单斜晶系。对称型 P 或 L^2PC。$a_0 \approx 1.53$nm，$b_0 \approx 0.92$nm，$c_0 \approx 0.73$nm，$Z=2$。蛇纹石属于双层型结构单元层类型，与高岭石的晶体结构相似，但后者属二八面体型，而蛇纹石则属三八面体型。蛇纹石的晶体结构如图 6-9 所示。

图 6-9　蛇纹石的晶体结构

[形态]　蛇纹石的单晶体极

为罕见。一般成细鳞片状、显微鳞片状、致密块状集合体，或呈具胶凝体特征的肉冻状块体(图 6-10)。常被揉搓，显示出带有滑动的剪切面，有时其中还夹有极薄的石棉细脉。呈鳞片状者，多为叶蛇纹石。呈显微鳞片状者可为叶蛇纹石或鳞纹石。蛇纹石之呈纤维状者，称作蛇纹石石棉或温石棉。

图 6-10　蛇纹石集合体

[物理性质]　一般呈绿色，有深有浅，也有呈白色、浅黄色、灰色、蓝绿色或褐黑色(图 6-11)。常见的块体呈油脂光泽或蜡状光泽，纤维状者呈丝绢光泽。除纤维状者外，{001}解理完全。摩氏硬度 2.5～6。密度 2.57(+0.23，-0.13)g/cm^3。折射率 1.560～1.570(+0.004，-0.070)。双折射率集合体不可测。紫外光下呈荧光惰性，有时在长波下可见微弱的绿色荧光。吸收光谱不特征。放大检查可见黑色矿物包体、白色条纹，叶片状、纤维状交织结构。特殊光学效应可见猫眼效应(极少)。

图 6-11　弧面蛇纹石和蛇纹石手镯

[产状和产地] 蛇纹石的生成与热液交代(约相当于中温热液)有关,富含Mg的岩石如超基性岩(橄榄岩、辉石岩)或白云岩经热液交代作用可以形成蛇纹石。

在矽卡岩化作用的后期往往有蛇纹石生成。蛇纹石块体中纤维状蛇纹石(石棉)的生成,是由于蛇纹石胶凝体干缩而产生裂隙时逐渐生成的,纤维常与脉壁垂直(称横纤维),但也有少数与裂隙平行(称纵纤维),我国四川石棉县所产的纵纤维,纤维最长可达2m以上而闻名于世。

蛇纹石主要分布在中国、新西兰、美国等地。中国著名的产地是辽宁,分布在岫岩、宽甸、凤城、丹东和海城一带,其中岫岩储量最大,在岫岩境内有北瓦沟、瓦沟、细玉沟、哈镇、大房身、偏岭等10多处蛇纹石产地。

[鉴定特征] 根据其颜色、光泽、较小的硬度、纤维状或块状形态及产状加以识别。蛇纹石矿物之间的区别较困难,只有通过扫描电镜、X射线法、热分析、光性鉴定来进一步精确确定。

[主要用途] 蛇纹石可以用作建筑材料,色泽鲜艳的致密块体,叫作岫岩玉,用作工艺美术材料。含SiO_2低的蛇纹岩可作耐火材料。

温石棉用途更广,可以制成各种石棉制品,广泛地应用于建筑、化工、医药、冶金等部门。

(五)独山玉(Dushan Jade)

[化学组成] 随组成矿物比例而变化。主要组成矿物为斜长石(钙长石)$CaAl_2Si_2O_8$、黝帘石$Ca_2Al_3(SiO_4)_3(OH)$等。

[矿物组成] 独山玉是一种黝帘石化斜长岩,其组成矿物较多,主要矿物是斜长石(钙长石)(20%~90%)和黝帘石(5%~70%),次要矿物为翠绿色铬云母、浅绿色透辉石、黄绿色角闪石、黑云母,还有少量榍石、金红石、绿帘石、阳起石、白色沸石、葡萄石、绿色电气石、褐铁矿、绢云母等。

[形态] 独山玉具细粒($d<0.05$mm)状结构,其中斜长石、黝帘石、绿帘石、黑云母、铬云母和透辉石等矿物呈他形－半自形晶紧密镶嵌,集合体常呈细粒致密块状(图6-12)。

[物理性质] 常见白色、绿色、紫色、蓝绿色、黄色、黑色(图6-13)。玻璃光泽。无解理。摩氏硬度6~7。密度2.70~3.09 g/cm^3,一般为2.90 g/cm^3。非均质集合体。多色性集合体不可测。折射率1.560~1.700。双折射率集合体不可测。紫外荧光无至弱,蓝白、褐黄、褐红。吸收光谱不典型。放大检查可见纤维粒状结构,可见蓝色、蓝绿色或紫色色斑。特殊光学效应未见。

[产状和产地] 独山玉矿体呈脉状、透镜状及不规则状,产出于蚀变辉长岩

图 6-12　独山玉原石

图 6-13　独山玉摆件

体中。围岩蚀变作用有透闪石-阳起石化、钠黝帘石化、蛇纹石化和绿泥石化，一般矿脉长 1～10m，宽 0.1～1m，个别宽 5m。迄今为止，能达到工艺要求的独山玉仅产于中国河南省南阳市的独山。

[鉴定特征]　独山玉以颜色丰富、密度 2.70～3.09 g/cm^3、折射率 1.560～1.700 为鉴定特征。

[主要用途]　独山玉由于颜色丰富，成为利用较广的玉雕材料，近几年独山玉的俏色作品频现于市场。

(六)钠长石玉(Albite Jade)

[化学组成] 钠长石 $NaAlSi_3O_8$。

[矿物组成] 钠长石玉主要矿物组成是钠长石,次要矿物有硬玉、绿辉石、绿帘石、阳起石和绿泥石等。

[晶体结构] 钠长石为三斜晶系。$a_0=0.814\text{nm}$,$b_0=1.279\text{nm}$,$c_0=0.716\text{nm}$。晶体结构如图 6-14 所示。

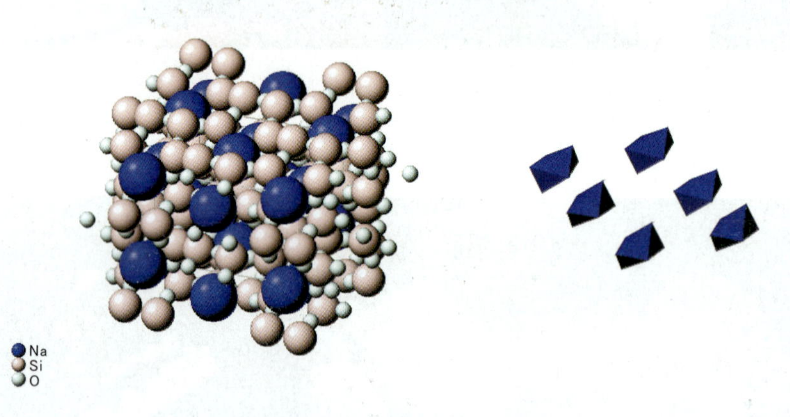

图 6-14　钠长石的晶体结构

[形态] 呈板状或板柱状,常见晶质集合体(图 6-15)。

图 6-15　钠长石板状晶体和集合体

[物理性质] 常见灰白色、灰绿白色、灰绿色、白色、无色。油脂光泽至玻璃光泽。钠长石具{001}完全解理。摩氏硬度 6。密度 2.60~2.63g/cm³。折射率 1.52~1.54,点测法常为 1.52~1.53。非均质集合体。双折射率集合体不可

测。紫外荧光无。吸收光谱不典型。放大检查可见纤维状或粒状结构，在透明或透明的底色中常含白色斑点和蓝绿色斑块（图 6－16）。白色斑点为辉石类矿物，透明度较差；蓝绿色斑块为闪石类矿物及绿泥石等。

图 6－16　含白色斑点和蓝绿色斑块的钠长石玉手镯

［产状和产地］　宝石级钠长石玉多与翡翠矿床共生，作为翡翠矿床的围岩产出。钠长石玉目前的主要产地在缅甸。

［鉴定特征］　钠长石玉俗称"水沫子"，因在白色或者灰白色透明的底子上常分布有白色的"棉""白脑"，形似水中翻起的泡沫而得名。

钠长石玉与同种颜色、透明度的翡翠相似，但钠长石玉的折射率、密度、硬度均明显低于翡翠，光泽较翡翠弱。另外"水沫子"手镯敲击后声音沉闷，而翡翠通常声音清脆。

石英质玉石的折射率、密度与钠长石玉相近，前者稍高，但石英质玉无解理，硬度明显高于钠长石玉。

［主要用途］　颜色纯正、艳丽、质地细腻、透明度高、块度大的可打磨成手镯、雕件等。钠长石矿物作为工业原料，在陶瓷工业中的用量占 30%以上，还广泛应用于化工等其他行业。

（七）葡萄石（Prehnite）

［化学组成］　$Ca_2Al[AlSi_3O_{10}](OH)_2$，CaO 27.16%，$Al_2O_3$ 24.78%，SiO_2 4.69%，H_2O 4.37%，可含 Fe、Mg、Mn、Na、K 等元素。

［晶体结构］　斜方晶系。$a_0=0.464$nm，$b_0=0.550$nm，$c_0=1.840$nm，$Z=2$。葡萄石晶体结构特点为：$[AlSi_3O_{10}]_n^{5n-}$ 骨干层是由 3 层 $(SiAl)O_4$ 通过角顶联结而构成，架状层之间通过 $AlO_4(OH)_2$ 配位八面体联结，其间较大空隙为 Ca 所

充填(图 6-17)。

图 6-17 葡萄石晶体结构

[形态] 晶质集合体,常呈板状、片状、葡萄状、肾状、放射状或块状集合体(图 6-18)。

图 6-18 葡萄石集合体

[物理性质] 常见颜色有白色、浅黄色、肉红色、绿色,常呈浅绿色(图 6-19)。透明至半透明。玻璃光泽。一组完全至中等解理。参差状断口。摩氏硬度 6~6.5。密度 2.80~2.95g/cm^3。具脆性。折射率 1.616~1.649(+0.016,-0.031),点测常为 1.63。双折射率 0.020~0.035,集合体不可测。非均质体,二轴晶,正光性。无多色性。无紫外荧光。吸收光谱具 438nm 弱吸收带。

图 6-19　葡萄石刻面和弧面宝石

[产状和产地]　葡萄石是经热液蚀变后所形成的一种次生矿物，主要产在玄武岩和其他基性喷出岩的气孔和裂隙中，常与沸石类矿物、硅硼钙石、方解石和针钠钙石等矿物共生。此外，部分火成岩发生变化时，其内的钙斜长石也可转变形成葡萄石。

产地较多，有美国、加拿大、苏格兰等。国内主要产于四川省泸州、乐山等地。

[鉴定特征]　放大观察可见纤维状结构，放射状排列。白色条痕色。

[主要用途]　质量好的葡萄石可作宝石，可加工成刻面宝石的葡萄石晶体非常少，块状葡萄石多用于作雕件。

(八)查罗石(Charoite)

[化学组成]　$(K,Na)_5(Ca,Ba,Sr)_8(Si_6O_{15})_2Si_4O_9(OH,F)\cdot 11H_2O$，主要组成矿物为紫硅碱钙石$(K,Na)_5(Ca,Ba,Sr)_8(Si_6O_{15})_2Si_4O_9(OH,F)\cdot 11H_2O$，一般含量为50%～90%。

[矿物成分]　主要矿物为紫硅碱钙石，可含有霓辉石、长石、硅钛钙钾石、碳酸钙钾石、碳酸盐矿物、碱性角闪石和铁、铜的硫化物等。

[晶体结构]　紫硅碱钙石属单斜晶系。$a_0=3.182\text{nm}$，$b_0=0.713\text{nm}$，$c_0=2.12\text{nm}$，$Z=18$。

[形态]　单晶呈纤维状、束状，多为晶质集合体，呈块状(图 6-20)。

[物理性质]　常见颜色有紫色、紫蓝色，可含有黑色、灰色、白色或褐棕色色斑(图 6-21)。玻璃光泽至蜡状光泽。紫硅碱钙石具 3 组解理，集合体通常不

见。摩氏硬度 5～6。密度 2.68(+0.10,−0.14)g/cm³,因成分不同有变化。非均质体,二轴晶,正光性;常为非均质集合体。多色性集合体不可测。折射率 1.550～1.559(±0.002),随成分不同有变化。双折射率 0.009,集合体不可测。长波紫外光下呈无至弱的斑块状红色荧光;短波下无。吸收光谱不典型。放大检查可见纤维状结构,含绿黑色霓石、普通辉石、绿灰色长石等矿物。特殊光学效应未见。

图 6-20 查罗石原石

图 6-21 查罗石手镯

[产状和产地] 查罗石主要产于俄罗斯,产于霞石正长岩和霓石正长岩与石灰岩接触带的钾长石交代岩中。

[鉴定特征] 查罗石以其特有的颜色、结构和光泽不难将其鉴别,一般不容易与其他宝石相混淆。

[主要用途] 可以加工成弧面型戒指、吊牌等,也可制成雕件等各种工艺品,有时也可作建筑装饰材料。

(九)绿松石(Turquoise)

[化学组成] $CuAl_6[PO_4]_4(OH)_8 \cdot 4H_2O$,CuO 9.78%,$Al_2O_3$ 37.60%,P_2O_5 34.90%,H_2O 17.72%。含铁的亚种称铁绿松石,其中 Fe_2O_3 可达 20%～21%。

[矿物组成] 绿松石玉主要组成矿物是绿松石,另外绿松石常与埃洛石、高岭石、石英、云母、褐铁矿、磷铝石等共生,高岭石、石英、褐铁矿等加入的比例将直接影响绿松石的品质。

[晶体结构] 三斜晶系。对称型 C。$a_0=0.749$nm,$b_0=0.955$nm,$c_0=0.769$nm,$Z=1$。绿松石晶体结构特点为:$[PO_4]$及(Al,Fe)八面体彼此以角顶相联形成架状结构,Cu 分布在大空隙的对称心位置上,为 4 个$(OH)^-$和 H_2O 所

围绕(图 6－22)。

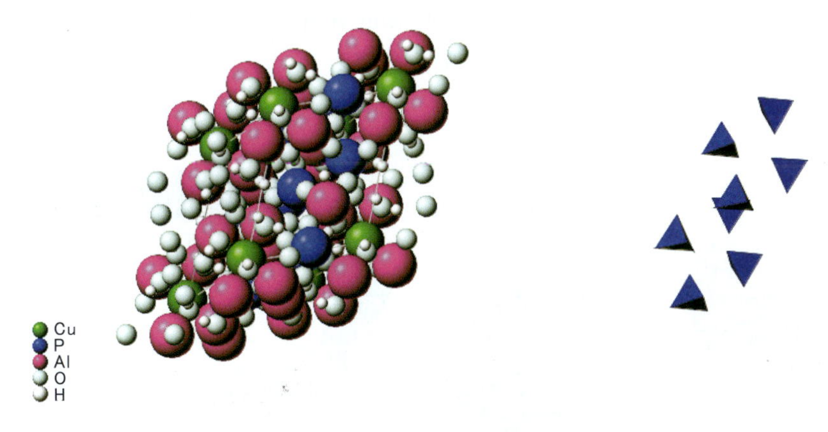

图 6－22　绿松石晶体结构

［**形态**］　通常成致密的隐晶质块体,或呈皮壳状(图 6－23)。单晶体极少见。

图 6－23　绿松石集合体

［**物理性质**］　绿松石具有独特的天蓝色,常见颜色为浅至中等蓝色、绿蓝色至绿色,常伴有白色细纹、斑点、褐黑色网脉(铁线)或暗色矿物杂质(图 6－24)。条痕白色或淡绿色。蜡状光泽、油脂光泽,抛光很好的平面可达到玻璃光泽。解理平行{001}完全,平行{010}中等。集合体无解理。硬度 5～6。硬度与品质有一定关系,高品质的绿松石硬度较高,而灰白色、灰黄色绿松石的硬度较低,最低为 3 左右。密度 2.76(＋0.14,－0.36)g/cm^3,高品质者应在 2.8～2.9g/cm^3 之

间。折射率1.61～1.65,点测法通常为1.61。非均质集合体。长波紫外线下弱黄绿色荧光,短波下无。在强的反射光下,蓝区有420nm一条不清楚的吸收带,432nm处有一条可见的吸收带,有时于460nm处有一条模糊的吸收带。常见暗色基质,即常有黑色斑点、线状铁质或碳质包裹。

图6-24　加工成宝石的绿松石

[产状和产地]　绿松石系含铜地表水溶液与含铝(如长石等)和含磷(如磷灰石等)岩石作用而形成。常与褐铁矿、高岭石及蛋白石等一起出现。世界上出产绿松石的主要国家有伊朗、美国、埃及、俄罗斯、中国等。中国的绿松石主要集中于鄂、豫、陕交界处。以鄂西北的郧县、竹山县最为著名,其次为陕西的白河、安康也有产出。美国绿松石主要产自美国西南各州,特别是亚利桑那州最为丰富。

[鉴定特征]　以其特征的天蓝色、结构、硬度和蜡状光泽为鉴定特征。但与硅孔雀石很相似,需用化学测定才能可靠地区别。

[主要用途]　颜色美好者可作为宝石材料。

(十)青金石(Lapis-lazuli)

[化学组成]　青金石化学成分为$(NaCa)_8[AlSiO_4]_6(SO_4,Cl,S)_2$。

[矿物组成]　商业上称为青金石者主要指青金岩,青金岩主要矿物为青金石、方钠石、蓝方石,次要矿物有方解石、黄铁矿,有时含透辉石、云母、角闪石等。

[晶体结构]　等轴晶系。$a_0=0.908$nm,$Z=1$。方钠石型结构(图6-25)。

[形态]　菱形十二面体,通常呈致密块状(图6-26)。

[物理性质]　中至深微绿蓝色至紫蓝色,常有铜黄色黄铁矿、白色方解石、

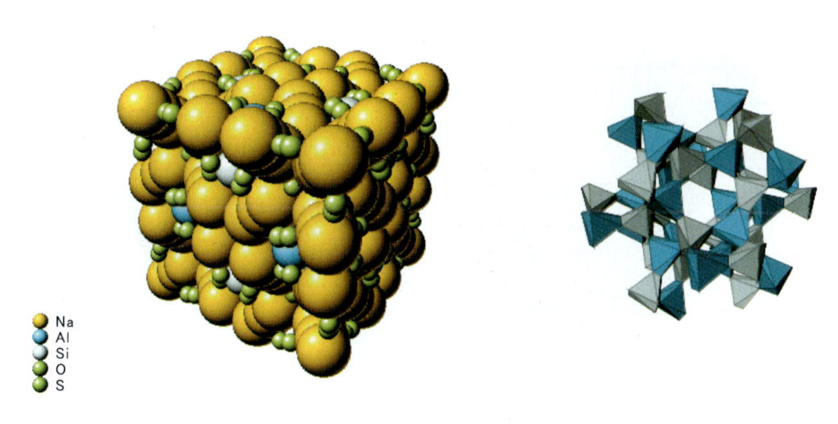

图 6-25　青金石晶体结构

图 6-26　青金石单晶和集合体

墨绿色透辉石、普通辉石的色斑(图 6-27)。玻璃光泽至蜡状光泽,半透明至不透明。多为中粗粒结构和不等粒结构。{110}解理不完全,集合体无解理。摩氏硬度 5～6。密度 2.75(±0.25)g/cm^3,取决于黄铁矿的含量。光性特征为均质集合体。折射率点测 1.50 左右,有时因含方解石,可达 1.67。无多色性。长波紫外线下共生的方解石可发粉红色荧光;短波紫外线下呈弱至中等的绿色或黄绿色荧光。吸收光谱不典型。放大检查可见粒状结构,常含有方解石、黄铁矿等。查尔斯滤色镜下呈赭红色。

图 6-27　青金石戒面和平安扣

[产状和产地]　青金石玉石矿床产于碱性岩、正长岩、花岗岩及其伟晶岩与碳酸盐岩接触带中，伴生矿物有方解石、黄铁矿。产地有美国、阿富汗、蒙古、缅甸、智利、加拿大、巴基斯坦、印度和安哥拉等国。阿富汗的青金石出产于该国巴达赫尚省的含青金石区，其中以萨雷散格矿床最为著名。

[鉴定特征]　粒状结构，常含黄色黄铁矿斑点、白色方解石团块。查尔斯滤色镜下呈赭红色；同生方解石与酸强烈反应，起泡，故不可将它放入电镀槽、超声波清洗器和珠宝清洗液中。

[主要用途]　是重要的画色和染料。著名的敦煌莫高窟中敦煌西千佛洞自北朝到清代壁画、彩塑上都用青金石作颜料。质量上乘者可作为宝石。

（十一）孔雀石（Malachite）

[化学组成]　$Cu_2[CO_3](OH)_2$，CuO 71.59%，CO_2 19.90%，H_2O 8.15%。可含微量 CaO、Fe_2O_3、SiO_2 等机械混入物。

[矿物组成]　珠宝界使用的孔雀石玉为一种单矿物岩，主要组成矿物为孔雀石（Malachite）。在矿物学中属于孔雀石族。

[晶体结构]　单斜晶系。对称型 L^2PC。a_0=0.948mn，b_0=1.203nm，c_0=0.321nm，Z=4。孔雀石晶体结构特点为：Cu^{2+} 为 6 个 O^{2-} 和 $(OH)^-$ 所包围，形成八面体配位[图中未绘出 Cu^{2+} 上下两端的 O^{2-} 或 $(OH)^-$]。但有两种情况：一种是 4 个 O^{2-} 和 2 个 $(OH)^-$，另一种是 2 个 O^{2-} 和 4 个 $(OH)^-$。两种八面体以共用棱相联结，组成一条平行于 c 的双链结构。C^{4+} 在 3 个 O^{2-} 之间组成 $[CO_3]^{2-}$ 并联结各链（图 6-28）。

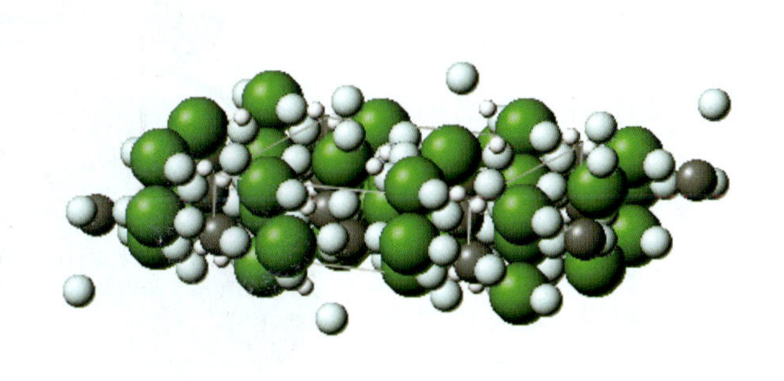

图 6-28　孔雀石晶体结构

［形态］　单晶体呈柱状或针状，但极少见。双晶以(100)为双晶面成接触双晶。集合体常成钟乳状或结核状(图 6-29)。有时其内部具纤维状构造。

图 6-29　孔雀石集合体

［物理性质］　深绿至鲜绿色，常有杂色条纹(图 6-30)。条痕淡绿色。玻璃光泽至金刚光泽。纤维状集合体呈丝绢光泽，结核状者光泽暗淡。性脆。解理平行{201}完全；平行{010}者中等。硬度 3.5～4。密度 3.95(+0.15，-0.70)g/cm^3。折射率为 1.655～1.909；双折射率为 0.254，集合体不可测。二轴晶，负光性，非均质集合体。紫外线下荧光惰性。吸收光谱不典型。放大检查可见条纹状、同心环状结构。遇盐酸起泡。

［产状和产地］　孔雀石是含铜硫化物矿床氧化带中的风化产物，系含铜硫化物氧化所产生的易溶硫酸铜与方解石（脉石矿物或碳酸盐围岩的矿物成分）相互作用而成，或者与含碳酸水溶液作用的结果。经常与蓝铜矿共生。

世界上出产孔雀石的国家较多。著名产地主要有赞比亚、澳大利亚、津巴布韦、纳米比亚、俄罗斯、刚果、美国和智利等。孔雀石还是智利的国石。中国的孔雀石主要产于广东阳春、湖北大冶、江西西北部等地。

图 6－30　切磨后的孔雀石

［鉴定特征］　以其特征的孔雀绿色，形态常呈肾状、葡萄状，其内部具放射纤维状及同心层状等为鉴定特征。

［主要用途］　量多时可作为提炼铜的矿物原料，质纯色美者可作细工石料，粉末可制作颜料，也可作为铜矿的找矿标志。

（十二）硅孔雀石（Chrysocolla）

［化学组成］　$(Cu,Al)_2H_2Si_2O_5(OH)_4 \cdot nH_2O$，可含其他杂质矿物。

［晶体结构］　单斜晶系。

［形态］　隐晶质或胶状集合体（图 6－31）。呈钟乳状、皮壳状、土状。

［物理性质］　绿色、浅蓝绿色（图 6－32），含杂质时可变成褐色、黑色。蜡状光泽，具陶瓷状外观，玻璃光泽，土状者呈土状光泽。集合体无解理。摩氏硬度 2～4，有时可达 6±。密度 2.0～2.4g/cm^3。光性非均质集合体。多色性集合体不可测。折射率 1.461～1.570，点测法 1.50 左右。双折射率集合体不可测。一般无紫外荧光。吸收光谱不典型。放大检查为隐晶质结构。未见特殊光学效应。

［产状和产地］　硅孔雀石是铜矿物的蚀变产物，产于铜矿床的氧化带，可与孔雀石、蓝铜矿、自然铜等共生。

主要产地有智利、美国、墨西哥、苏联、埃及、以色列等以及中国的新疆、福建等。

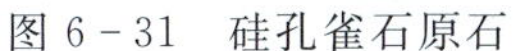
图 6-31　硅孔雀石原石

图 6-32　打磨后的硅孔雀石

[鉴定特征]　常呈葡萄状或皮壳状产出，硬度 2～4，其外观与绿松石相似，但硬度较绿松石低。

[主要用途]　主要加工成弧面型宝石。

（十三）蔷薇辉石（Rhodonite）

[化学组成]　蔷薇辉石：$(Mn,Fe,Mg,Ca)SiO_3$。石英：SiO_2。

[矿物组成]　蔷薇辉石主要矿物为蔷薇辉石、石英及脉状、点状黑色氧化锰色斑。

[晶体结构]　三斜晶系。$a_0=0.768nm$，$b_0=1.182nm$，$c_0=0.671nm$，$Z=2$。其晶体结构特点为：由两个双四面体$[Si_2O_8]$和一个单四面体$[SiO_4]$联结成无限重复的链，链中每个硅氧四面体和其他四面体共两个角顶联结（图 6-33）。

[形态]　单晶体少见，多呈厚板状，常为致密块状集合体（图 6-34）。

[物理性质]　常见浅红色、粉红色、紫红色、褐红色（图 6-35）。玻璃光泽，透明者罕见，集合体多不透明或微透明。摩氏硬度为 5.5～6.5。密度 3.50（+0.26，-0.20）g/cm^3，随石英含量增加而降低。折射率 1.733～1.747（+0.010，-0.013）。集合体点测法折射率常为 1.73，因常含石英可低至 1.54；双折射率不可测。二轴晶，光性可正可负。晶质集合体。多色性弱至中等，单晶可显示橙红或棕红的多色性，而集合体无多色性。紫外线下表现为荧光惰性。545nm 吸收宽带，503nm 吸收线。具两组完全解理，集合体通常不可见。粒状结构，可见黑色脉状或点状氧化锰。

[产状和产地]　沉积锰矿层受区域变质作用或菱锰矿受接触交代作用均可形成蔷薇辉石。在热液交代成因的锰矿床中也能生成。偶尔在伟晶岩中亦有产

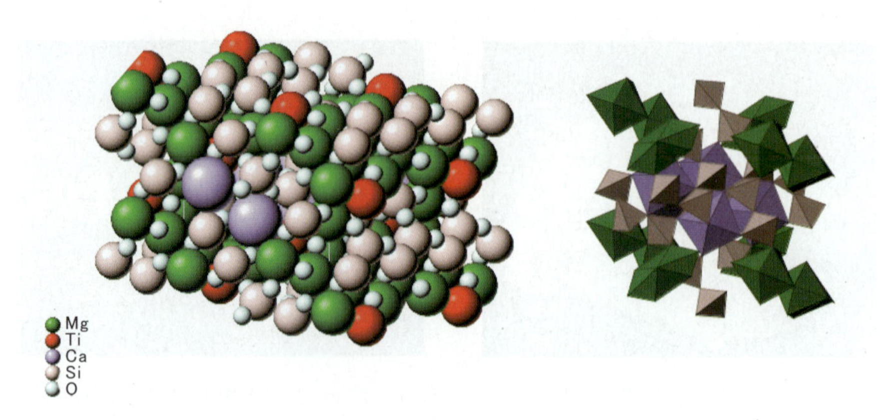

图 6-33　蔷薇辉石晶体结构

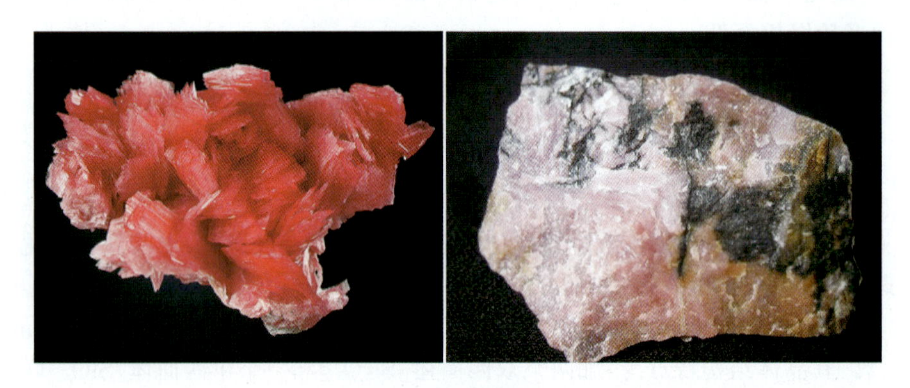

图 6-34　不同产地的蔷薇辉石集合体

图 6-35　蔷薇辉石刻面宝石和手镯

出。世界著名的产地有美国马萨诸塞州(Plainifield)、瑞典的 Langban、俄罗斯乌拉尔山脉的 Sverdlovsk、澳大利亚新南威尔士的 Broken Hill。我国北京附近昌平地区出产较优质的蔷薇辉石，常用来制作工艺品。此外陕西商县、江苏苏州、青海、四川也有产出。

[鉴定特征] 与蔷薇辉石颜色相似的玉石是菱锰矿，但蔷薇辉石上多会出现黑色的氧化锰脉或斑点，且不具有花边构造。再者蔷薇辉石硬度大、光泽强，加盐酸不起泡也可区别于菱锰矿。蔷薇辉石常用的优化处理方法是染色，放大检查可见染料沿粒隙分布。

[主要用途] 蔷薇辉石晶体少见，集合体可作挂件、串珠、雕件及观赏石。蔷薇辉石因颜色浓艳粉嫩，质地坚固致密，用于装饰品及雕刻都非常具有观赏价值。带有黑色脉纹的蔷薇辉石可以形成如山水画一般的雅石，深受玩石收藏者的青睐。

(十四)方钠石(Sodalite)

[化学组成] $Na_8[AlSiO_4]_6Cl_2$，NaO_2 25.5%，Al_2O_3 31.7%，SiO_2 37.1%，Cl 7.3%，其中 Na 可被 K 和 Ca 少量替代，一般不超过 1%。

[晶体结构] 等轴晶系。$a_0=0.887nm$，$Z=1$。方钠石的晶体结构特点为：$[Al,Si]O_4$ 四面体以角顶相互联结成笼子状的硅铝氧骨干单位。它由平行{100}的 6 个四元环和平行{111}的 8 个六元环组成。六元环确定了一套孔道，它们平行于 L^3 并相交于晶胞的角顶和中心，从而形成大的“洞穴”。洞穴中充填 Cl 离子，它被呈四面体配位的 Na 离子围绕，每个 Na 离子为 1 个 Cl 离子和 6 个 O 原子所围绕(图 6-36)。

[形态] 六四面体晶类。对称型 $3L^44L^36P$。晶体呈菱形十二面体。集合体形态为粒状、块状、结核状(图 6-37)。

[物理性质] 颜色多为蓝色(深蓝至紫蓝)，少见灰色、绿色、黄色、白色或粉红色，常含白色(也可为黄色或粉红色)条纹或色斑(图 6-38)。玻璃光泽，断口呈油脂光泽，解理面可具珍珠光泽。集合体多为半透明至微透明。具{110}方向的菱形十二面体中等解理，集合体不易见。摩氏硬度为 5～6。密度 2.25(+0.15，-0.10)g/cm^3。折射率 1.483(±0.004)。光性为均质集合体。无多色性。长波紫外光下为无至弱的橙红色斑块状荧光。加拿大安大略产方钠石，短波紫外线具有明亮的浅粉红色荧光，长波紫外线下可见明亮的黄至橙色荧光。白色的方钠石长时间暴露于短波紫外线下可变成“莓红色”，但在日光下又能很快褪色。无特征吸收光谱。放大检查常见白色脉。遇盐酸侵蚀。特殊光学效应可见变色效应。

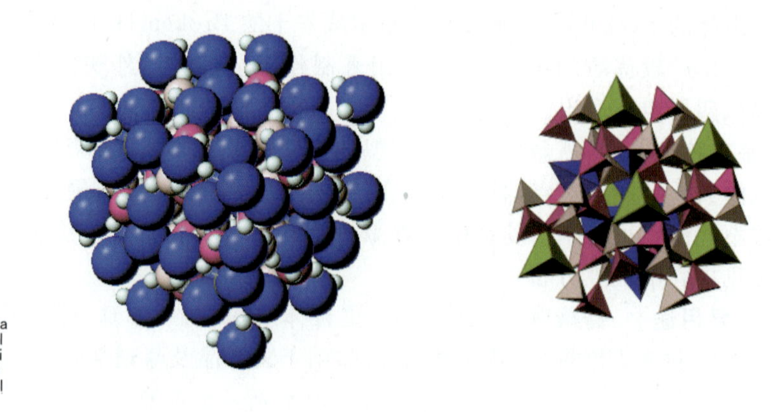

图 6-36　方钠石晶体结构

图 6-37　方钠石晶体和块状集合体

图 6-38　方钠石戒面和摆件

[产状和产地]　方钠石一般产于富钠贫硅的碱性岩中，如霞石正长岩、粗面岩和响岩等火成岩或与碱性火成岩接触的变质钙质岩石中，常与霞石、白榴石、长石、锆石等矿物共生。

全球产地较多，主要有美国、加拿大、格陵兰等地。在西南非洲发现了一种鲜蓝色几乎透明的方钠石。

[鉴定特征]　方钠石常含白色脉，也可含少量黄铁矿，外观与青金石极为相似。方钠石在滤色镜下呈红褐色，受热可融化成玻璃，遇盐酸可分解。

[主要用途]　颜色鲜艳，质地细腻者可作为宝石。

（十五）天然玻璃（Natural glass）

[化学组成]　主要为 SiO_2，可含多种杂质成分。

[晶体结构]　非晶质体。

[形态]　无固定形态。见图 6－39。

图 6－39　天然玻璃

[物理性质]　玻璃陨石：中至深的黄色、灰绿色；火山玻璃：黑色（常带白色斑纹），褐色至褐黄色、橙色、红色，绿色、蓝色、紫红色少见，黑曜岩常具白色斑块，有时呈菊花状。玻璃光泽。无解理，具贝壳状断口。摩氏硬度 5～6。玻璃陨石密度 2.36（±0.04）g/cm^3，火山玻璃密度 2.40（±0.10）g/cm^3。光性均质体，常见异常消光。无多色性。折射率 1.490（＋0.020，－0.010）。无双折射率。通常无紫外荧光。吸收光谱不特征。放大检查可见圆形和拉长气泡，流动构造，黑曜岩中常见晶体包体，似针状包体。特殊光学效应可见猫眼效应（稀少）。

[品种]

1. 玻璃陨石(Tektites)

玻璃陨石是陨石成因的天然玻璃。玻璃陨石又有很多名称,如产于捷克的“莫尔道玻璃”和产于中国海南的“雷公墨”等。玻璃陨石被认为是石英质陨石在坠入大气层燃烧后快速冷却形成的;另有一种观点认为,地外物体撞击地球,使地表岩石熔融冷却后形成。玻璃陨石的颜色通常是透明的绿色、绿棕色或者棕色。其原石表面常常具有非常特征的高温溶蚀结构,玻璃陨石的内部还常见圆形或拉长状气泡及塑性流变构造等。

2. 火山玻璃(Volcanic glass)(黑曜岩,玄武玻璃)

黑曜岩(图 6-40)是酸性火山熔岩快速冷凝的产物。黑曜岩的主要化学成分为 SiO_2,其质量分数在 60%~75%之间,此外还含有 Al_2O_3、FeO、Fe_3O_4 及 Na_2O、K_2O 等。几乎全部由玻璃质组成,通常会有少量石英、长石等矿物的斑晶、微晶、骸晶。在偏光镜下,黑曜岩表现为光性均质体,但又略显明暗变化,这主要是由于基质中的微晶造成的,微晶可有球状、棒状等形态。

图 6-40　黑曜石手链

黑曜岩可呈黑色、褐色、灰色、黄色、绿褐色、红色等。颜色可以不均匀,常带有白色或其他杂色的斑块和条带,被称为“雪花黑曜岩”(图 6-41),这是一种含斜长石聚斑状黑曜岩,主要为隐晶及玻璃质,斑晶由白色斜长石、少量钾长石组成。在黑色基底上分布有一朵朵如雪花般的白色斑块,因此而得名。

玄武岩玻璃是玄武岩浆喷发后快速冷凝而成的。与黑曜岩类似,也是一种以天然玻璃为主的火山岩,通常玄武岩玻璃多为碱性玄武岩的喷发物。

玄武岩玻璃多为带绿色色调的黄褐色、蓝绿色。在成分上与黑曜岩有所区别,SiO_2 的质量分数在 40%~50%之间,而 MgO、FeO 和 Fe_3O_4、Na_2O、K_2O 等

图 6-41　雪花黑曜岩

的质量分数要比黑曜岩高一些。玄武岩玻璃的密度为 2.70～3.00g/cm³，折射率在 1.58～1.65 之间变化。玄武岩玻璃中还常含有长石、辉石等矿物的微晶。

［产状和产地］ 黑曜岩在地球上分布广泛。宝石级黑曜岩的主要产地为北美，如著名的美国黄石国家公园及科罗拉多州、内华达州、加利福尼亚州等地。此外，中国、意大利、墨西哥、新西兰、冰岛、希腊等国也有宝石级黑曜岩产出。

玄武岩玻璃的著名产地是澳大利亚的昆士兰州。

玻璃陨石著名产地有捷克的波西米亚、利比亚、美国德克萨斯、澳大利亚西部及东南地区，以及我国的海南岛等地。

［鉴定特征］ 天然玻璃容易与人造玻璃相混，但从以下几点可将天然玻璃与人造玻璃区分开来：人造玻璃的折射率变化范围很大，为 1.4～1.7，而天然玻璃的折射率是相对固定的。人造玻璃的密度随添加剂的变化而变化，天然玻璃的密度相对固定。另外在放大检查中可以发现天然玻璃中有"雏晶"包体存在。

［主要用途］ 净度、花纹、颜色较好的可作为低档宝石材料。

（十六）鸡血石（Chicken－blood stone）

［化学组成］ 迪开石、高岭石、珍珠陶土的化学式同为 $Al_4(Si_4O_{10})(OH)_8$，辰砂的化学式为 HgS。

［矿物组成］ 鸡血石主要由迪开石（质量分数常为 85%～95%）、辰砂（质量分数常为 5%～15%）组成，并含高岭石、珍珠陶土、硬水铝石、明矾石、黄铁矿和石英（质量分数常为 1%～5%）等其他矿物。鸡血石的"地"主要由迪开石或高岭石与迪开石的过渡矿物组成；而"血"主要由辰砂组成，其中微粒状辰砂（5%～

50%)被迪开石或高岭石所包裹,辰砂呈浸染状分布。

鸡血石的矿物成分与其质地有一定关系。当鸡血石由迪开石和辰砂这两种极细粒状矿物组成时,其质地细润,呈半透明状,犹如胶冻,有“冻地鸡血石”之称;当它含有较多的明矾石(H_M=3.5~4)时,其透明度降低以至不透明,光泽减弱以至无光泽,硬度增大,同时脆性也增大;当它含有较多的石英(H_M=7)、黄铁矿(H_M=6~6.5)或次生石英岩化晶屑、玻屑凝灰岩残留物时,由于这些杂质的硬度高于迪开石的硬度,因而有碍于鸡血石的美观和不利于雕刻,工艺上称之为“砂钉”。

[结构] 鸡血石主要呈显微隐晶质结构、显微粒状结构、显微鳞片状结构和纤维鳞片状结构。在扫描电镜下观察,迪开石呈假六方板状或他形粒状,结晶颗粒细小(0.005~0.2mm),结构致密,为鳞片状集合体;而辰砂呈微细粒状、他形粒状或鳞片状,结晶颗粒细小(0.005~0.1mm),常聚集成斑块状、条带状等,分布于迪开石或高岭石与迪开石的过渡矿物中。

[形态] 因鸡血石主要呈极致密块状构造,个别为变余角砾状构造,故血呈细脉状、条带状、片状、团块状、斑点状和云雾状散布于地上。

血按其分布形态可划分为点状、线状和团块状。所谓点状,即辰砂微粒呈星点状、浸染状或云雾状。线状是指辰砂微粒沿鸡血石的裂隙分布,当垂直裂隙面切割时,呈脉状,沿裂隙面切割则呈面状,血很薄。而团块状则是指辰砂微粒呈团块状分布于鸡血石的地中或辰砂与地融为一体,血深厚(图 6-42)。

图 6-42 鸡血石原石

[物理性质] 由“血”和“地”两个部分组成。“血”呈鲜红、朱红、暗红等红色,由辰砂的颜色、含量、粒度及分布状态决定。氧化后会变黑。“地”常呈白色、

灰白、灰黄白、灰黄、褐黄等色。土状光泽，蜡状光泽至玻璃光泽（图6-43）。鸡血石上的红色按形态可分为片红、条红、斑红、点点、团红等数种。

图 6-43　鸡血石印章

鸡血石无解理。具有极致密的结构，因而韧性极好，具有滑感，并具抗水解性。但韧性也有性绵（裂纹或隐裂较少）和性脆（裂纹或隐裂较多）之分。绵性鸡血石硬而不脆，多为水坑鸡血石或靠近地表的鸡血石，石性柔和，特别受刀或奏刀，雕刻时，石屑呈刨花状，有“黏性”；而脆性鸡血石多为旱坑鸡血石或地下深处的鸡血石，石性脆裂，有时在雕琢快完工之际碎裂，雕刻时，石屑呈渣状或粉状。

鸡血石系由多种不同硬度的矿物组成的集合体，但以迪开石为主，因而鸡血石的硬度可用迪开石的硬度来代替。其摩氏硬度为2～3，而昌化鸡血石的摩氏硬度略高于巴林鸡血石的硬度。

密度2.53～2.74g/cm^3。高岭石的密度为2.60～2.63g/cm^3，迪开石的密度为2.62g/cm^3，珍珠陶土的密度为2.5g/cm^3，辰砂的密度为8.0～8.2g/cm^3。含血较少的鸡血石的密度为2.53～2.68g/cm^3，不同产地不同品种鸡血石的密度因血所占的比例大小不同而变化较大。

光性非均质集合体。集合体多色性不可测。“地”的折射率为1.53～1.59（点测法）。“血”的折射率大于1.81。集合体双折射率不可测。无紫外荧光。吸收光谱不典型。放大检查可见“血”呈微细粒或细粒状，成片或零星分布于“地”中。

[产状和产地]　鸡血石是中国的特产玉石品种。我国的鸡血石主要产地是浙江省临安市昌化区玉岩山至康石岭一带和内蒙古自治区巴林右旗查干沐沦苏木境内的雅玛吐山北侧，后者矿区总面积只有6km^2，共有5个采区，每个采区出产的巴林石有很大的差别。据报道近几年中国湖北、陕西、四川、云南、贵州以及美国等地也发现鸡血石，但质量欠佳。

昌化鸡血石产于上侏罗统劳村组流纹质晶屑玻屑凝灰岩中，而巴林鸡血石产于上侏罗统玛尼吐组紫色流纹岩中。昌化鸡血石和巴林鸡血石均产于中生代交代蚀变酸性火山岩的次级断裂小构造中，当沿次级断裂小构造上升的含汞（Hg）的火山热液与流纹岩或流纹质凝灰岩等围岩相互作用时，围岩发生脱硅作用即次生石英岩化，使其中的碱金属或碱土金属淋滤掉，而剩余的铝硅酸盐矿物则转变为迪开石、高岭石或珍珠陶土等。由于热液迪开石或高岭石形成于受限制的空间环境中，因而其结构极为致密，密度较大（2.2～2.5g/cm^3），并具有抗水解性。当其中含汞量大于0.5%时，即有微粒状辰砂析出，从而形成质地致密、细腻如玉、点缀以形态各异的鸡血红色的鸡血石。

巴林鸡血石产于内蒙古巴林右旗，其地子细润，透明度好，硬度较高，以冻地为主，不含“砂钉”，有“北地”之称，其血状大多呈猪血并带有血丝和黄肉，以灵性多变著称。

[鉴定特征] 以无解理，致密块状结构，土状光泽、蜡状光泽，鲜红、朱红、暗红色为鉴定特征。

[主要用途] 是中国四大印章石之一，为名贵品种。

（十七）寿山石（Lardite）

[化学组成] 寿山石主要化学成分有 SiO_2、Al_2O_3、FeO、Fe_2O_3、TiO_2，还有少量 CaO、MgO、K_2O、Na_2O，以及一些微量元素如 Mo、Zn、Cu、Cr、Ni、Co、V、Sn、Pb、Sc 等。其中铁的含量多少对其颜色的深浅起决定性作用。

叶蜡石的化学式为 $Al(Si_4O_{16})(OH)_2$，迪开石、高岭石、珍珠陶土的化学式为 $Al_4(S_4O_{10})(OH)_8$，伊利石的化学式为 $Al_2(Si_4O_{16})(OH)_2$。

[矿物组成] 寿山石的主要矿物为迪开石、叶蜡石、高岭石、伊利石、珍珠陶土，次要矿物有石英、黄铁矿、硬水铝石、红柱石、绿帘石、绢云母等。寿山石的矿物组成多样化，所以在印石中寿山石的品种最为繁多。

[结构] 寿山石主要呈隐晶质结构、细粒结构、显微鳞片变晶结构，其次为变余凝灰结构、变余角砾结构。

[形态] 寿山石主要呈致密块状构造，其次为角砾状构造、流纹构造（图6-44）。另外田坑石和某些水坑、山坑石还具有特殊的条纹、网纹构造，俗称“萝卜纹”（图6-45）。所谓“萝卜纹”，是指存在于寿山石内部而非表面，有的纹理清晰明显，有的纹理较细，若隐若现。“萝卜纹”是田坑石主要的鉴别特征之一，其颜色有深浅之差，条纹有粗细之别，分布有无序与有序之异。值得注意的是，有些田黄并不具有“萝卜纹”特征，而许多有“萝卜纹”的黄色寿山石并不一定就是田黄。

图 6-44　寿山石原石

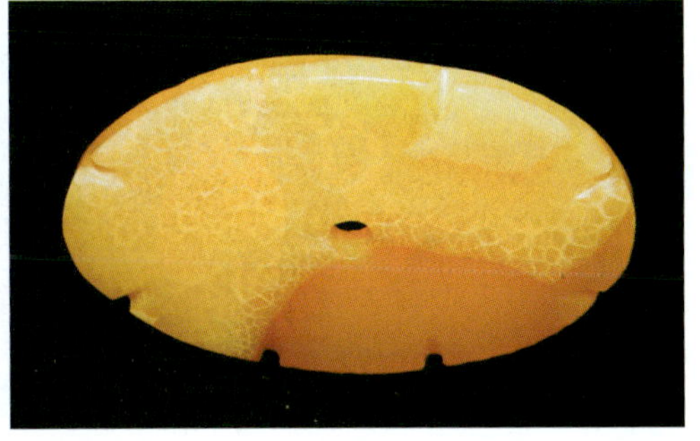

图 6-45　“萝卜纹”

[**物理性质**]　寿山石通常呈白色、乳白色、黄白色、米白色、灰白色、红色、粉红色、大红色、紫红色、深红色、褐红色、黄色、淡黄色、金黄色、深黄色、褐黄色、灰黄色、绿色、浅绿色、苹果绿色、豆绿色、艾绿色、黄绿色、黄褐色、深褐色、暗褐色、棕色、赭色、黑色、灰色、蓝灰色、紫色和无色等(图 6-46)。寿山石色彩丰富，寿山石的颜色主要决定于其矿物组成和色素离子(如铁离子等)，一些次生成因的寿山石颜色还受有机质影响，如乌鸦皮田黄的表皮就是受有机质浸染而呈灰黑色。其中产于中坂田中的各种黄、红、白、黑色田坑石称为“田黄”(图6-47)。

图 6-46　各种颜色的寿山石

由于寿山石的硬度较小、折射率较低，因而光泽较弱，原料呈土状光泽，抛光面一般呈蜡状光泽，部分透明度好者呈蜡状光泽或油脂光泽；若含有一定量的微晶质石英时，其抛光面呈玻璃光泽。

不透明至亚透明，多呈不透明至微透明，个别“晶地”寿山石近于透明，如水

图 6-47　乾隆的田黄三连章和田黄素面方章

晶冻石和鱼脑冻石等;“冻地”寿山石多呈半透明状,迪开石类寿山石透明度较好,如田坑石类、高山石类寿山石;叶蜡石类寿山石往往透明度相对较差,多为不透明;少量“结晶性”类为半透明(图 6-48)。

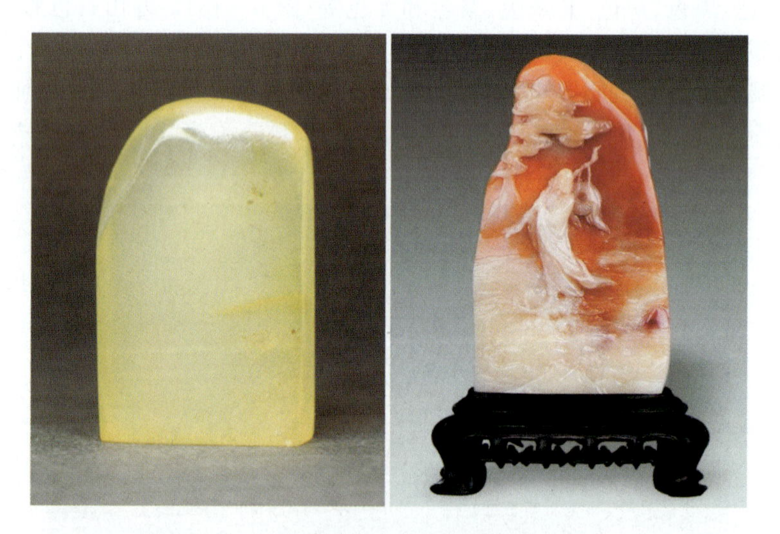

图 6-48　近于透明的水晶冻和不透明的芙蓉石

无解理,具贝壳状断口。摩氏硬度 2～3。密度 2.5～2.7g/cm^3。光性非均质集合体。集合体多色性不可测。折射率 1.56(点测法)。集合体双折射率不可测。通常无紫外荧光。吸收光谱不典型。放大检查可见致密块状构造,隐晶质至细粒状呈显微鳞片状结构,其中田黄或某些水坑石常具特殊的“萝卜纹”状条纹构造。

［**分类和品种**］　根据寿山石的产状、矿物成分，结合历史习惯将寿山石分类如下：

按产状和历史习惯寿山石可分为田坑石、水坑石和山坑石。

按其矿物组成寿山石可分为迪开石类寿山石、叶蜡石类寿山石、伊利石类寿山石三大类。其中田坑石、水坑石为迪开石类寿山石；山坑石则三种类型均有。

按成因寿山石又可分为原生和次生两种类型。其中田坑石为次生型；而水坑石、山坑石则原生和次生两种类型均有。

1. 田坑石(田黄)

田黄的矿物成分主要为迪开石，可含少量的高岭石、伊利石或珍珠陶土，个别田黄的主要矿物成分为珍珠陶土，含少量迪开石、高岭石、伊利石等矿物。田黄具有一定的磨圆度并常有石皮、红格、“萝卜纹”等标志。田黄现在主要产于寿山村坑头溪源头至结门潭约8km沿溪两岸水田及河流底部的沙砾层中。

2. 水坑石

水坑石的矿物成分主要为迪开石，个别水坑石的矿物成分以珍珠陶土为主。因矿脉所处位置水源丰富，或浸入溪涧之中，或呈独立块状散落在坑头溪涧及周边砂土层中，故名水坑石，其下游的田黄多来源于此。水坑石按其成因产状可分为掘性水坑石和洞采水坑石两类。

3. 山坑石

山坑石是指寿山、月洋等方圆一百多平方千米的各矿区，除田坑石、水坑石外所产出的寿山石。按成因产状亦可分为次生矿型和原生矿型两种，其中，掘性山坑石为次生矿型，洞采山坑石为原生矿型。

［**产状和产地**］　寿山石主要产于福建省福州市北郊的寿山、日溪、宦溪乡镇的山村之间，方圆一百多平方千米，位于寿山-峨嵋火山喷发盆地之中。盆地基底地层为流纹质凝灰熔岩，下段以沉积火山碎屑岩为主，包括晶屑凝灰岩、粉砂岩、角砾熔结凝灰岩，上段为凝灰熔岩、熔结凝灰岩等。

寿山石的原生矿是内生成矿作用形成的，由于成矿方式不同，具体可分为热液交代型、热液充填型及热液交代-充填型。

热液交代型：主要分布在加良山、老岭、猴柴碑、柳坪、旗山、山秀园等地，矿体多呈层状，其次为不规则脉状、团块状、透镜状，矿物组成以叶蜡石为主，次为硬水铝石、石英、绢云母、高岭石、迪开石。矿石中常见交代残余结构。大多数为中低档寿山石，中高档寿山石占5％～10％。

热液充填型：主要分布在高山、都成坑，其余矿点为零星产出，矿体呈脉状产出，矿物组成以迪开石为主，质地细腻、色泽艳丽、透明度好，为典型的寿山石特征，是中高档寿山石雕刻原料的来源。

热液交代-充填型：主要分布在善伯洞、月尾、大山、旗降、二号矿、房栊岩等，成矿方式复杂，主要为热液交代-充填型，矿体以脉状、透镜状产出，矿物组成多以迪开石、高岭石矿物为主，部分为叶蜡石、伊利石。

寿山石中的次生矿是外生成矿作用形成的，地下寿山石矿脉在地壳运动下暴露地表，经剥蚀、搬运、埋藏，再经物理、化学风化形成。这种外生作用形成的次生矿型寿山石有掘性山坑石、掘性水坑石和田坑石 3 种。

[鉴定特征] 以隐晶质结构、细粒结构，土状光泽，低硬度，低折射率为鉴定特征。

[主要用途] 中国四大印章石之首，其中田黄更是极为名贵。

（十八）青田石（Qingtian stone）

[化学组成] 青田石的主要化学成分为 Al_2O_3、SiO_2，含有少量 K、Mn、Ti、Fe^{2+} 和 Fe^{3+} 等元素，为多种矿物集合体，其中叶蜡石的化学式为 $Al_2(Si_4O_{10})(OH)_8$，迪开石、高岭石的化学式为 $Al_4(Si_4O_{10})(OH)_2$，伊利石的化学式为 $Al_2(Si_4O_{16})(OH)_2$，绢云母的化学式为 $KAl_3(AlSi_3O_{10})(OH)_2$。

[矿物组成] 青田石的主要矿物成分为叶蜡石、迪开石、高岭石、伊利石和绢云母等，次要矿物有石英、高岭石、蒙脱石、红柱石、矽线石、刚玉等。

[结构] 青田石的特征具显微鳞片变晶结构、团粒结构、放射球粒状结构、不规则的放射纤维状结构。在扫描电镜下观察，迪开石呈假六方板状或他形粒状，结晶颗粒细小，结构致密，为鳞片状集合体；红柱石、刚玉、磷灰石、石英等矿物呈颗粒状分布于叶蜡石或迪开石基质中。

[形态] 青田石主要呈块状、条纹状、条带状、球状等构造（图 6－49）。

[物理性质] 青田石的主要颜色有青白、浅绿、浅黄、黄绿、淡黄、紫蓝、深蓝、灰紫、粉红、灰白、灰、白等颜色。青田石的颜色与其中所含的微量元素和色素矿物有关，如氧化铁、黄铁矿呈黄、棕黄色，赤铁矿呈红、红褐色，钛元素呈淡红色，锰元素呈紫色，有机碳质呈褐色、深黑色，绿泥石呈绿色等。青田石中花纹是在矿床侵蚀过程中受外力的挤压、聚集、沉淀、浸入，而使各种色素矿物质相互浸染、压固、胶结等形成的。次要矿物对青田石颜色的影响也较大，如含有刚玉则呈深蓝色或浅蓝色，含红柱石呈粉色或肉红色，含蓝线石呈淡蓝色或紫罗兰等颜色（图 6－50）。

玻璃光泽，块状呈油脂光泽。无解理。摩氏硬度为 1～1.5，硬度较低。青

图 6-49　青田石原石

图 6-50　不同品种的青田石

田石的硬度受矿物成分变化的影响，一般氧化铝含量越高越软，反之氧化硅、氧化铁含量越高质地越硬。纯叶蜡石型的青田石，石质细腻，硬度适中，颜色以淡青、浅黄色为主，属高档雕刻石；高硅质叶蜡石型，石质较粗，硬度较大。

青田石的密度为 2.65～2.9g/cm^3，密度因内部含有的细小矿物颗粒种类的不同、含量的多少而变化。

光性非均质集合体。集合体多色性不可测。折射率 1.53～1.60。集合体双折射率不可测。无紫外荧光。吸收光谱不典型。放大检查可见致密块状，可含有蓝色、白色等斑点。无特殊光学效应。

［分类和品种］

1. 分类

根据主要矿物成分可将青田石分为叶蜡石型和非叶蜡石型两类，其中叶蜡石型青田石占大多数。

根据色泽、矿物共生组合、矿石结构构造等可将青田石分为单色青田石、杂色青田石、刚玉质或蓝线石质青田石、红柱石质青田石。

按色泽、透明度、质地等可将青田石分为普通青田石、青田冻石。

2. 品种

1）封门青

因产于青田县封门山而得名。质地细腻、透明度高，而且像竹叶一样翠绿，明润如淡色碧玉，肌理常隐现有白色、浅黄色线纹。

2）灯光冻

又名“灯明石”，颜色微黄，纯净，在灯光照射下半透明至透明，质地细密似牛角，产于青田县的图书山。

3）封门三彩

以黑色为主色调，上有酱油冻，两色间往往有一封门青薄层。有时也有黑、青、黄、棕、蓝多色或仅有两种颜色。色彩鲜明，质地细润，是选作俏色印章和精雕的名贵石料。

4）黄金耀

黄色艳丽妩媚，质地纯净细洁，温润脆软，为最好的黄色青田石。

5）龙蛋

俗称卵岩，小如蛋，大似瓜，外有深棕色薄壳，壳中的黄、青色块料，质地细腻洁润，非常奇特珍贵。

6）蓝星

又名蓝星青田，在青色、黄色石料上有蓝色星点状矿物，其外观和蓝花钉青田石非常相近，蓝色矿物为蓝线石，质地较软。

除以上几种外，青田石的品种还有五彩冻、紫檀花冻、白果、金玉冻、山炮绿、冰花冻、葡萄冻和红木冻等。

[产状和产地]　青田石主要产于浙江省青田县南郊。有广义和狭义青田石之分：狭义的青田石指产地在青田县南郊约十几千米的方山、山口一带，主要矿点有山口、方山、塘古、山炮、白岩、岭头、季山、周村、封门山（又名风门山）、下堡等地，所产图章石统称“青田石”。广义的青田石指分布于浙江全省、与青田石雕所用叶蜡石材料类似的其他玉石材料。

青田石主要赋存于晚侏罗世及白垩纪中酸性火山岩中。其矿体呈似层状、透镜体状、脉状及其他不规则形状，长几十米至一百米以上，宽几米、十几米至几十米。矿石具有各种各样的变余交代结构。围岩蚀变有次生石英岩化、叶蜡石化、高岭土化、绢云母化等，矿床在成因上属于火山热液交代型青田石矿床。青田石矿点，以山口一方山一带的山口叶蜡石矿区最大。该矿区位于浙江省东部沿海中生代火山喷发带中部北山-山口火山洼地中，山口-油竹南北向断裂带通向矿区，呈北东-南西向展部，全长6km，自北向南，分布有尧士、旦洪、封门、白蚌、老鼠坪5个矿段。除青田县以外，目前已知的浙江省其他产地有40多处，如苍南、泰顺、云和、常山、林安、萧山、上虞、嵊州、天台等县的火山岩分布区都有产出。其含矿岩层主要赋存于侏罗纪、白垩纪火山岩系中，其次是寒武纪火山岩中。

[鉴定特征]　以玻璃光泽，块状呈油脂光泽，无解理，硬度较低为鉴定特征。

[主要用途]　青田石的韧度较高，适于雕刻。

（十九）苏纪石（Sugilite）

[化学组成]　矿物名硅铁锂钠石（sugilite），化学分子式 $KNa_2Li_2Fe_2^{3+}Al[Si_{12}O_{30}] \cdot H_2O$。

[晶体结构]　六方晶系。$a_0=1.001nm$，$c_0=1.400nm$，$Z=2$。晶体结构见图6-51。

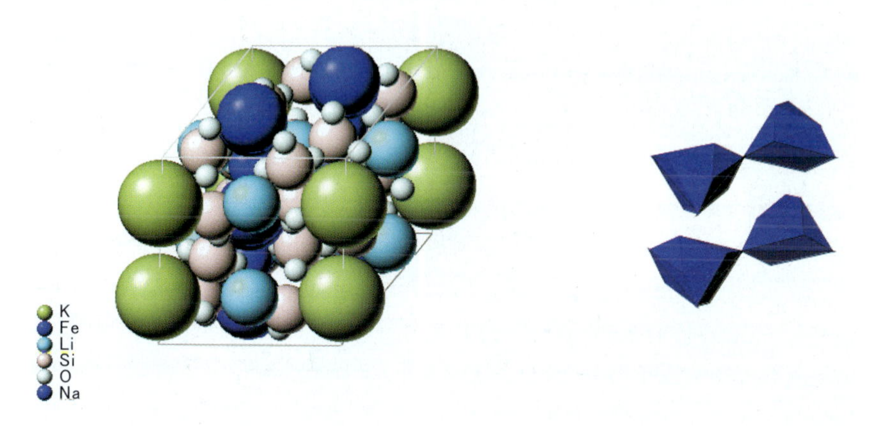

图6-51　苏纪石晶体结构

[形态]　晶体可呈六方柱状，罕见，常为半自形粒状集合体（图6-52）。

[物理性质]　颜色常见红紫色、蓝紫色，少见粉红色（图6-53）。蜡状光泽至玻璃光泽，半透明一不透明。无解理。不平坦状断口。摩氏硬度5.5～6.5。密度2.74（+0.05）g/cm³。折射率为1.607～1.610（+0.001，-0.002），点测折射率通常为1.61，但有时由于其内部的石英杂质会测到1.54的低值；双折射率为0.003。一轴晶，负光性。荧光无至中等，短波下蓝色。吸收光谱在550nm

处有强吸收带，411nm、419nm、437nm 和 445nm 有吸收线。这个吸收光谱是锰和铁共同作用的结果。放大检查可见粒状结构。

图 6-52 苏纪石晶体和集合体

图 6-53 苏纪石宝石

[**产状和产地**] 产于霓石正长岩的小岩株中，与钠长石、霓石、针钠钙石、榍石、褐帘石等共生。早在 1944 年日本就发现了苏纪石，但直至 1979 年，由于部分韦塞尔锰矿的崩塌南非才发现达到宝石级的苏纪石。

[**鉴定特征**] 放大检查深紫色体色是主要鉴定特征。

[**主要用途**] 可用于切磨弧面宝石、珠子和雕件。

(二十)异极矿(Hemimorphite)

［化学组成］ $Zn_4(H_2O)[Si_2O_7](OH)_2$,ZnO 67.49%,$SiO_2$ 25.01%,H_2O 7.50%。通常还含有 Pb、Fe、Ca 等。当温度升高到 500°C 时失去结晶水,温度更高时,化合水才失去,并导致晶体结构受到破坏。

［晶体结构］ 斜方晶系。$a_0=0.837$nm,$b_0=1.072$nm,$c_0=0.512$nm,$Z=2$。异极矿晶体结构特点为:结构由 Zn－O 四面体和 Si－O 四面体彼此以角顶相联组成三度空间骨架。四面体的 3 个角顶相连成六环,这种环相互联结在(010)面内形成无限延伸的网层(图 6－54)。

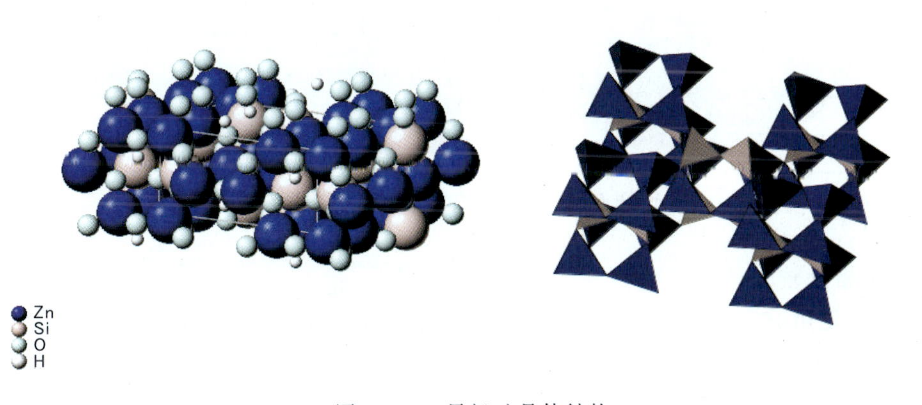

图 6－54　异极矿晶体结构

［形态］ 斜方单锥晶类。晶体为板状,集合体为肾状、皮壳状、放射状、钟乳纤维状、球状等(图 6－55)。

［物理性质］ 通常无色或淡蓝色,也可呈白、灰、浅绿、浅黄、褐、棕等色。透明或半透明。玻璃光泽,(001)面上有时显珍珠光泽或金刚光泽。由于结构中水分子排列在{110}面网上,所以它具有该方向的完全解理;平行(101)解理不完全,{001}解理更差,一般不易察觉。贝壳状断口。摩氏硬度 5。密度 3.40～3.50g/cm³。折射率 1.614～1.636。双折射率 0.022,集合体不可测。二轴晶,正光性。无色散。无发光性。具强热电性,遇酸能形成胶状体。

［产状和产地］ 异极矿产于铅锌硫化物矿床的氧化带,一般是闪锌矿氧化的产物,与菱锌矿、白铅矿、褐铁矿等共生。主要产地有中国云南和美国、墨西哥、刚果,德国、奥地利等。

［鉴定特征］ 异极矿以特征的颜色和结构为其主要鉴定依据。与葡萄石的

图 6-55　异极矿晶体和集合体

区别是密度较大。

[主要用途]　用于提炼锌以及制造锌粉和氧化锌、氯化锌、碳酸锌、硫酸锌等。可作宝石原料。

第七章 天然有机宝石

(一)天然珍珠(Natural Pearl)

[化学组成] 无机成分为$CaCO_3$,有机成分的主体是壳角蛋白(也称角质蛋白或固蛋白)和各种色素等。海水天然珍珠含较多的Sr、S、Na、Mg等微量元素,Mn等微量元素相对较少;而淡水天然珍珠中Mn等微量元素相对富集,Sr、S、Na、Mg等相对较少。

[晶系和结构] 无机成分:斜方晶系(文石),三方晶系(方解石),放射状集合体。珍珠具同心环状结构。

[形态] 常见圆珠型,少见随型。

[物理性质] 常见无色至浅黄色、粉红色、浅绿色、浅蓝色、黑色等。珍珠光泽。集合体无解理。摩氏硬度2.5~4.5。海水珍珠密度2.61~2.85 g/cm^3。淡水珍珠密度2.66~2.78 g/cm^3,很少超过2.74 g/cm^3。折射率1.530~1.685。双折射率集合体不可测。非均质集合体。多色性集合体不可测。黑色珍珠长波紫外荧光弱至中等,红色、橙红色;其他颜色珍珠无至强,浅蓝色、黄色、绿色、粉红色等。吸收光谱不特征。放大检查可见同心放射层状结构,表面生长纹理。

[分类] 珍珠可按形成原因、生成环境、产地、颜色、形态、大小和母贝种类等特征进行分类。

1. 根据成因可分为天然珍珠和人工养殖珍珠两大类

天然珍珠:是在自然环境下野生的贝类形成的珍珠。天然珍珠可形成于海水、湖水、河流等适合生长的各类环境中。这类珍珠十分稀少,价格昂贵。

人工养殖珍珠:是在自然环境中,人工培养的珠蚌中,人为的插入珠核或异物,经过培养逐渐形成的珍珠。在目前的珍珠市场上,大部分都是人工养殖的珍珠。人工养殖珍珠按珠核和异物的特征又可进一步分为有核养珠、无核养珠、再生珍珠、附壳珍珠几种类型。

2. 按生成环境可分为海水珍珠和淡水珍珠两大类

海水珍珠：是指海洋中的贝类产出的珍珠，按其成因可进一步分为天然海水珍珠和人工养殖海水珍珠两大类。海水珍珠质量一般比淡水珍珠高。

淡水珍珠：是指淡水蚌类产出的珍珠，一般产自湖泊、江河和溪流中。目前中国大陆是淡水珍珠的主要产地，占国际淡水珍珠的85%，其次是日本和美国等地。

3. 按产地分类

按产地可分为：东珠、南洋珠、日本珠、大溪地珠、琵琶珠、南珠或合浦珍珠、北珠、太湖珠、西珠九大类。其中东珠在清代的大肆采集之下，目前已绝迹。目前市场上常见的有大溪地黑珍珠、南洋的白珠和金珠、日本海水珍珠、中国海水珍珠和中国淡水珍珠。

黑珍珠：目前主要产地位于南太平洋的法属波利尼西亚群岛（其中最著名的岛屿为大溪地），珍珠母贝是一种会分泌黑色珍珠质的黑碟贝。这些地区的黑碟贝个体较大，因而养出的珍珠颗粒大。该地区水温高，贝生长速度快，分泌的珍珠质多，养殖2～3年，珠层厚达2～3mm，光泽强，并带有美丽的彩虹伴色（图7-1）。

图7-1　黑珍珠和白珍珠

南洋白珠：南洋白珠是珍珠中的极品。它圆润、硕大，以令人眩目的银白色光泽使其成为世界上最受欢迎和最有价值的珍珠。南洋白珠只产于澳大利亚、印度尼西亚、菲律宾等小部分地区。该地区人烟稀少，海水清澈，水温适宜，十分有利于出产最高品质珍珠的白碟贝生活。和黑珍珠一样，它的银白色光泽是天然的，无需任何人工处理。南洋珠产量少，极其珍贵（图 7－1）。

南洋金珠：南洋金珠产于菲律宾、印度尼西亚等地。珍珠母贝是金碟贝。南洋金珠直径为 9～16mm，多为介于黄、白色之间的香槟色，少量金黄色，弥足珍贵（图 7－2）。

图 7－2　金珍珠和日本海水珍珠

日本海水珍珠：日本海水珍珠产自于日本南部沿海港湾地区。珍珠母贝名为阿科雅（故又称 Akoya 珍珠）。日本海水珍珠颗颗精圆，光泽强烈，颜色多为粉红色，银白色，一般直径为 7～9mm（图 7－2）。

中国海水珍珠：中国海水珍珠产自于广西、广东、海南三省沿海港湾。珍珠母贝为马氏贝。中国海水珍珠又称南珠，晶莹圆润，品质较佳，历史上久负盛名。其直径一般为 5～7mm，且价格适中（图 7－3）。

中国淡水珍珠：中国淡水珍珠养殖基本集中在长江中下游两岸的浙江、江苏、安徽、湖北、湖南、江西等地（图 7－3）。

图 7－3　中国海水珍珠和淡水珍珠

4. 按珠母贝分类可分为九大类

马氏贝珍珠：海水养殖珍珠的珠母贝 90％是马氏贝。这种珍珠是市场最常见的海水养殖珍珠。

白蝶贝珍珠：是海水养殖珍珠另一种珠贝类型。

企鹅贝珍珠：属于海水珍珠，颗粒较大，质量较好，但产量较低。

三角帆蚌珍珠：淡水养殖珍珠的主要品种，占市场的 95％以上。

褶纹寇蚌珍珠：类似于三角帆蚌珍珠。由于其生长速度较快，珠质多皱纹，质量较差，产量也较低。

黑蝶贝珍珠：90％以上产自大溪地（Tahiti），颜色有黑色、灰色、蓝色、绿色及棕色等。

海螺珍珠：产于加勒比海的粉红色大海螺体内，珠子通常为粉红色，中间也有白色或咖啡色，它们具有独特的火焰状表面痕迹，质优的形状通常是椭圆形，两侧对称，阿拉伯人及欧洲人对此情有独钟（图 7－4）。

图 7－4　海螺珍珠

鲍鱼珍珠：鲍鱼体内长成的珍珠，颜色艳丽，和澳宝的色彩一样，有绿、蓝、粉红、黄等色的组合，其形态不一，质量极高的鲍鱼珍珠价值很高，产地主要在新西兰、美国加里福尼亚、墨西哥、日本及韩国。

澳氏文拿珠：产在鹦鹉螺体内，属软体动物门中的头足纲，与马鼻珠一样，这种珠子中间被玻璃填满，底部又加一层，价格较便宜，常用于耳环及吊坠等饰品上。

5. 其他分类

1）按颜色分类

珍珠按所呈现的颜色可分为：白色珍珠、黑色珍珠、粉色珍珠、金色珍珠、紫色珍珠、黄色珍珠、杂色珍珠和染色珍珠等。

2）按形态分类

按照珍珠的形状可分为圆珠、椭圆珠、扁形珠、异形珠等。

3）按大小分类

厘珠：直径小于 5mm 的珍珠。

小珠：直径为 5～5.5mm 的珍珠。

中珠：直径为 5.5～7mm 的珍珠。

大珠：直径为 7～7.5mm 的珍珠。

特大珠：直径为 7.8～8mm 的珍珠。

超特大珠：直径大于 8mm 的珍珠。

[主要用途] 优质圆珠可作为项链、戒指、耳环等首饰材料。随型珍珠也可作为艺术首饰的材料。

(二)珊瑚(Coral)

[化学组成] 钙质型珊瑚主要由无机成分、有机成分和水分等组成。白珊瑚的主要矿物成分为文石，红珊瑚的主要矿物成分为方解石。角质型黑珊瑚和金珊瑚几乎全部由有机质组成，很少或不含碳酸钙，其他成分还有 H、I、S、Br 和 Fe 等。

[形态] 集合体形态奇特，多呈树枝状、星状、蜂窝状等(图 7－5)。

图 7－5 树枝状珊瑚

[物理性质] 钙质珊瑚常见浅粉红至深红色(图 7－6)、橙色、白色及奶油色，偶见蓝色和紫色；角质珊瑚常见黑色、金黄色、黄褐色。蜡状光泽，抛光面呈玻璃光泽。无解理。摩氏硬度 3～4。钙质珊瑚密度 2.65(±0.05)g/cm^3；角质珊瑚密度 1.35(＋0.77，－0.05)g/cm^3。集合体。多色性集合体不可测。钙质珊瑚折射率 1.486～1.658；角质珊瑚折射率 1.560～1.570(±0.010)。双折射率集合体不可测。白色钙质珊瑚紫外荧光呈无至强的蓝白色荧光，浅(粉、橙)红至红色珊瑚呈无至橙(粉)红色荧光，深红色珊瑚呈无至暗(紫)红色荧光。角质珊瑚紫外荧光无反应。钙质珊瑚放大检查可见颜色和透明度稍有不同的平行条带，波状构造；角质珊瑚放大检查可见年轮状构造；珊瑚原枝纵面表层具丘疹状

外观，横截面可见弯月形图案。

图 7－6　红珊瑚戒面和饰品

［品种］　按照成分和颜色可将珊瑚划分为两类五种。

1. 钙质型珊瑚

1）红珊瑚

红珊瑚又称为贵珊瑚。通常呈浅至暗色调的红至橙红色，有时呈肉红色。主要分布于太平洋海域。

2）白珊瑚

分布于南中国海、菲律宾海域、澎湖海域、琉球海域和九州西岸等，为白色、灰白色、乳白色、瓷白色的珊瑚。主要用于盆景工艺。

3）蓝珊瑚

浅蓝色、蓝色，是较为稀少的品种。

2. 角质型珊瑚

1）黑珊瑚

灰黑至黑色珊瑚，几乎全由角质组成。

2）金珊瑚

金黄色、黄褐色角质型珊瑚。金黄色珊瑚外表有清晰的斑点和独特的丝绢光泽。

［产地］　珊瑚多产于岩岸和沙岸的交接处，其产区相当广大，代表区域如下。

1. 太平洋海区

主要是日本琉球群岛和中国台湾东岸、澎湖列岛及南沙群岛，水深100～200m的海床上盛产白珊瑚。中国台湾是当代红珊瑚最主要的产地，年产量约为2×10^5kg，占世界总产量的60%，红珊瑚在水深100～300m的海床上呈群体产出。

2. 大西洋海区

地中海沿岸的国家，如意大利、阿尔及利亚、突尼斯、西班牙、法国等，是世界上红珊瑚的主要产区。其中最佳的红珊瑚来自非洲阿尔及利亚、突尼斯和欧洲西班牙沿海，意大利的那不勒斯则是红珊瑚最著名的加工区。

3. 夏威夷西北部中途岛附近海区

该地区是红色、粉红色珊瑚产地。

［鉴定特征］　钙质珊瑚遇盐酸起泡，角质珊瑚遇盐酸无反应。钙质珊瑚的拉曼光谱显示无机成分($CaCO_3$)的特征峰，浅(粉、橙)红至红色珊瑚中的天然有机色素峰主要位于1 520cm^{-1}、1 130cm^{-1}左右。

［主要用途］　颜色鲜艳，质地纯净者可作为戒面。枝干较粗者可作为雕件原料，枝干较细者打磨后作为摆件。

（三）琥珀(Amber)

［化学组成］　$C_{10}H_{16}O$，可含H_2S。琥珀含有琥珀酸和琥珀树脂等有机物，不同琥珀的组成有一定的差异，主要有机物的组成为：琥珀酯酸质量分数69.47%～87.3%，琥珀松香酸10.4%～14.93%，琥珀酸盐4.0%～4.6%，琥珀油1.6%～5.76%。

［形态］　琥珀为非晶质体，有各种不同的外形，如结核状、瘤状、水滴状等；还有一些如树木的年轮或表面具有放射纹理；产在砾石层中的琥珀一般呈圆形、椭圆形或有一定磨圆的不规则形，并可能有一层薄的不透明的皮膜(图7-7)。

［物理性质］　常见颜色：浅黄、黄至深棕红色、橙色、红色、白色，偶见绿色。树脂光泽。无解理。摩氏硬度2～2.5。密度1.08(+0.02，-0.08)g/cm^3。均质体，常见异常消光。多色性无。折射率1.540(+0.005，-0.001)。紫外荧光弱至强，黄绿色至橙黄色、白色、蓝白或蓝色。无特征吸收光谱。放大检查可见气泡，流动线，昆虫或动、植物碎片，其他有机和无机包体(图7-8)。

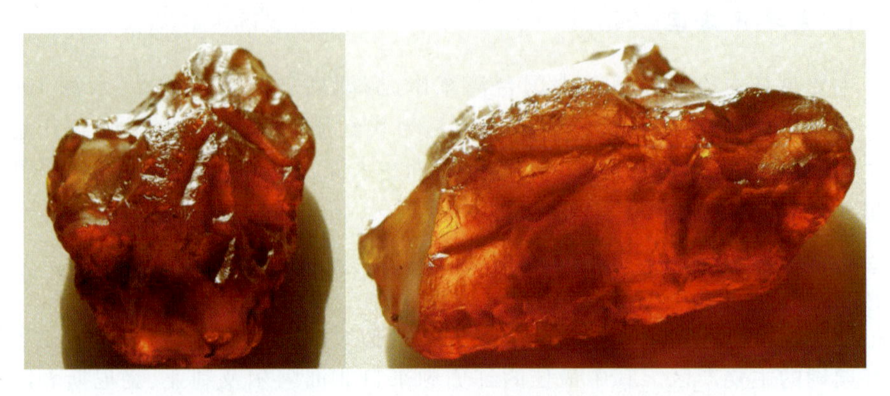

图 7-7 琥珀原石

图 7-8 含昆虫包体的琥珀

[品种]

蜜蜡:半透明至不透明的琥珀。

血珀:棕红至红色透明的琥珀。

金珀:黄色至金黄色透明的琥珀。

绿珀:浅绿至绿色透明的琥珀,较稀少。

蓝珀:透视观察琥珀体色为黄、棕黄、黄绿和棕红等色,自然光下呈现独特的不同色调的蓝色,紫外光下可更明显,主要产于多米尼加。

虫珀:包含有昆虫或其他生物的琥珀。

植物珀:包含有植物(如花、叶、根、茎、种子等)的琥珀。

各种琥珀见图 7-9。

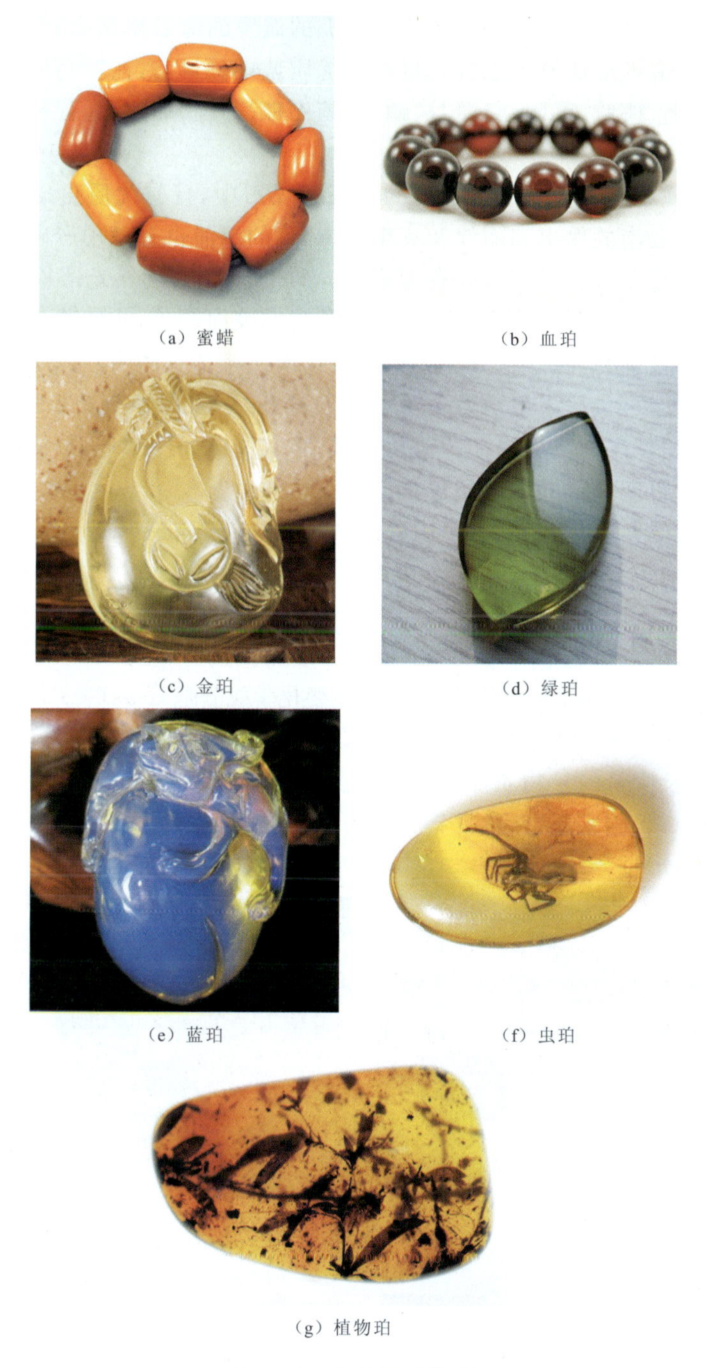

（a）蜜蜡 （b）血珀

（c）金珀 （d）绿珀

（e）蓝珀 （f）虫珀

（g）植物珀

图7-9 常见琥珀类型

［产地］　琥珀的产地众多，主要有欧洲的波罗的海沿岸国家：波兰、德国、丹麦、俄罗斯。多米尼加海域也曾大量产出优质琥珀。目前，在罗马尼亚、捷克、意大利西西里岛、挪威、英国、新西兰、缅甸、黎巴嫩、美国、加拿大、智利、伊朗、阿富汗均有产出。

中国的琥珀主要产自辽宁抚顺的第三纪煤田中，且有优质虫珀产出。另外河南的西峡、云南的保山和丽江及哀牢山、福建的漳浦也有琥珀产出。

［鉴定特征］　热针熔化，并有芳香味，摩擦可带电；红外光谱检测能有效鉴别琥珀及其相关仿制品。可加热处理，加深琥珀表面颜色；或使琥珀内部产生片状炸裂纹，通常称为“睡莲叶”或“太阳光芒”；或使琥珀变透明。分层琥珀原石在压固处理后变致密，放大检查可见流动状红褐色纹，多保留有原始表皮及孔洞，可与再造琥珀相区别。加温加压改色处理：多次加温加压处理，可使琥珀颜色发生变化，呈绿色或其他稀少的颜色。

［主要用途］　琥珀是世界各国普遍认可的高档有机宝石。在国内的地位也随着需求的增多与日俱增。

（四）煤精（Jet）

［化学组成］　煤精成分变化很大，其主要化学成分是 C[w(C)＝77.76%]，此外还有 H[w(H)＝6.74%]、O[w(O)＝13.14%]、N[w(N)＝1.66%]、S[w(S)＝0.66%]，以及少量的矿物质如石英、长石、黏土矿物、黄铁矿等。

［形态］　无固定形态，常见集合体为致密块状（图 7－10）。

图 7－10　煤精原石

［物理性质］　黑色、褐黑色（图 7－11）。树脂光泽至玻璃光泽。无解理。摩氏硬度 2～4。密度 1.32（±0.02）g/cm^3。均质体（非晶质体）。无多色性。折射率 1.66（±0.02）。无双折射率。无紫外荧光。吸收光谱不典型。放大检

查可见条纹构造。

图7-11　煤精素面方章

[**产地**]　世界优质煤精的主要产地是英国约克郡惠特比附近的沿岸地区。法国朗格多克省，西班牙阿拉贡、加利西亚、阿斯图里亚，美国犹他州和科罗拉多州埃尔帕索县，德国符泰堡，加拿大斯科舍省皮克图也有煤精产出，但质量较差。另外还有意大利、捷克、斯洛伐克、俄罗斯、泰国等国家也产煤精。

中国的煤精产出地以辽宁抚顺为主，其次为鄂尔多斯盆地。山西浑源、大同和山东兖州、枣庄等地的煤矿中出产属于烛煤的煤精。

[**鉴定特征**]　可燃烧，烧后有煤烟味，摩擦带电。在纸上或者瓷板上划会留下深巧克力色的条痕。如果是其他仿品则只会留下黑色或者白色的条痕。

[**主要用途**]　常用作雕件摆件的原材料。

(五)象牙(Ivory)

[**化学组成**]　象牙的化学组成包括磷酸盐和有机质两部分。有机成分主要是胶质蛋白和弹性蛋白。主要组成为磷酸钙、胶原质和弹性蛋白。猛犸象牙部分至全部石化，主要组成为SiO_2。

[**形态**]　长短不一的弯月形(图7-12)。

[**物理性质**]　白色至淡黄、浅黄色(图7-13)。油脂光泽至蜡状光泽。断口呈裂片状、参差状。摩氏硬度2～3。密度1.70～2.00g/cm^3。光性集合体。多色性集合体不可测。折射率1.535～1.540，点测法常为1.540。长、短波紫外

荧光下呈弱至强蓝白色荧光或紫蓝色荧光(长波稍强些)。吸收光谱不典型。放大检查纵切面呈现近于平行的波纹线;横截面为两组呈十字交叉状的纹理线以大于115°或小于65°角相交组成的菱形图案,亦称旋转引擎纹理线(勒兹纹理线)(图7-14)。硝酸、磷酸能使其变软。

图7-12　完整的象牙

图7-13　切割后的象牙

[产地]　象牙主要产于非洲的坦桑尼亚、塞内加尔、埃塞俄比亚、加蓬等国,以坦桑尼亚的潘加里附近的象牙质量为最佳,其次是亚洲的泰国、缅甸和斯里兰卡。

非洲象牙是指非洲公象和母象的长牙和小牙。有白色、绿色等颜色,质地细腻,截面上带有细纹理。

亚洲象牙是指亚洲公象和母象的长牙,颜色多为纯白色,少见淡玫瑰白色,但质地较疏松柔软,容易变黄。

图7-14　猛犸象牙的勒兹纹锐角向牙心

[鉴定特征]　独特的勒兹纹是象牙最重要的鉴定标志。现代象的勒兹纹夹角的钝角向牙心,猛犸象的勒兹纹锐角向牙心(图7-14)。

[主要用途]　高档的微雕和雕刻材料。

(六)龟甲(Tortoise shell)

[化学组成]　由角质和骨质等有机质组成,主要成分为复杂的蛋白质。

[形态]　根据生长决定(图7-15)。

[物理性质]　黄色和棕色斑纹,有时黑色或白色。玳瑁龟的龟甲常称为玳

瑁(图 7－16)。光泽暗淡，油脂光泽至蜡状光泽。无解理。摩氏硬度 2～3。密度 1.29(＋0.06，－0.03)g/cm^3。均质体(非晶质体)。多色性无。折射率 1.550(－0.010)。双折射率无。长、短波紫外光下无色、黄色部分呈蓝白色荧光。吸收光谱不典型。放大检查可见球状颗粒组成斑纹结构。

图 7－15　鹰嘴龟标本

图 7－16　玳瑁耳坠片

［产地］　玳瑁龟主要栖息在热带和亚热带水深为 15～18m 的浅泻湖内。主要产地有印度洋、太平洋和加勒比海。

［鉴定特征］　在显微镜下观察，可见其色斑由许多红色圆形色素小点组成，是鉴定玳瑁的主要特征。

硝酸能溶，不与盐酸反应；热针能熔，具头发烧焦味；沸水中变软。

［主要用途］　常被用来制作眼镜镜框、烟嘴、刀柄、手镯以及容器等。

(七)贝壳(Shell)

［化学组成］　$CaCO_3$。有机成分：C、H 化合物、壳角蛋白。

［结晶状态］　无机成分：斜方晶系(文石)，三方晶系(方解石)，呈放射状集合体。有机成分：非晶质。

［形态］　根据生长决定(图 7－17)。

［物理性质］　可呈各种颜色，一般为白、灰、棕、黄、粉等色(图 7－18)。油脂光泽至珍珠光泽。无解理。摩氏硬度 3～4。密度 2.86(＋0.03，－0.16)g/cm^3。光性集合体。多色性集合体不可测。折射率 1.530～1.685。双折射率集合体不可测。紫外荧光因贝壳种类而异。吸收光谱不典型。放大检查可见层状结构、表面叠复层结构、“火焰状”结构等。可具晕彩效应，珍珠光泽。

图 7-17　贝壳

图 7-18　白砗磲手链

［品种］ 贝壳的品种很多，据称有 11 万多种。其中重要的可作饰品的贝壳有砗磲贝、鲍鱼贝、三角帆蚌、背瘤丽蚌、马蹄螺贝、黑蝶贝、白蝶贝、珍珠牡蛎贝等。

［产地］ 贝壳生活在水域中，如大海、湖泊及大的河流之中，世界上水域发

育的国家均有产出。

［鉴定特征］　天然生长纹理和珍珠光泽可作为贝壳的主要鉴定特征。文石和方解石的成分遇盐酸起泡。

［主要用途］　较大的贝壳可打磨成圆珠，较小者可直接通过打磨作为配饰。

（八）木质饰品

近年来木质饰品正逐渐成为首饰市场的新宠，因为木质饰品，无论从外在形式还是其深层内涵来看，都是人类物质追求和精神追求的统一。它不仅满足人们的审美要求、使用要求，并且融合了时代内涵与人文特性。目前市场上流行的木质饰品主要有以下类型。

1. 印度小叶紫檀（檀香紫檀）

属于紫檀属的木材种类繁多，但在植物学界中公认的紫檀却只有一种，“檀香紫檀”，俗称“小叶紫檀”，拉丁学名为 *P. santalinus*。檀香紫檀为紫檀中精品，密度大棕眼小是其显著的特点，且木性非常稳定，不易变形开裂（图 7－19）。檀香紫檀多产于热带、亚热带原始森林，以印度迈索尔邦地区所出产的紫檀最优。紫檀质地坚硬，色泽从深黑到红棕，变幻多样，纹理细密。紫檀有许多种类，紫檀生长速度缓慢，5 年才一年轮，要 800 年以上才能成材。紫檀硬度为木材之首，称“帝王之木”，非一般木材所能比。

图 7－19　小叶紫檀和金星小叶紫檀

市场上常见的品种有金星、牛毛纹、顺纹、杂纹等，其中价格以金星最高。

2. 大叶紫檀（卢氏黑黄檀）

卢氏黑黄檀，俗称“大叶紫檀”，属黄檀（图 7－20）。生长轮不明显。心材新切面橘红色，久则转为深紫或黑紫；划痕明显。管孔在肉眼下几乎看不见，主要为单管孔，散生，径向直径最大处 206μm，平均 149μm，数量至少 1～4 个/mm^2。

在显微镜下观察，卢氏黑黄檀(大叶紫檀)与檀香紫檀(所说的小叶紫檀)其弦切面的显微构造均属单列射线，因此可以断定，两树种有一定的血缘关系，因而外观上有些近似。两者的区别，从物理学特征上来看，气干密度、抗弯强度、弹性核量、顺纹抗压强度等，卢氏黑黄檀都不如檀香紫檀。前者的管孔也比后者粗糙。

3. 印度老山檀水沉

顶级老山檀香木气味醇厚、悠长，有包浆后晶莹剔透具有犀牛角的质感且色泽均匀、材质细腻，可以直沉水底(图 7-21)。

图 7-20　大叶紫檀

图 7-21　印度老山檀水沉

4. 印度老山檀水浮

印度老山檀水浮是名贵的药材，具有行心涡、开胃止痛的功效。可以消炎、抗菌、抗痉挛，清热润肺、祛胃胀气、利尿等(图 7-22)。

5. 海南黄花梨

海南黄花梨花纹美丽、色泽柔和，有香味，容易进行深颜色和浅颜色的调配，可表现出浅黄、深黄、深褐色，紫色，也适合镶嵌，具有加工性能良好、软硬轻重适中、不爱变形等特点(图 7-23)。海黄打磨后，表面毛孔较少，甚至没有，反光感很强；越黄毛孔就越粗，看起来材质有些疏松，感觉吸光，上蜡后二者对比就更加明显。

图 7－22　印度老山檀水浮

图 7－23　海南黄花梨

黄花梨都具有降香黄檀这个树种独特的香味，但许多海黄香味却有“变味”，有的甚至是臭味，光靠味道辨别海黄是一误区。

海黄的花纹是最为主要的鉴定特征，常见有鬼脸、鬼眼、虎皮等。海黄的花纹有粗有细，但都很清晰，不显乱，有流线的，有弯曲的，甚至有直的；以黑线花纹居多，偶尔也能见到深褐色或红线花纹（东部黄梨多），细花纹的材质颜色往往色差不大，粗花纹的花纹颜色跟材质颜色色差明显，整体颜色又非常好看，多为西部油梨。

6. 越南黄花梨

越南黄花梨主产于越南与老挝交界的长山山脉（Giai Nui Truong Son）东西两侧（图 7－24）。雌雄异株，雌株有较浓的酸香味，容易与产于中国海南的降香黄檀（俗称：海南黄花梨）混淆，雄株则几乎没有味道，且难得一见，因为雄株产量较少，比较为人所忽略，但其纹理多鬼眼，心材颜色和纹路颜色也比较深，原木心材容易有轻微裂纹。一般生长在海拔 400～800m 的悬崖峭壁上，低于海拔 400m 的地方很少生长。与越南黄花梨伴生的树种有 Kaja 、Moun（条纹乌木）、Padong Kampi（黑酸枝），Kayong（红酸枝） Taka（黄波罗）。

雌株心材剖面有较浓的酸香味，雄株木纹多鬼眼纹，原木心材表面有细裂纹，几乎没有酸香味。纹理宽窄不一，似墨水渗透不均匀所留下的痕迹，这点雄株比较明显。常有紫药水颜色夹杂。木材发干，少油性。密度 0.70～0.95/cm^3。

7. 红酸枝

广东多称为红酸枝，长江以北则称为老红木（图 7－25）。

图 7-24　越南黄花梨

图 7-25　红酸枝

红酸枝与黄花梨等同属豆科植物中的蝶形花亚科黄檀属。其木质与颜色相似于小叶紫檀，年轮纹都是直丝状，鬃眼比紫檀大，颜色近似枣红色。其木质坚硬、细腻，可沉于水，一般要生长500年以上才能使用，它区别于其他木材的最明显之处在于其木纹在深红色中常常夹有深褐色或者黑色条纹。

8. 黑酸枝

黑酸枝的材色呈栗褐色，有大量明显的黑色条纹（图 7-26）。黑酸枝的品质往往被认定为仅次于紫檀和黄花梨，其木质结构较细，纹理很清晰，制作出来的家具坚固耐用，历经百年而不变形，因此在明清时代应用比较广泛。虽然红酸枝也带有黑色条纹，但其是夹杂于深红色之间，多数为深褐色。

9. 金丝楠

金丝楠是一些材质中有金丝和类似绸缎光泽现象的楠木（包括桢楠、紫楠、闽楠、润楠等）的泛称，而在古代和近代，金丝楠是紫楠的别名（图 7-27）。金丝楠是中国特有的名贵木材，属国家二级保护植物，相传在明末就已经濒临灭绝。金丝楠木性稳定，不翘不裂，经久耐用，性温和，冬暖夏凉，香气清新宜人。在历史上金丝楠木专用于皇家宫殿、少数寺庙的建筑和家具，古代封建帝王龙椅宝座、龙床也都要选用优质楠木制作。

金丝楠材色一般为黄中带浅绿，但经过氧化后会呈现出丰富多彩的颜色，有金黄色、淡黄色、绿色、紫红色和黑色等。金丝楠木中的结晶体明显多于普通楠木，木材表面在阳光下金光闪闪，金丝浮现，且有淡雅幽香。

图 7－26　黑酸枝

图 7－27　金丝楠

10. 鸡翅木

鸡翅木因为木纹近似鸡翅羽毛故而得名。鸡翅木在热水的刺激下，会挥发出一种很自然的香气，这种香气有提神的效果（图 7－28）。

鸡翅木北方人称为“老榆”，常见的有东北老榆木与江西老榆木，广东不产此木料。鸡翅木为崖豆属和铁刀木属树种，产于中国的广东、广西、云南、福建以及东南亚、南亚、非洲等地。

图 7－28　鸡翅木

鸡翅木木质有的白质黑章，有的色分黄紫，斜锯木纹呈细花云状，酷似鸡翅膀。特别是纵切面，木纹纤细浮动，变化无穷，自然形成山水、人物图案。鸡翅木较花梨、紫檀等木产量更少，木质纹理又独具特色，因此以其存世量少和优美艳丽的韵味为世人所珍爱。

11. 菩提

菩提因佛教的创始人释迦牟尼在菩提树下悟道，意外发现在结果的菩提树下使自己头脑格外的清醒，思路更加的清晰，才悟出佛教。创办佛教以后释迦牟尼把此树命名为菩提树[（梵 bodhivrksa），“菩提”（梵 bodhi）意为“觉悟”）]，从此菩提果实成为了佛门的圣物。经科学分析：菩提果实由于种子呼吸，吸收湿气，放发出氧气、水、一氧化二氮等形成了大自然的“灵气”，这些气体能让人的大脑保持时刻的清醒，有益于大脑良好的运转，更良好地发挥大脑的作用，长期吸收有益于大脑的健康，使人越来越聪明，这是菩提子成为佛门圣物的真正原因。

星月菩提子为珠子表面布有均匀的黑点，中间有一个凹的圆圈，状如繁星托月，成周天星斗众星捧月之势，故名星月菩提子[图 7－29(a)]，被称为菩提“四大名珠”之一。

金刚菩提子据佛教书籍记载为金刚树所结之子，甚为名贵。金刚，为坚硬无比、无坚不摧之意，有可摧毁一切邪恶之力[图 7－29(b)]。金刚子佩带身上，驱邪避祸之力较强，可增吉祥。

(a) 星月菩提子

(b) 金刚菩提子

图 7－29　星月菩提子和金刚菩提子

12. 沉香

沉香为双子叶植物药瑞香科乔木植物，沉香或白木香在经过动物咬和外力的创伤，以及人为砍伤和蛇虫蚂蚁等侵蚀，或在受到自然界的伤害如雷击、风折、虫蛀等，或者是受到人为破坏以后在自我修复的过程中分泌出的油脂受到真菌的感染，所凝结成的分泌物(图 7－30)。

沉香品种繁多，价格相差巨大，大概分类如下。

1)依产地分

一般而言，沉香品级是依产地、香气及树脂的含量而分级。同一种沉香树，在不同产地的出品，往往香气差异颇大，这一现象是否与相关微生物、环境因子等有关，值得进一步探讨。在印度、泰国、越南、高棉及海南等处生产的沉香有诸多被认为品级较高，马来西亚的产品一般被认为是中等品，而印尼、巴部亚新机内亚等地的产品大多被认为是较低品级。

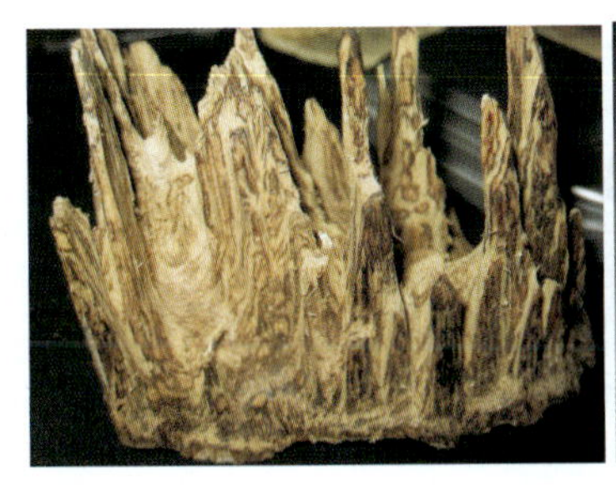

图 7-30　沉香枝干和沉香圆珠

2)依比重分

传统分级方法,常以同一产地的产品与水的比重而定:沉于水者称为沉香,半沉半浮者称为栈香,浮于水者称为黄熟香;沉香的树脂含量超出25%,栈香、黄熟香的树脂含量渐次减少。沉香原木的比重约为0.4,在韩国和日本,树脂含量超出25%的沉香才能药用,在中国则定为15%以上即可。

3)依色泽分

有关沉香的颜色分级,众说纷纭,一般均认为以色黑有光泽者为上品。据陈让的《海外逸说》记载,沉香颜色有五种:第一级为绿色,第二级为深绿色,第三级为金黄色,第四级为黄色,第五级为黑色。在一般认知中,以为沉香树脂的颜色为黑色,但其实树脂含量较高的沉香中,黑色反而少见。沉香在燃烧前几乎没有香味,其树脂浓度越高者,燃烧时的香味越是醇而温和且不具辛、苦之味;推测原因可能与原有植物纤维等在燃烧时可化成辛、苦味的物质减少或消失有关。

4)依特殊品质分

一般沉香质地坚硬。而另有一种却质软而性糯,刀刮之碎屑能捻捏成丸,嚼之则黏牙,树脂含量较沉香高,世人称其为伽楠、奇南或琪南香。伽楠香燃烧之香味均远佳于一般沉香,加上其稀少珍贵,在分级时,通常自成一格。

主要参考文献

池际尚.中国东部新生代玄武岩及上地幔研究[M].武汉:中国地质大学出版社,1988.

戈定夷,田慧新,曾若谷.矿物学简明教程[M].北京:地质出版社,1989.

胡荣荣,张世涛.世界祖母绿矿床研究现状及存在问题[J].矿产与地质,2007(1):94-99.

何乃华.关于珍珠分类和命名的争论[J].中国宝玉石,2003(2):73-75.

刘庆祥.宝石的折射率、相对密度、硬度与化学成份之间的关系[J].珠宝科技,1997,4:24-25.

陆太进.钻石鉴定和研究的进展[J].宝石和宝石学杂志,2010(4):1-5.

李娅莉,薛秦芳,李立平,等.宝石学教材(第二版)[M].武汉:中国地质大学出版社,2011.

李胜荣.结晶学与矿物学[M].北京:地质出版社,2008.

刘斯明,田益宾,李莄崑,等.论红宝石颜色的影响因素[J].技术与市场,2014(4):237.

刘晶,崔文元.中国三个产地的软玉(透闪石玉)研究[J].宝石和宝石学杂志,2002,4(2):25-29.

刘飞,余晓艳.中国软玉矿床类型及其矿物学特征[J].矿产与地质,2009(4):375-380.

罗谷风.基础结晶学与矿物学[M].南京:南京大学出版社,1993.

罗谷风.结晶学导论[M].北京:地质出版社,1985.

罗红宇,彭明生,廖尚宜.金绿宝石和变石的呈色机理[J].现代地质,2005(3):355-360.

鲁力,边智虹,王芳.不同产地软玉品种的矿物组成、显微结构及表观特征的对比研究[J].宝石和宝石学杂志,2014(2):56-64.

马伟幸,王蓓.微量元素对宝玉石物理性质的影响[J].广东微量元素科学,2004,11(11):68-70.

潘兆橹,赵爱醒,潘铁虹.结晶学及矿物学[M].北京:地质出版社,1993.

彭淑仪,丘志力,李榴芬,等.国际拍卖市场彩色钻石价格(值)影响因素统计分析及其启示[J]. 宝石和宝石学杂志,2013(1):43-66.

亓利剑,C. G. Zeng,袁心强. 充填处理红宝石中的高铅玻璃体[J]. 宝石和宝石学杂志,2005(2):1-6.

钱爽. 国际钻石检测机构及其分级标准[J]. 中国防伪报道,2013(12):34-35.

施光海,崔文元. 缅甸硬玉岩的结构与显微构造:硬玉质翡翠的成因意义[J]. 宝石和宝石学杂志,2004(3):8-11.

沈敢富,徐金沙. 浅论黄玉的成因与成岩成矿模式[J]. 岩石矿物学杂志,2006(6):11-20.

涂静. 蓝色珍宝的未来——坦桑石[J]. 艺术市场,2013(18):63-65.

王濮,潘兆橹,翁玲宝,等. 系统矿物学[M]. 北京:地质出版社,1982.

王雅玫,张艳. 钻石宝石学[M]. 北京:地质出版社,2004.

王健行. 坦桑石的独特魅力[J]. 中国宝玉石,2012(1).

谢星,王崇礼,梁婷. 浅析翡翠的岩石类型对其比重、折射率的影响[J]. 地球科学与环境学报,2004,26(4):27-30.

薛源,何雪梅,谢天琪. 高温高压合成黄色钻石颜色成因及改色机理探讨. 岩石矿物学杂志,2014(S1):128-138.

袁心强. 应用翡翠宝石学[M]. 武汉:中国地质大学出版社,2009.

于鸿雁. 于老师这样挑手串[M]. 北京联合出版公司,2013.

于庆媛,Andy LUCAS. 巴西祖母绿产业概述[J]. 岩石矿物学杂志,2014(S1):139-143.

曾广策,朱云海,叶德隆. 晶体光学及光性矿物学[M]. 武汉:中国地质大学出版社,2006.

张蓓莉. 系统宝石学(第二版)[M]. 北京:地质出版社,2006.

张翀. 碧玺大家族中的翘楚——红宝碧玺[J]. 中国宝玉石,2011(4):75.

赵珊茸,边秋娟,凌其聪. 结晶学及矿物学[M]. 北京:高等教育出版社,2011.

曾靖然,刘文金. 木质饰品常用装饰技法与不同树种材料属性间的关系[J]. 林产工业,2009(2):52-55.

张晨光,何悦. 手串把玩与鉴赏[M]. 北京出版集团公司. 2012.

邹天人,於晓晋,等. 翡翠的矿物成分和辉玉的分类[J]. 云南地质,1998(Z1):338-349.

张良钜. 缅甸纳莫原生翡翠矿体特征与成因研究[J]. 岩石矿物学杂志,2004(1):50-54.

赵明开.硬玉及相关辉石化学成份与翡翠玉种研究[J].云南地质,2002(2):54－69.

周振华,冯佳睿.新疆软玉、岫岩软玉的岩石矿物学对比研究[J].岩石矿物学杂志,2010(3):109－118.

支颖雪,廖冠琳,陈琼.贵州罗甸软玉的宝石矿物学特征[J].宝石和宝石学杂志,2011(4):11－17.

中华人民共和国国家标准一珠宝玉石鉴定(GB/T 16553－2010).

中华人民共和国国家标准一珠宝玉石名称(GB/T 16552－2010).

中国新石器. http://www.chinaneolithic.net/.

中国地质大学(武汉)精品课程网站. http://202.114.196.26:8088/09jpkc/jjxjkwx/index.htm.

Mineralogy Database. http://webmineral.com.

The Mineral Gallery. http://www.themineralgallery.com/.

John Betts Fine Minerals. http://www.johnbetts－fineminerals.com/.

Crystal structure. http://en.wikipedia.org/wiki/Crystal_structure.

The Twinned Minerals. http://www.galleries.com/minerals/twins.htm.